읽을수록 재미와 지식을 더하는

발생생물학

유 민

보무각

유 민

연세대학교 생물학과 졸업
미국 Kent State University 이학박사(Biomedical Sciences)
미국 University of Michigan (Ann Arbor) 연구교수
MD Anderson Cancer Center, NIH (USA), National Singapore University 공동연구
Ohio State University 교환교수
대한의생명과학회 회장 역임
현재 계명대학교 생물학과 교수

저서 : 유전학, 유전자치료, 의료생화학, 암이라고요? 외 다수

읽을수록 재미와 지식을 더하는

발생생물학

초판발행 2012년 10월 10일
초판인쇄 2012년 10월 5일

지은이 유 민
펴낸이 이호동
발행처 보문각
블로그 http://blog.naver.com/bomungak
e-mail bomungak@naver.com
주소 서울시 광진구 구의동 26-20 프레빌 201호
등록번호 302-2003-00085
전화 02)468-0457
팩스 02)468-0458

값 17,000원

ISBN 978-89-6220-154-3 93470

〈본 연구는 2010년도 계명대학교 비사연구기금으로 이루어졌음〉

머리말

아기가 자궁에서 형태와 기능을 갖추며 자라나는 생물학적 변화를 우리는 발생(development)이라 부른다. 사람의 경우는 이 전체 과정이 약 10개월에 걸쳐 단계적으로 이루어진다. 그리고 이 과정을 공부하는 학문을 전통적으로 "발생학"이라 명명해 왔다. 정자와 난자가 만나 거의 무(無)에서 온전한 생명체를 탄생시키는 과정이다 보니 발생은 한 생명체가 평생을 살아가며 겪는 변화 중 가장 드라마틱한 사건인 셈이다. 그러나 발생학이라는 명칭은 태어나기 이전, 즉 배자기(embryonic period)와 태아기(fetal stage)에 국한되기 때문에 지극히 의학적이면서 협소한 해부학적 관찰만을 내포하고 있다. 실제로는 출생 후 성장, 즉 질병과의 싸움이나 사춘기의 변화 그리고 노화의 생물학적 진행 등도 모두 발생의 한 범주이기 때문에 이에 대한 광범위한 조명이 함께 있어야 발생을 올바르게 이해할 수 있는 것이다. 이 때문에 몇 년 전부터 학계에서는 "발생학" 대신 "발생생물학(developmental biology)"이라는 용어가 보편적으로 사용되고 있는 추세이다.

모든 생물체가 발생을 하지만 그 과정은 조금씩 차이가 있다. 예를 들어 개구리는 올챙이에서 성체로 변화할 때 꼬리가 없어지는 변태(metamorphosis)를 거치고, 나방은 번데기라는 유충 시절을 거치지만 사람에서는 이 과정들이 생략되어 있다. 더구나 사람은 체내 수정을 하기 때문에 전체적인 발생을 눈으로 추적하기 어렵다는 것이 문제이다. 그럼에도 불구하고 발생생물학이 이해하려는 궁극적인 목표는 당연히 사람이다. 따라서 현대적 의미에서의 발생생물학은 사람을 직접 연구대상으로 포함시키면서 그 범위를 훨씬 넓혀가고 있다. 연구기술도 한층 발달하였고, 또 인간 게놈 프로젝트(Human Genome Project)가 완성되면서 사람의 발생 순서와 절차를 유전자 차원에서 이해할 수 있게 되었기 때문이다. 따라서 과거의 단순 해부학적 관찰을 벗어나 분자유전학적 방법을 도입하고 있고, 다루는 이슈들도 광범위해지고 있다.

본 저서에는 포스트 게놈 시대의 학문적 융합 추세를 반영시켜 사람의 발생을 중심으로 하되 발생공학과 생식의학, 생명복제와 줄기세포 등 다양한 개념들을 함께 포함시켰다. 전문 학술 도서답게 매 장마다 참고문헌을 인용하였으며, 아직 통일되어있지 않은 발생 용어들을 표준화하려고 노력하였다. 본 저서가 나올 수 있기까지 수고와 지원을 아끼지 않은 류혜명 박사, 김수원 박사, 최주연 연구원, 발생유전학실 및 생물학과 대학원생들, 그리고 보문각 이호동 사장님에게 심심한 감사를 드립니다.

2012년 9월

대구 신천 강가에서 유 민

Contents

제 1 장

생 명

이야기가 거꾸로 진행되는 것 같지만 발생을 이해하기에 앞서 우리는 "생물은 무엇인가?" 라는 질문에 대해 생각해 볼 필요가 있다. 사실 이는 너무도 쉽고 당연한 질문이라 웃음을 터뜨릴 수도 있다.

그렇다. "생물"이란 "생명이 있어 살아있는 물체"란 뜻이다. 우리는 배우지 않아도 직감적으로 생물과 무생물을 구별할 수 있다. 그러나 과학적인 사고는 이러한 직감을 용납하지 않는다. 그보다는 정확한 논리와 기준에 근거를 두어 생물과 무생물을 구별해주기 원한다. 그렇다면 우리는 먼저 "생명"이란 단어를 보다 확실하게 정의 내려야 할 것이다. 그런데 다 알고 있는 것 같으면서도 생각보다 정의내리기 쉽지 않은 것이 바로 이 생명이란 단어이다.

생명이란 무엇인가?

생명이란 무엇인가? 한 가지 좋은 방법은 생물이 어떤 일을 하는지 먼저 살펴보는 것이다. 생물이 하는 일들이 바로 생명 현상이기 때문이다. 먼저 우리 신체가 얼마나 오묘한 구조로 되어있는 지를 관찰해 보자. 팔, 다리, 머리, 뇌, 위, 간, 근육, 관절, 눈, 코, 세포, 조직 … 등등, 따지고 보면 손가락으로 꼽을 수 없을 정도로 복잡하다는 것을 새삼 느낄 것이다. 또 오늘 살아오면서 했던 일들을 구체적으로 생각해 보자. 밥도 먹었을 것이고, 대소변도 보았을 것이며, 차를 타고 학교에 가서 공부도 했을 것이다. 공놀이도 하고, 친구에게 전화도 했고, 갑자기 달려드는 자동차를 보고 놀라 피한 적도 있었을 것이다. 혹시 아파서 열이 났었다면 약을 먹었을 터이고 지금쯤은 아마 조금씩 나아지기 시작했을 것이다. 물론 앞으로도 키가 부쩍 더 클 것이며, 결혼도 할 것이고, 예쁜 아이들을 낳아 행복하게 살 것이다. 자, 이제 다시 한 번 답을 해보자. 생명이란 무엇인가? 무엇을 보고 생명이 "있다"와 "없다"를 판단할 수 있을까? 생명현상들을 체계적으로 분류하여 다음과 같이 요약해 보자.

생명현상

첫째, 생물의 구성 체계는 무생물에 비해 상대적으로 복잡하다 (complex organization).

둘째, 물질대사를 통한 생화학적 변화가 왕성하다(metabolism).

셋째, 자극을 적절히 받아들이고 반응할 수 있다 (irritability and responsiveness).

넷째, 자기 스스로 조절하고 환경에 적응할 수 있다 (self-regulation and adaptation).

다섯째, 운동을 할 수 있다(movement).

여섯째, 생장과 성장을 할 수 있다(growth).

일곱째, 생식을 통한 종족의 유지가 가능하다(reproduction).

여덟째, 장기간에 걸쳐 볼 때 유전과 진화가 이루어진다 (inheritance and evolution).

물론 모든 생물에서 위의 여덟 가지 생명현상이 눈으로 확연히 드러나 보이지는 않을 것이다. 예를 들면, 식물이나 미생물에서의 운동이라는 것은 그다지 의미가 없는 것으로 보일 수 있다. 그러나 생물학에서는 육안 관찰 말고도 현미경이라는 도구를 종종 사용한다. 개체 차원에서는 전혀 움직이지 못하는 것 같은 식물들도 고해상도의 현미경으로 들여다보면 미미한 세포내 운동을 하고 있는 것이 관찰된다. 결론적으로 말해 어떤 개체가 상기한 생명현상을 상당하게 보여준다면 생명이 있다고 판정을 내리게 되고 그 개체를 생물로서 무생물과 구분한다.

최근에는 외계 생명체 존재 여부에 점차 관심이 높아지고 있는 추세이다. 만약에 여러분이 외계에서 온 둥그렇고 조그마한 물체를 하나 발견한다면 이것이 과연 살아있는 지 아닌지를 어떻게 가려낼 것인지 생각해보자.

생물학과 윤리

최근 10여 년 동안에 생물학의 발전은 어지러울 정도로 가속화되었고, 그 응용범위 또한 넓어진 것이 사실이다. 이 때문에 예전에는 미처 생각할 수 없었던 윤리적 문제들이 대두되었고 이러한 것들은 점차 사회적, 종교적 문제로까지 확대되고 있는 실정이다. 특별히 문제가 되는 것은 한 가지 실험결과에 대해 위험도를 충분히 조사하거나 윤리적인 판단이 내려지기도 전에, 그리고 제도적인 장치가 마련되기도 전에 현대 생명과학은 두 걸음, 세 걸음 저만치 앞서 나가 버린다는 것이다.

미국 등 선진국에서 법학도에게 유전학(genetics)을 배우도록 강조하는 이유가 바로 이 때문이다. 유명했던 O. J. Simpson 재판에서 유전자 분석 결과를 증거로 채택할 수 있었던 것은 해당 판사가 유전자의 구조를 정확히 이해했기 때문에 가능했던 좋은 예이다.

생물학의 발전과 윤리 문제가 심각하게 대두된 최근의 사건은 바로 복제양 돌리(Dolly)의 탄생이다. 복제양 돌리는 아직 법적인 대응책이 마련되지 않은 상태에서 복제인간도 기술적으로는 탄생시킬 수 있다는 근거를 마련하여 전 세계를 경악에 빠지게 한 사건이다. 물론 생물학의 주체는 우리 인간이다. 실험을 수행하는 것도 인간이고, 실험의 목적도 인류의 미래 복지를 위한 것이다. 그러나 인간 자신이 복제되고, 또 실험의 대상이 되어야 한다면 이것은 대단히 불행한 일일 것이다. 이렇게 상반된 견해 속에서 가장 중요한 것은 바로 젊은 과학자들의 올바른 양심과 도덕성이다.

과학적 사고

과학적 사고란 치밀한 논리와 실험적 검증을 반복하면서 진리를 찾아가는 과정이다. 보통은 주어진 문제에 대하여 여러 개의 가설을 미리 설정해 놓고, 실험을 해나가면서 적절하지 못한 가설들을 하나씩 지워나가며 그 범위를 줄이게 된다. 실험 후 전혀 새로운 가설들을 새로 설정할 수도 있을 것이다. 과학적 사고의 일반적인 절차는 관찰(observation) - 가설의 설정(hypothesis) - 검증(test)의 순서이다.

한 가지 예를 들어 보자. 연어(salmon)가 어떻게 자신이 태어난 곳을 되찾아가는 지에 대한 실험이다. 물론 여기서는 그 결론이 중요한 것은 아니고, 논리적 절차에 관한 소개만 할 것이다. 논리의 시발점은 우연히 연어가 물을 거슬러 헤엄치는 것을 발견하는 데서 시작된다. 자세히 관찰을 해 본 결과 연어들은 태어난 지

몇 년 후에도 정확히 자기가 태어난 곳을 되찾아 가고 있음이 확인되었다. 이 사실을 본 사람이면 누구나 연어가 어떤 원리에 의해 자기가 태어난 곳을 기억할 수 있는 지 궁금해 할 것이다. 여기에서 몇 가지 가설이 만들어질 수 있다.

첫째, 눈으로 보고 길을 찾아간다(by visual landmarks).
둘째, 냄새로 길을 찾아간다(by odors).
셋째, 수압의 차이를 인식하여 길을 찾아간다(by water pressures).
넷째, 상기 예측과는 전혀 다른, 우리가 미처 생각하지 못한 또 다른 어떤 방법이 있어, 이에 의해 길을 찾아갈 것이다.

(물론 여기 나열한 것 외에도 얼마든지 많은 가설을 스스로 생각해 볼 수 있다. 과학의 창의성은 바로 이렇게 생각해 보는 데서 시작하는 것이다. 그리고 생각하는 자체가 바로 과학자가 되기 위한 훈련 과정이다). 이 가설들은 간단한 실험으로 검증할 수 있다. 즉, 연어의 눈을 가린 뒤에 방류하고 여전히 집을 찾아갈 수 있는지 확인하는 것이다. 또한 코를 가린 뒤에도 동일한 실험을 하는 것이다. 만일 실험 결과 연어가 눈을 가리고도 집을 온전히 찾아갈 수 있었다면 분명히 보면서 길을 찾는 것은 아닐 것이다. 하지만 코를 가렸을 때 상당수 집을 찾지 못하였다면 두 번째 가설은 상당히 신빙성이 있어 보일 것이다.

이런 방식으로 실험을 되풀이하면서 처음에 세웠던 가설들 중 거짓(false)으로 확인된 것들은 하나씩 지워나간다. 설사 두 번째 가설이 유력해 보이더라도 그외에 다른 요인이 함께 작용할 수도 있으므로 세 번째, 네 번째 가설에 대한 추가적인 실험을 계속해야 할 것이다.

전체적인 검증이 끝나면 "참(true)"으로 확인된 가설들을 더욱 세분화한 새로운 가설들을 설정한다. 예를 들면 냄새로 길을 찾아간다는 두 번째 가설에서 물의 냄새, 모래의 냄새, 해초의 냄새라는 세부 가설을 다시 세우고 실험을 되풀이한다는 말이다. 이렇게 과정을 되풀이하면서 하나씩 배제시키다 보면 끝까지 "참(true)"으로 남는 가설이 있을 것이다. 그러면 이제부터 이 가설은 이론(theory)이라고 부를 수 있게 된다. 시간이 흐르면서 보다 향상된 과학기술들이 나타나는 것은 당연한 일이고, 그러면 이에 의해 이론은 계속 재검증받게 된다. 따라서 이론에 대한 검증은 상당히 오랜 시간이 필요하기 마련이다.

때로는 수백 년 이상이 소요될 수도 있는데 이 과정을 모두 마치고 최종 합격하였을 때 드디어 법칙(law)으로 인정받는 것이다. Newton의 "만유인력의 법칙"이 바로 이런 과정을 통해 이루어진 것이며, Einstein의 "상대성원리"는 아직 법칙으로 가는 중간 단계에 있는 것이다.

정리하자면 과학적 사고는 "관찰-가설의 설정-검증-이론의 확립-법칙"의 순으로 이루어진다.

생물학적 사고

생물학적 사고 역시 비슷한 절차에 의하여 논리를 펼치게 된다. 다만 생물은 구조(structure)와 기능(function)을 떼어 놓고 생각할 수 없다는 제약이 하나 추가된다. 즉, 구조(몸)가 없는 생물체는 생각할 수도 없으며, 몸체는 있는데 아무런 기능(예를 들면 숨을 쉰다, 달린다 등등)을 하지 않는다면 이는 죽은 물체라는 것이다. 때문에 생물학 연구에서는 구조와 기능을 반드시 함께 생각해 주어야만 한다.

특정한 구조를 보았으면 그것이 무엇을 하는지, 또 왜 그렇게 생겨야만 하는지를 함께 생각해야 온전한 생물학적 사고이다. 우리 귀는 아주 좋은 예이다. 귀는 소리를 듣기 위한 것이다(기능). 그런데 귀의 생김새는 사방에서 들리는 소리를 모으기 좋게 되어 있다(구조). 즉, 그것이 귀가 왜 그렇게 생겨야 하는지의 이유이자 원리(principle)이다. 이처럼 구조와 기능과의 관계를 설명하는 것이 바로 원리이다. 생물학자들이 행하는 수많은 실험들은 바로 이 원리를 찾아내기 위한 것이다.

또 다른 예로 소화관을 보자. 소화관은 입에서 대장에 이르기까지 하나의 기다란 관이다. 다양한 음식물이 우리 몸에서 소화되려면 오랜 시간이 필요하다. 또 음식물에 따라서는 효소에 의한 화학반응을 필요로 하기도 한다. 이 때문에 소화관은 아주 길어야 할 것이다. 필요에 따라서는 위처럼 부풀어 오른 모양을 하고 있어 음식물을 일시 저장하기도 한다. 이처럼 생물의 구조는 특정한 기능과 반드시 연관되어 있다. 다시 말하자면 특정한 기능을 수행하기 위해서는 이에 상응하는 구조가 반드시 있게 마련인 것이다.

생명

생명! 이보다 더 설레이는 말이 어디에 있을까? 살아있다는 것, 그것만으로도 우리는 충분하게 행복하다. 생명이야말로 인류에게 허락된 최고의 축복이기 때문이다. 생명이 있기 때문에 우리는 사랑을 하고 때때로 미워도 하며 한평생 아기자기하게 살아갈 수 있는 것이다.

과학이란 인류의 삶을 더욱 풍요롭게 하고 질병과 아픔에서 해방시키려는 노력이다. 즉 주어진 환경 속에서 최대한 우리가 편하고 안정되게 살 수 있도록 발전하는 과정인 것이다. 그러나 만약 과학기술이 남용되어 사람이 사람을 만들어내게 된다면 어떻게 될까? 또 생명체들을 자기 마음대로 뒤바꾸어 자연의 질서를 교란시킨다면 누가 그 책임을 질 수 있는 것일까? 나와 똑같은 복제인간을 붕어빵 찍어내듯이 대량생산한다면 유일하고 소중하던 나라는 존재는 도대체 어디에 있으며 나만이 가지던 소중한 생명의 가치는 이 세상 어디에서 찾아야 할 것인가?

인간복제! 불과 5년 전 만해도 공상과학영화에서나 볼 수 있었던 이야기가 연일 신문에 오르내리면서 한편으로는 우리를 경이롭게 하고 또 한편으로는 섬짓한 느낌을 숨길 수 없게 만들고 있다. 물론 붕어빵이라는 말에는 과장이 많이 섞여 있고 실제로 사람을 복제하려면 복잡하고도 대단히 정교한 작업들이 필요하기 때문에 대량생산의 가능성은 아직 현실적으로 희박하다. 그럼에도 불구하고 "복제"라는 단어가 주는 뉘앙스는 인류 미래에 대해 불확실하고도 엄청난 공포심을 자아내기에 충분한 것이다.

복제인간이 탄생하면 어떤 일이 벌어질 것인가? 당신의 복제품이 은밀히 범죄를 일으키고 다니는데 정작 경찰에 잡혀가는 것은 당신일 것이다. 아무리 변명을 해도 소용이 없다. 범인의 모습이 바로 당신이니까. 심지어는 복제인간을 만들어 신체 장기를 사고 파는 미친 행위가 일어날 가능성도 배제할 수 없다.

1980년대 초 어느 대학에서 있었던 모임이 생각난다. 그때는 생명공학의 수준이 겨우 초창기에 불과하였는 데에도 젊은 학자들과 선배 학자들 사이에 대단히 열띤 논쟁이 있었던 것으로 기억된다. 젊은 학자들이 과학의 발달과 인류의 복지를 위해 다소의 위험은 감수해야 한다고 강조하는 반면, 나이 지긋한 선배들은 역시 같은 이유 때문에 유전자 조작은 금해야 한다고 주장하던 것이 매우 인상적이었다. 제 3의 생명체가 만들어져서 실험실 밖으로 흘러나가고 원래 의도와는 상관없이 인류를 오히려 혼란에 빠뜨리게 된다면 그 책임은 누가 감당하느냐는 것이었다. 당시 회의는 뚜렷한 결론없이 끝났지만 다행히도 그 후 오늘날까지 우려했던 만큼의 심각한 위험은 아직 없었고, 때문에 생명공학은 별다른 제재없이 빠르게 발전될 수 있었던 것으로 생각된다.

그러나 이제는 문제가 당시와 많이 다르다. 그 동안 실험실 안에서만 진행되던 생명공학의 산물들이 우리생활에서 실용화되기 시작했기 때문이다. 유전적으로 조작된 식품들이 이미 식탁에 오르고 있고 복제된 양이나 소의 고기가 곧 우리 입맛을 좌우할 것이기 때문이다. 생명공학 벤처들이 하루가 다르게 만들어지고 또 유망직종으로 각광받는 것을 보더라도 분명 생명공학은 21세기를 주도할 산업인 것이 틀림없다. 가장 심각한 문제는 복제를 포함한 생명공학기술들이 인간에게도 적용될 수 있다는 가능성이 현실로 나타나고 있다는 것이다. 따라서 우리는 인류의 생존 자체를 놓고 더욱 신중을 기하지 않을 수 없다.

이럴 때 가장 중요한 것은 과학자의 진실된 양심과 도덕성이라 생각한다. 어떠한 이론과 기술이라도 빠르게 개발되고 발전하는 것이 생명공학계의 현실이고 그 대상이 쥐든 원숭이든 상관없이 일단 성공되었다면 사람에게도 곧 적용될 수 있기 때문이다. 손바닥을 보라. 태어나면서부터 안과 밖은 정해져 있지만 어느 쪽으로 뒤집는 가는 주인의 마음에 달려있다. 맛있는 고기를 제공하고 많은 우유를 낼 수 있는 소를 복제하며, 질병과 추위에 강한 벼의 복제품을 이용하여 식량 문제를 해결하고, 멸종해 가는 동물 자원을 보호하는 것은 분명히 생명공학이 인류에게 줄 수 있는 최고의 선물일 것이다. 그러나 분명한 것은 이 기술이 조금이라도 잘못 이용될 가능성이 있다면, 인류 스스로 자신의 능력을 적절히 조절하고 통제할 수 있어야 한다는 것이다. 이제 생명공학은 조그마한 실수를 허용하거나 통제력을 잃은 사람의 광기를 허용하기에는 너무도 발달하고 말았다. 과학의 발달은 지극히 자연적인 것이기에 막을 수도 없고 또한 막아서도 안 될 것이다. 인류 전체의 현명한 판단이 절실히 요구되는 시기라 하겠다.

제2장

발생생물학으로의 초대

인간의 가장 기본적인 욕구 중 하나는 생명(life)이 태초에 어떻게 시작되었는지, 또 사람이 어떻게 만들어지고 태어나는지 그 기원과 과정을 밝히는 것이다. 생명을 주제로 하는 학문을 통칭하여 생물학(biology)이라고 부르지만 그중에서도 발생생물학(developmental biology)이야말로 이러한 근본적인 질문에 대해 가장 근접한 해답을 제시해 줄 수 있는 학문 분야이다. 특히 사람의 기원(origin)에 관한 문제는 문명사회가 시작된 기원전 6,000여 년 전부터 오늘에 이르기까지 오랜 세월에 걸친 연구에도 불구하고 아직도 해결되어야 할 과제로 남겨져 있다. 이는 사람의 시작(beginning of human being)을 제대로 설명하기 위해서는 발생과정에 대한 이해가 선행되어야 하기 때문이다.

발생은 남성(male)의 성세포(germ cell)인 정자(sperm)와 여성의 성세포인 난자(ovum)가 수정(fertilization)이 되어 하나의 접합자(zygote)를 형성함으로써 시작되는데, 이때부터 개체의 죽음(death)과 함께 끝나는 일련의 연속적인 과정을 말한다.

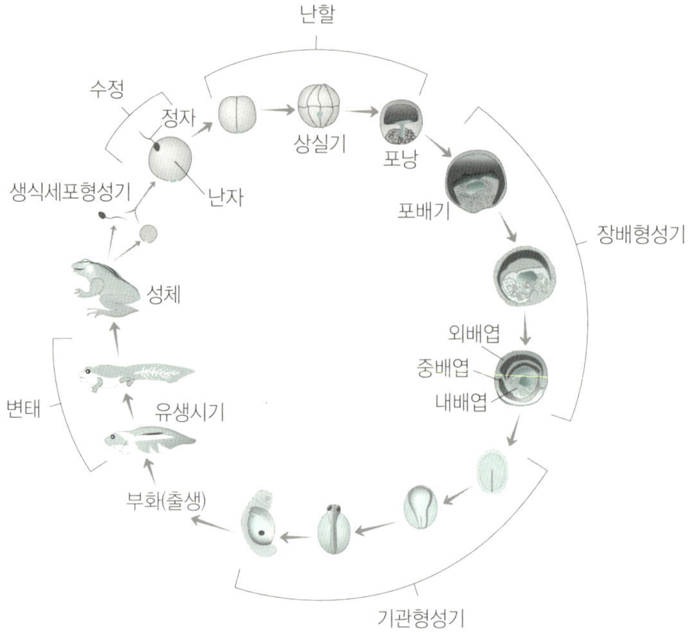

그림 2-1 개체발생

발생의 구체적인 단계는 각 종(species)마다 조금씩 다르지만 전체적으로 출생 이전(prenatal period)과 출생 이후(postnatal period)로 나누어 볼 수 있다. 그리고 이 과정에서 세포의 성장(growth)과 분열(division), 조직의 분화(differentiation), 기관의 발달 및 개체 형성, 그리고 개체 성장과 노화가 자연스럽게 뒤따르게 된다. 발생에는 '무(無)'에서 '새로운 생명'을 창조하는 엄청난 변화 말고도 우리가 일상적으로 살아가면서 아프고 질병에 걸리거나 상처가 생기는 일과, 이것들이 면역작용을 통해 치유되고 또 세포 재생으로 상처가 아무는 과정까지 등이 함께 포함된다. 이처럼 발생생물학은 우리 삶의 시작부터 마감까지를 총체적으로 다루는 학문이다. 발생생물학의 목표가 과거에는 주로 발생 현상에 대한 이론적 규명에 있었던 것에 비해 최근에는 이 이론을 실용화하여 우리 삶의 질을 향상시키려는 발생공학(developmental engineering)으로까지 발전하고 있다. 대표적인 예가 형질전환동물(transgenic animal), 유전자치료(gene therapy), 줄기세포(stem cell)를 이용한 난치병 치료 등이다.

발생학과 발생생물학

발생을 주제로 한 학문을 우리는 발생학(embryology) 또는 발생생물학(developmental biology)이라고 부른다. 우리말로는 둘 다 유사하지만 영어 표현을 보면 의미가 상당히 다른 것을 알 수 있다. 발생학은 출생 이전의, 그것도 배자(embryo) 발생 시기까지에 국한하여 조직 및 기관 형성에 대한 구체적인 진행 과정을 주제로 하는 학문이다. 배자 발생 중에 어떠한 저해요인이 작용해 기관이 제대로 만들어질 수 없다면 선천성기형(congenital malformation)이라는 불행한 결과가 초래될 수밖에 없고, 이는 당연히 의학적 차원에서 아주 중요한 연구 대상이 될 것이다. 왜냐하면 선천성기형의 원인이 되는 유전자 또는 환경적 요인을 연구함으로써 동일한 불행이 다른 사람에게 초래되는 것을 막을 수 있기 때문이다. 때문에 발생학은 의학에서 주로 사용하는 다소 좁은 의미의 용어이다. 반면에 발생생물학은 발생학에서 다루는 모든 주제를 포함하면서도 배아 발생 이후에 이루어지는 태아(fetus) 성장 및 출생(birth), 그리고 출생 이후 성장과 사망에 이르는 전 과정을 다루는 대단히 포괄적인 학문이다. 정리하자면 발생학이 주로 선천성기형을 연구하기 위한 형태적, 의학적 주제인 반면 발생생물학은 분자차원에서의 유전자 프로그램에 대한 연구와 생명윤리 문제까지도 함께 다루는 포괄적인 주제이다. 기술적으로 본다면 발생학이 주로 해부학적인 관찰에 의존하는 반면 발생생물학은 분자생물학, 유전학, 유전공학을 이용한 실험에 기초를 두고 있다.

발생의 목적

인간을 비롯한 다세포생물의 수명은 한정되어 있다. 그렇기 때문에 한 종(species)이 계속해서 존속하려면 생식(reproduction)을 통해 새로운 개체가 창조되고 성장하며 사망하는 일련의 과정이 되풀이되어야 한다. 즉, 발생을 통해서 지구상의 모든 생명체는 멸종되지 않고 그 존재를 유지할 수 있는 것이다.

생식방법에는 암수 결합없이 자기의 몸을 그대로 분열해 나가는 무성생식(asexual reproduction)과 암수 구별이 뚜렷한 유성생식(sexual reproduction)의 두 가지가 있다. 무성생식은 주로 세균이나 하등식물에서 관찰되는 현상이며, 진화된 동식물에서는 유성생식에 의한 발생이 이루어진다. 하등한 동물에서는 때때로 자웅동체(hermaphrodite)나 처녀생식(parthenogenesis)과 같은 예외적인 경우가 관찰되기도 한다. 예쁜꼬마선충(*C. elegans; Caenorhabditis elegans*)과 지렁이가 그 좋은 예이다. 예쁜꼬마선충은 자웅동체와 수컷의 두 종류가 있어서 실제로는 자기 스스로 체내 수정을 하기보다 자웅동체와 수컷 사이의 유전자 교환을 통해 최소한의 다양성을 이어나간다. 지렁이도 자웅동체이기는 하지만 서로 다른 개체간 교배를 통해 다양성을 유지할 수 있다.

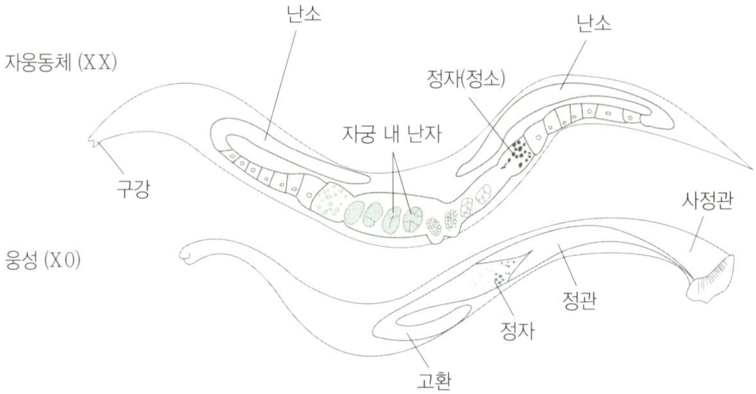

그림 2-2 자웅동체의 예로서 *C. elegans*

한 개체의 발생과정에서 가장 뚜렷하게 관찰되는 현상은 물론 생식과 성장이지만 그외에도 세포 재생에 의한 상처 치료, 젖니와 영구치의 성장, 이차성징의 발현 등 우리가 살아가면서 실행하는 모든 생명현상도 사실상 발생의 한 과정이다.

발생생물학의 역사

발생학의 역사는 원시 문명사회가 시작된 기원전 1,500년경부터 그 흔적을 찾아볼 수 있다. 처음에는 번식과 종족 유지를 위한 단순한 욕구에 따른 흥미가 전부였지만 점차 해부학적인 방법들이 도입되면서 이론적 측면에서도 체계를 갖출 수 있게 되었다. 오랜 역사에도 불구하고 본격적으로 발생학이 발달한 것은 현미경이 개발된 17세기 이후의 일이다. 현미경을 사용해서 정자와 난자의 미세구조를 관찰하는 것이 가능해졌기 때문이다. 최근에는 분자유전학적인 기술들이 이 분야에 도입되면서 유전자 프로그램에 따른 단계별 발생을 이해할 수 있게 되었고 이론을 확인할 실험 또한 가능해지면서 비로소 발생생물학이 체계화되기 시작하였다.

유성생식에 대한 개념은 일찌감치 정립되었다. 기원전 1,416년에 발견된 힌두교 경전(Sanskrit Treatise)에 여성의 혈액(blood)과 남성의 정액(semen)이 결합함으로써 배자(embryo)가 만들어진다고 기술되어 있기 때문이다. 이것이 비록 올바른 개념은 아니었을지라도 유성생식에 대한 인식이 고대 시대에도 있었던 것만은 확실히 엿볼 수 있다. 경전에는 성교 후 하루 만에 배자가 생기고 일주일이 지나면 주머니(vesicle) 비슷한 구조가 되었다가 차차 구형(spherical mass)으로 변화한다고 서술되어 있다. 구체적으로 1개월 만에 단단해지고, 2개월 후에는 머리가 만들어지며, 3개월 만에 수족이 나타나 7개월 때 생명을 부여받는다고 기술되어 있다. 이는 현대적 개념에서 볼 때 태아의 발달 과정과 대체적으로 부합되는 것이다.

그리스 시대(Greeks)로 넘어가 살펴보면, 기원전 5세기경에 의학의 아버지

(father of medicine)라 불리는 Hippocrates는 달걀을 닭에게 품게 한 다음 매일 1개씩 깨어 보면서 변화를 관찰하였다. 이 때문에 Hippocrates를 기술발생학(descriptive embryology)의 창시자로 보는 견해도 있다. Hippocrates는 관찰 결과 닭과 인간의 발생이 매우 유사하다고 기술하였다. 실질적인 발생학의 창시자는 기원전 4세기경의 Aristotle이라 믿어진다. 그는 배아가 정액(semen)과 월경혈(menstrual blood)의 결합으로 만들어진 형태가 일정치 않은 구조라고 서술하였다. Aristotle의 견해는 힌두교 경전에 기술된 내용과 일부 유사하지만 최초의 과학적 관찰이라는 점에서 가치를 인정받고 있다. 계속해서 Galen은 AD 2세기경에 "태아형성에 관하여(On the Formation of Fetus)"라는 책을 저술하였는데 태아의 발생과정에 대한 비교적 상세한 설명과 함께 영양(nutrition), 양막(amnion), 태반(placenta) 등에 대하여 서술하였다.

그림 2-3 Hippocrates의 초상화

이후 AD 7세기를 지나 중세 시대로 들어오면서 과학의 발달이 전체적으로 미비하였고 발생학 역시 별다른 진전이 없었다. 다만 인간은 남성(male)과 여성(female)의 분비물이 결합되어 만들어진다는 기본적인 유성생식의 개념이 재확인된 시기였다. AD 15세기를 거쳐 르네상스 시대(The Renaissance)로 들어오면서 인간 중심의 학문이 부흥되기 시작되었고 발생학 연구에도 다시 박차가 가해졌다. Leonardo da Vinci가 임산부의 절개된 자궁에 들어있는 태아를 그린 그림은 그 당시 사람들이 생명의 기원에 대하여 얼마나 관심이 깊었는지를 단적으로 보여주는 예이다.

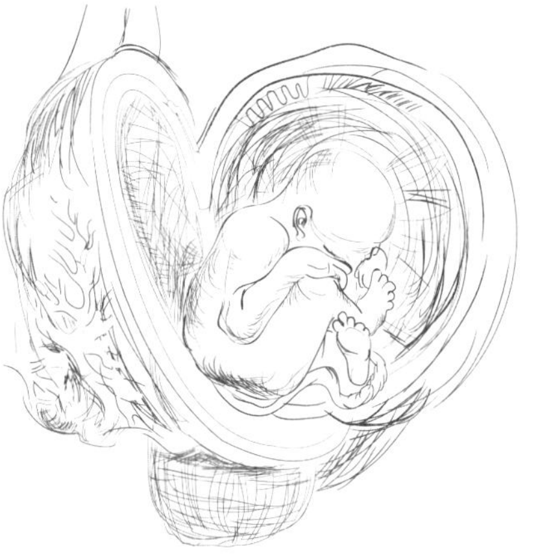

그림 2-4 Leonardo da Vinch의 해부 그림

17세기 후반에 드디어 Leeuwenhoek에 의해 현미경이 사용되었고 육안 관찰이 불가능했던 정자와 난자의 미세구조가 확인되면서 발생학 분야가 한층 활기를 찾게 되었다.

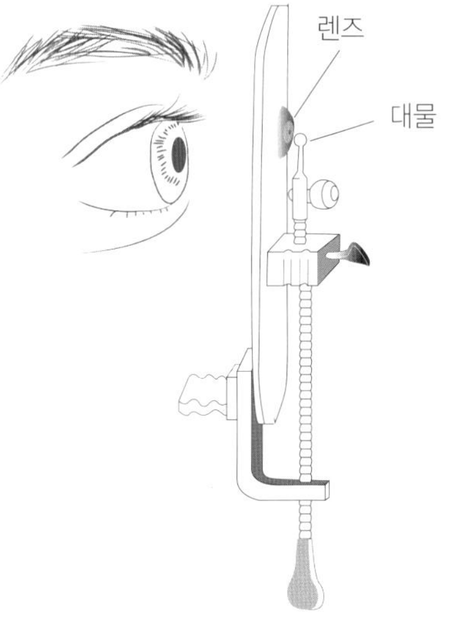

그림 2-5 Leeuwenhoek가 사용한 현미경

Harvey는 1651년에 원시적인 현미경으로 닭의 배아에서 순환계의 발달을 관찰하였고, de Graaf는 1671년에 오늘날 포낭(blastocyst)이라고 부르는 구조를 토끼의 자궁(uterus)에서 발견하였다. de Graaf는 계속해서 이 포낭이 난소(ovary)에서 유래되었음을 밝혀내었고 난소에 들어있는 또 다른 난포들을 많이 발견하였다. 오늘날 성숙난포(mature follicle)를 "그라프씨 난포(Graafian follicle)"라 부르는 이유도 바로 de Graaf의 이러한 업적을 기리기 위한 것이다.

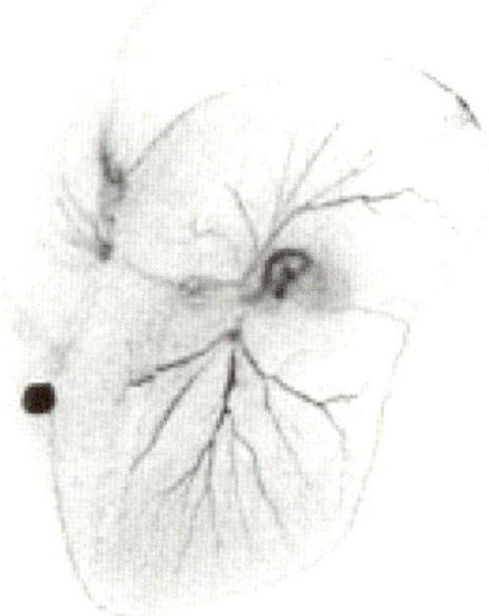

그림 2-6 닭의 배아에서 관찰되는 발생 중인 순환계

그러나 모든 사람들이 발생에 대하여 올바른 주장만 한 것은 아니었다. Malpighi(1675년)는 수정된 적이 없다고 믿었던 달걀에서 초기 발생 상태의 배를 발견하였기에 난자 안에 축소형 병아리(miniature chicken)가 미리 들어 있었다고 주장하였다. 이렇게 미리 만들어진 축소형 개체가 생식세포 안에 들어 있다가 수정되면서 크기만 자라난다고 생각하는 이론을 전성설(preformation theory)이라고 한다. Malpighi의 주장은 곧 전성설의 근본이 되었고 축소형 개체가 난자 안에 들어있다고 해서 난원설이라 불리게 되었다. 유사한 시기인 1677년에 Hamm과 Leeuwenhoek가 좀 더 개량된 현미경으로 최초로 사람의 정자를 관찰하였고, 그 정자 안에 축소형 인간(miniature human), 또는 완성된 인간(Homunculus)이 들어있다고 생각하였다. 그리고 이 축소형 인간이 여성 생식기내에서 자라나 결국에 자궁으로 들어가며 그 안에서 크기만 커진다고 주장하였다. 이들의 생각은 정원설의 시조가 되었다.

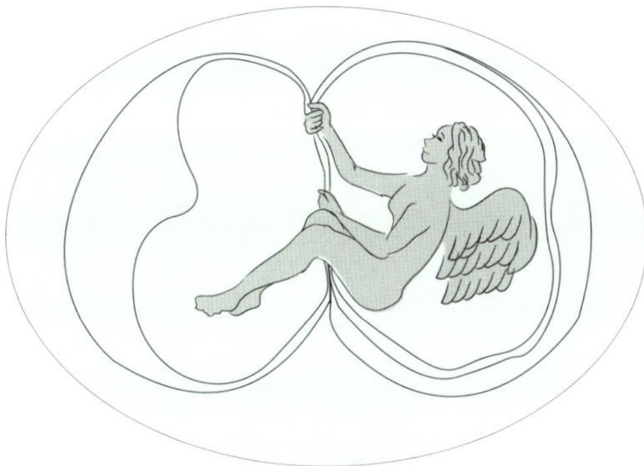

그림 2-7 난원설

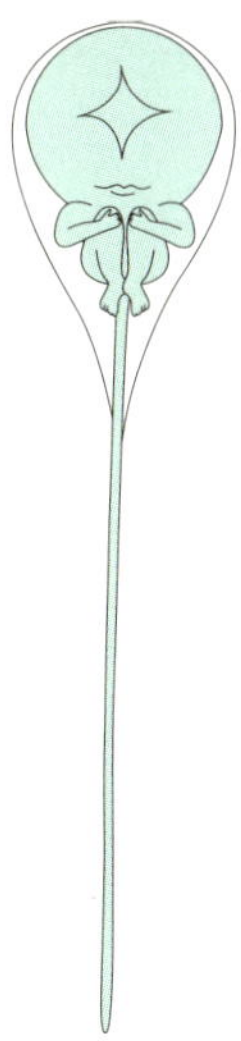

그림 2-8 정원설

18세기 중반에 Wolff(1759)는 정원설과 난원설을 포함한 전성설을 전면 부정하였다. Wolff는 반대로 후생설(epigenesis)을 주장하였는데 그 내용은 "발생은 세포의 성장(growth)과 분화(differentiation)의 결과로 이루어진다"는 것이었다. 즉 미리 만들어진 축소형 개체가 정자나 난자에 들어있는 것이 아니라 생식세포의 결합(수정)을 통해서 만들어진 수정란(fertilized egg)이 지속적인 세포분열(cell division)과 분화를 통해 개체로 성장해 나간다는 것이다. 역시 비슷한 시기에 Spallanzani(1775)가 개에게 인공수정시키는 실험을 하였고, 정자가 발생을 유발시키는 물질이며 발생을 위해서는 정자와 난자가 모두 필요하다고 주장함으로써 다시 한 번 후생설을 뒷받침하였다. 1818년에는 Saint Hilaire가 여러 가지 선천성기형을 동물에서 자세히 관찰함으로서 기형학(teratology)을 창시하였다. 1827년에 von Baer는 개에서 난포 안에 들어있는 난자(oocyte)를 관찰하였고, 난관(uterine tube)에서는 분열 중인 접합자(zygote)를, 자궁에서는 포낭(blastocyst)을 각각 관찰함으로써 발생의 단계별 진전을 확실하게 기술하였다. 이 업적으로 인해 von Baer는 '현대발생학의 아버지(The Father of Modern Embryology)'라는 별명을 얻게 되었다.

비슷한 시기에 여기저기서 과학적 진보들이 눈에 띄게 이루어졌고 세포에 대한 개념이 더욱 확고해지면서 Schwann과 Schleiden이 세포설(cell theory)을 확립하였다. 세포설은 배아가 세포분열을 거쳐 조직과 기관으로 분화한다는 확실한 이론적 근거가 되었다(1839).

한편 1865년에 Gregor Mendel이 "식물 잡종에 관한 연구"를 통해 유전법칙(The Principles of Heredity)을 발표하였고, Darwin(1859)이 역시 비슷한 시기에 종의 기원(On the Origin of species)을 기술하여 진화학을 창시하였다. Mendel은 어떤 화학물질이 세포 안에 있어 다음 세대로의 유전을 조절한다고 믿었는데 그 실체까지는 밝히지 못하였다.

그림 2-9 Mendel

이어서 Fleming(1878)이 염색체를 발견하였고, von Beneden(1883)이 감수분열(meiosis)에 대한 이론을 정립하였다. Beneden은 생식세포의 염색체가 체세포의 절반이라는 것을 밝혀냄으로써 발생을 위해 왜 수정이 필요한지 이유를 밝혀내었다. 한편 Sutton과 Boveri(1902)는 감수분열과 수정에서 염색체의 움직임이 Mendel의 유전법칙과 일치한다는 것을 밝혀내었다. 그리고 이와 같은 해 Garrod는 멘델의 법칙을 따르는 알캅톤뇨증(alcaptonuria)이라는 유전병을 사람에게서 처음으로 관찰하였다. 1923년에 Painter가 사람의 염색체는 46개라는 것을 최종적으로 확인하였고, Lejeune(1959)이 다운증후군(Down syndrome) 환자는 염색체가 47개라는 것을 발견함으로써 염색체의 이상이 곧 비정상적인 발생과 선천성기형의 원인이라는 것을 알아내었다. 이것은 곧 현대 분자발생학(molecular embryology) 및 발생유전학(developmental genetics)의 시작이 되었다. 1983년에 Palmiter는 사람의 성장호르몬(growth hormone) 유전자를 쥐에 재조합시켰고, 그 결과 몸집이 세 배나 커진 수퍼마우스(supermouse)를 탄생시켰다. 이것은 유전자 조작을 통해 발생 결과를 조절할 수 있다는 증거가 되었고, 마침내 종합학문인 발생생물학(Developmental Biology)이 탄생하게 되었다.

발생생물학의 목표

발생생물학은 사람을 포함한 생물체의 근본과 생명의 기원 및 사망에 이르는 전 과정에 대해 필요한 지식을 제공해 준다. 그리고 그 지식은 삶의 질을 높여 복지를 향상시키는 데에 필요한 것들이다. 발생생물학을 통하여 첫째, 우리의 생명이 어떻게 시작되는지, 그리고 출생 이전에 신체 발달이 어떻게 진전되는 지에 관한 구체적인 지식을 얻을 수 있다. 둘째, 정상적인 신체와 선천성기형과의 관계와 그 원인에 대한 지식을 얻음으로서 오염이 심각한 현대 생활의 환경적 요인들이 정상적인 발생을 방해하지 않도록 피하거나 도울 수 있는 방법을 제시해 준다. 셋째, 산부인과 의사(obstetrician & gynecology)가 배자와 태아의 정상적인 발생을 위해 임산부를 최대한 도울 수 있도록 필요한 지식을 제공해 준다. 넷째, 소아과 의사(pediatrician)에게 어린아이들이 자라나면서 겪을 수 있는 비정상적인 발육 과정에 대한 정보를 제공하고 치료를 위한 지식을 제공해 준다. 다섯째, 결과적으로 인류의 삶을 향상시키고 복지를 제공하여 건강하고 장수하는 풍요를 마련해 준다.

발생생물학 연구방법

발생학과 발생생물학은 연구 방법에 따라 여러 가지로 비교가 된다. 가장 오래된 방법은 기술발생학(descriptive embryology)이다. 기술발생학이란 말 그대로 사물의 보이는 모습과 현상을 종이에 그대로 옮겨 기술하는 방법이다. 호기심과 뛰어난 관찰력 외에는 특별한 기법이 필요하지 않기에 발생학 연구 역사에서 가장 보편적이고 흔하게 사용되어 온 방법이라 할 수 있다. 기술발생학은 발생과정이 짧은 하등동물에서 시간대별로 변화하는 모습에 대해 구체적으로 설명할 수 있다는 것이 장점이다. Hippocrates가 닭에게 달걀을 품게 하고 매일 한 개씩 깨어 본 실험이 기술발생학의 대표적인 예이다. 기술발생학은 거시적인 차원에서의 연구는 가능하나 분자나 세포차원에서의 접근이 어렵다는 것이 단점이다. 비교발생학(comparative embryology)은 여러 가지 생물 종(species) 간의 발생 과정을 서로 비교하는 방법이다. 그럼으로써 진화 차원에서 발생을 설명하고자 하는 방법이다. 비교발생학은 하등동물의 발생을 통해서 인간 발생에 대한 이해와 정보를 얻을 수 있다는 것이 장점이다. 반면에 Häckel(1868)의 반복설에서처럼 사람의 발생 과정이 동물 진화의 과정을 순서대로 되풀이해 밟는 것처럼 오인할 수 있다는 단점도 있다. Häckel은 "사람의 발생(개체발생)은 종족발생(진화의 단계)을 되풀이 한다"고 하였는데 이는 하등동물에서 포유류에 이르기까지 발생 초기의 모습이 비슷비슷한데서 기인한 잘못된 해석이다.

현대적인 의미에서 가장 널리 사용되는 연구방법은 실험발생학(experimental embryology) 또는 실험발생생물학(experimental developmental biology)이다. 실험발생학은 분자나 세포차원에서 이루어질 수도 있고, 조직이나 개체차원에서 이루어질 수도 있다. 예를 들어 발생에 관여된 유전자를 녹아웃(knock out) 시킨 후에 그 결과를 관찰한다든지, 발생이 이루어지고 있는 배아나 태아에게 온도,

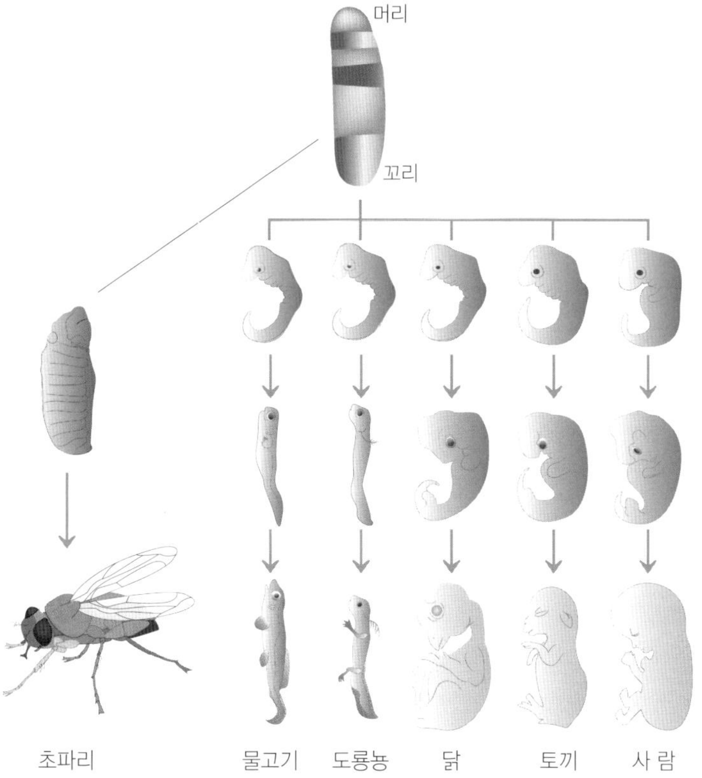

그림 2-10 Häckel의 반복설

중력, pH 등 환경적 요인을 다르게 제공하여 발생에 미치는 영향을 평가하는 것들이 이에 속한다. 인위적으로 배아의 일부분을 파괴하거나 복제하고 그 결과를 관찰하는 실험도 있다. 실험발생학은 여러 가지 요인이나 조건에 따른 발생학적 변화를 관찰할 수 있다는 장점이 있으나 사람에게는 불가능한 접근 방법이다.

실험발생학 덕분에 유전자 차원에서의 조작과 이 조작이 정상적인 발생에 미치는 인과 관계에 대한 연구가 가능해졌다. 즉 실험발생학이야말로 오늘날의 발생생물학을 가능하게 만들어 준 원동력이라 할 수 있다. 실험발생학의 구체적인 방법으로는 ① 산소, 중력, 온도, 초음파, 방사선 등 주변 환경을 변화시키고 그것이 발생에 미치는 영향을 관찰하는 방법, ② 작은 바늘로 발생 중인 조직의 일부를 파괴한 후 그 영향을 관찰하는 미세수술법, ③ 배아의 일부를 제거한 후 최종 발생된 개체에서 파손되거나 변형된 조직을 관찰하는 방법, ④ 배아의 한쪽을 다른 쪽으로 이식한 후에 그것이 개체의 수족 발달에 어떤 영향을 주는지를 관찰하는 방법. 특별히 이 방법은 발생 중인 세포가 주변의 다른 세포들과 끊임없이 정보 교환을 하면서 자신이 어떤 조직으로 분화할 지를 조절해 나가는 것인지, 아니면 처음부터 정해진 운명에 의해 독자적으로 발생을 수행하는 지를 조사하기에 적합한 방법이다. ⑤ 발생 중인 세포들이 서로 어떻게 물리적, 화학적으로 유착되어 있는지를 보기 위하여 세포를 인위적으로 분리하는 세포분리법과, ⑥ 돌연변이(mutation)를 일으켜서 유해 물질로 인한 선천성기형을 이해하려는 방법, ⑦ 추적자(tracer)를 사용하여 발생의 경로와 세포 재배열을 추적하는 방법 등이 있다.

이외에도 발생생리학(developmental physiology)은 태아의 물질대사와 생리적 기능 발달에 관한 연구를 주로 담당하는 분야이다. 특히 생화학적 대사에 대한 연구를 통해서 선천적으로 소화나 영양관계, 성장, 노화 등에 문제가 있을 때 적절한 치료법을 제공하려는 학문이다. 발생생리학과 유사한 연구 분야로서는 염색체의 비정상적인 분포가 태아에 어떠한 영향을 미치는 지를 연구하는 세포유전학(cytogenetics), 발생 장애로 인하여 야기된 인간의 질병을 이해하려는 임상발생학(clinical embryology), 발생과정 중 화학적 변화에 대한 연구를 담당하는 화학 발생학(chemical embryology), 그리고 병리학적 변화를 유전자 차원에서 설명하는 분자병리학(molecular pathology) 등이 있다.

발생학적 용어와 위치 표시

발생 중인 배자, 태아, 개체를 설명하기 위해서는 전, 후, 좌, 우의 방향을 설정하는 것이 중요하다. 특히 발생 초반의 배자는 그저 구형의 세포덩어리이기 때문에 더욱 방향을 구별하기가 힘이 든다. 사람이 서서 손바닥을 앞으로 향하고 양팔을 옆구리에 붙인 자세를 해부학적 자세(anatomical position)라 한다. 이 자세를 기준하여 각 방향을 결정하는데 성인에서는 앞쪽(anterior), 뒤쪽(posterior)이라는 용어로, 발생 중인 배자는 배쪽(ventral), 등쪽(dorsal)이라는 용어로 표현을 한다. 또한 성체에서는 위쪽(superior), 아래쪽(inferior)이라는 표현을 쓰며 배아에서는 뇌쪽(cranial), 꼬리쪽(caudal)이라는 용어를 대신에 사용한다.

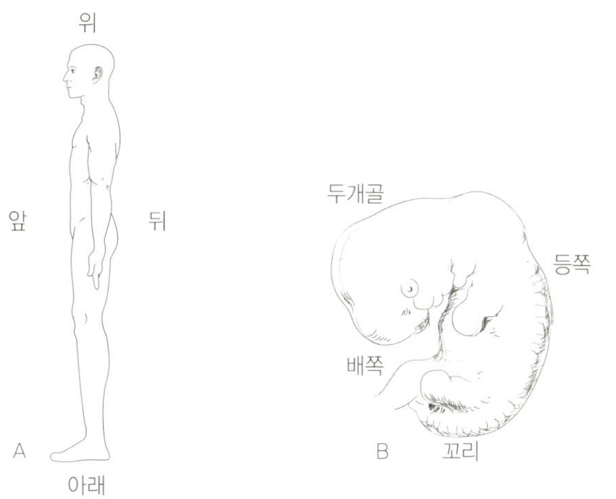

그림 2-11 해부학적 위치와 용어

참고문헌

Browder LW. ed. Developmental biology. New York. 1985. Plenum.

Fawcett DW. A textbook of histology. Philadelphia. 1986. WB Saunders.

Kerr JB. Functional cytology of the human testis. Bailleres Clin Endocrinol Metab. 6. 235-250. 1922.

Meyer AW. The Rise of Embryology. Stanford University Press. 1939.

Moodbidri SB. Garde SV. Sheth AR. Inhibin,. unity in diversity. Arch Androl. 28. 149-157. 1992.

Needham J. A History of Embryology. Cambridge University Press. 1959.

O'Rahilly R. Developmental Stages in Human Embryos. Part A: Embryos of the First Three Weeks. Washington, DC. Carnegie Institution of Washington. 1973.

Chudley AE. Skalko RG. Basic Concepts in Teratology. New York. Alan R. Liss, Inc. 1985.

Taieb F. Thibier C. Jessus C. On cyclins,, oocytes and eggs. Mol Reprod Dev. 48. 397-411. 1997.

Willis RA. The Borderland of Embryology and Pathology. London. Butterworth & Co. Publishers, Ltd. 1962.

Wynn RM. Biology of the uterus. New York. 1977. Plenum.

제 3 장

세포분열과 개체발생

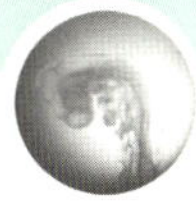

동, 식물세포가 분열하는 방법에는 체세포분열(mitosis)과 감수분열(meiosis)의 두 가지가 있다. 감수분열은 생식세포분열이라고도 불린다. 흔히 "mitosis"를 유사분열이라 번역하고 있는데 이는 엄밀한 의미에서는 옳지 않은 해석이다. 유사분열이라는 뜻은 세포가 분열하는 과정에서 방추사(spindle)가 나타난다는 뜻이다. 방추사는 염색체를 좌우로 끌어당기는 세포 내 실과 같은 구조이다. 그러나 실제로는 방추사가 감수분열에서도 관찰이 된다. 그래서 엄격하게 말하자면 유사분열에는 체세포분열과 생식세포분열의 두 종류가 있다고 말해야 할 것이다.

이 두 가지 분열의 차이점은 염색체 수의 변화에서 찾는 것이 쉽다. 체세포분열은 염색체 수의 변화가 없는 분열인 반면에, 생식세포분열은 염색체 수가 반으로 감소하는 감수분열이다. 이런 의미에서 "mitosis"를 체세포분열로, "meiosis"를 감수분열로 정의하는 것이 옳다. 한편 무사분열이라는 용어도 있다. 무사분열은 유사분열과 대비되는 용어이다. 방추사의 출현이 없이 세포가, 또는 핵이 그대로 길게 늘어나서 둘로 나뉘어지는 분열법이다. 무사분열은 단세포생물인 세균 등의 분열에서 주로 보이지만 일부 병든 세포나 늙은 세포에서 관찰되기도 한다.

세포주기

사람이 살아가면서 노화의 주기를 겪듯이 세포의 일생 역시 일정한 세포주기(cell cycle)를 겪게 된다. 세포분열도 이러한 주기의 한 부분이다. 흔히 세포분열을 생각할 때 핵과 염색체의 분열만을 강조하고 있으나, 세포분열은 엄연히 핵의 분열과 세포질의 분열이 조화를 이루어야 하다. 세포주기는 간기(interphase), 핵분열기(mitosis), 세포질분열기(cytokinesis)의 3단계로 이루어진다. 여기서 간기는 또다시 G1, S, G2의 시기별로 세분화된다.

간기는 세포분열이 끝난 직후에서 다음번 세포분열까지의 중간단계를 말한다. 이시기의 핵에서는 분열을 막 마친 염색체가 길고도 가는 실처럼 늘어나 있어 현미경 관찰이 어려운 시기이다. 간기 중 첫 단계는 G1이다. G1 시기는 분열한 어린 세포가 ribosome 등 세포소기관과 필요한 효소들을 충분히 합성하고, 정상 크기로 회복되는 시기이다. 두 번째인 S 시기는 DNA(염색체의 형태로)가 분열을 앞두고 복제, 합성되는 시기이다. 이때에 염색체는 복제가 되어 동원체(centromere)라는 구조에 서로 묶여 있게 된다. DNA는 유전물질이기에 정확하게 복제하는 것이 대단히 중요하다. 혹시나 복제된 DNA에 잘못이 있지나 않은지 점검하는 시기가 바로 G2이다. G2는 이렇게 합성된 DNA에 잘못된 부분이 있으면 수리해주는 시기이다.

핵분열기는 이렇게 합성된 DNA가 2개의 핵으로 나뉘어져 들어가는 과정이다. 체세포분열의 핵분열에 직접 해당하는 시기이다. 세포분열의 마지막 단계에서 세포질이 나뉘어지는데 이시기를 세포질분열기라 부르며, 핵분열기의 후기에 시작하여 말기까지 병행하여 진행된다. 체세포분열의 결과 동일한 딸세포가 2개 만들어진다.

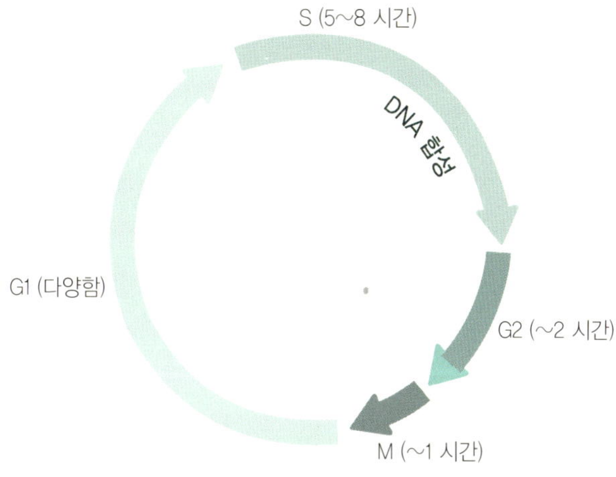

그림 3-1 세포주기

체세포분열

체세포분열(mitosis)의 핵분열은 다시 전기(prophase), 중기(metaphase), 후기(anaphase), 말기(telophase)의 4단계로 나누어진다. 전기에는 길게 늘어졌던 염색사가 염색체로 응축이 되고 핵막이 소실되며, 방추사(spindle)가 형성된다. 또한 염색체의 복제가 일어나 DNA의 양이 두 배로 증가하는 시기이다(4n). 중기에는 이렇게 응축되고 복제된 염색체들이 적도판에 배열되며, 후기에는 이들 염색체의 복제된 팔들(염색분체, chromatid)이 각각 방추사에 이끌려 양극으로 이동한다. 말기에는 핵막이 다시 재생되고, 방추사가 소실되게 된다. 핵분열에 이어 세포질분열이 일어나면서 두 개의 딸세포(daughter cell)가 만들어진다. 딸세포는 모세포와 형태나 유전적 구성이 완전히 동일하다(2n).

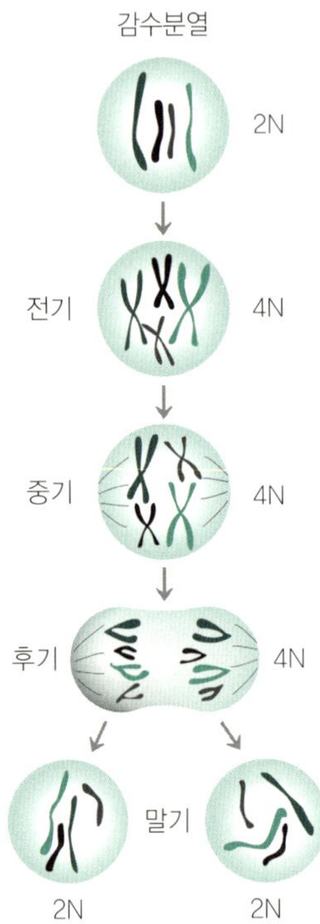

그림 3-2 체세포분열

감수분열

감수분열(meiosis)은 1기와 2기로 나뉘어진 두 번에 걸친 세포분열이다. 따라서 감수분열의 결과 모두 4개의 딸세포가 만들어지게 된다. 남자의 경우에는 이 4개가 모두 정자가 되는 반면, 여자의 경우에는 이 중 1개만이 정상적인 난자로 발생된다. 나머지 3개는 모두 기능이 없는 극체(polar body)로서 퇴화되게 된다. 극체도 염색체의 수나 구성은 난자와 동일하지만 세포질이 없어 수정(fertilization) 기능이 없을 뿐이다.

상동염색체(homologous chromosome)란 같은 형질에 관여하는 유전자들로 구성된, 즉 내용이 같은 한 쌍의 염색체를 말하다. 사람은 염색체가 총 46개로 이

중 44개가 체세포염색체, 2개가 성염색체이다. 체세포염색체의 이름은 1번부터 크기순으로 붙이는데 각 번호마다 2개씩 쌍을 이루고 있기에 22번까지 번호를 붙이고 있다(단, 21번과 22번은 크기가 뒤바뀌어 있음). 즉 각 번호마다 쌍으로 존재하는 것이다. 이렇게 쌍을 이룬 염색체들을 상동염색체라고 한다. 상동염색체는 서로가 유전자의 종류는 같지만 완전히 같은 것은 아니다. 예로써 눈의 색깔을 결정하는 유전자를 가진다는 점에서 한 쌍의 상동염색체가 같기는 해도 한 쪽이 우성, 또 다른 쪽은 열성일 수 있다.

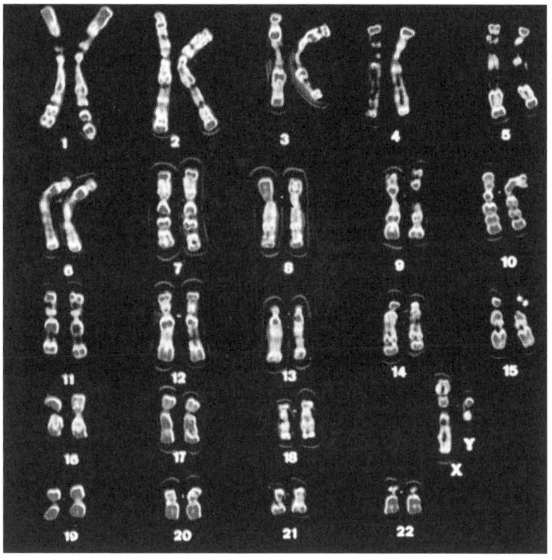

그림 3-3 사람의 염색체

감수분열의 1기는 체세포분열과 비교하여 몇 가지 차이점이 있다. 첫째, 전기에서 상동염색체(homologous chromosome) 간에 유전자 교환이 일어난다는 점이다. 즉 염색체 교차(crossing over)에 의해서 상동염색체에 있는 유전자들의 조합이 우성, 열성 간에 달라지게 되는 것이다. 이렇게 유전자의 재배열이 일어나기 때문에 다음 세대로 다양한 조합의 형질이 전해질 수 있는 것이다. 형제, 자매가 비슷해보여도 조금씩 모습이 틀린 이유가 바로 염색체 교차 때문이다. 둘째, 중기에 염색체들이 상동염색체별로 쌍을 이루어 적도판에 배열되게 된다. 이 때문에 분열 후 염색체의 수가 반감되게 되는 것이다. 이때 주의할 점은 염색체의 수는 반감되지만 각각의 염색체가 복제되어 있으므로 전체적인 양은 그대로라는 것이다. 체세포분열에서는 쌍을 이루지 않고, 각각의 염색체들이 그냥 일렬로 적도판에 배열하였다. 감수분열 2기는 염색체의 복제가 없는 체세포분열과 같다. 이미 염색체들은 복제되어 있는 상태이므로 그대로 양극으로 각각의 분체가 끌려감으로서 분열되게 된다. 두 번에 걸쳐 세포가 분열하였으므로 감수분열의 결과는 총 4개의 딸세포이다.

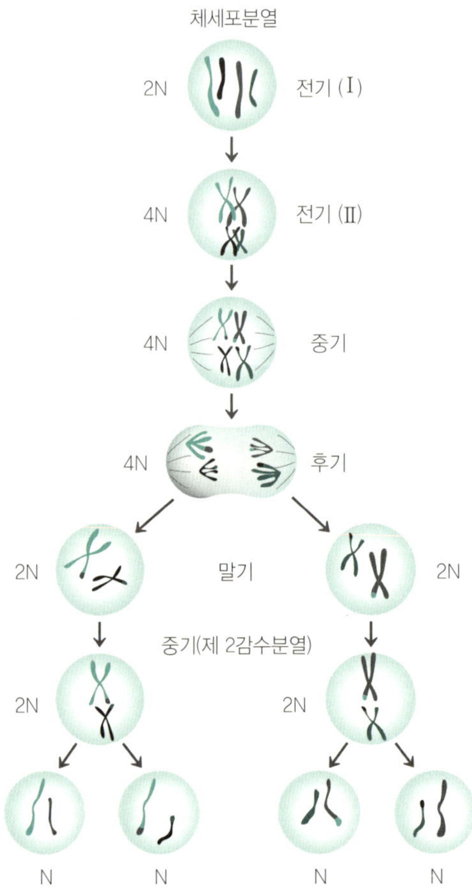

그림 3-4 감수분열

감수분열이 정상적으로 일어나지 못할 경우 사람에서는 염색체가 22개 또는 24개인 비정상적인 난자가 만들어지는데, 이런 것들이 정상적인(염색체 23개) 정자와 수정을 하게 되면 염색체 45개의 터너증후군(Turner's syndrome), 또는 47개의 다운증후군(Down syndrome) 등의 결과를 낳게 된다. Down 증후군 환자는 가장 작은 염색체인 21번을 하나 더 가지고 있다.

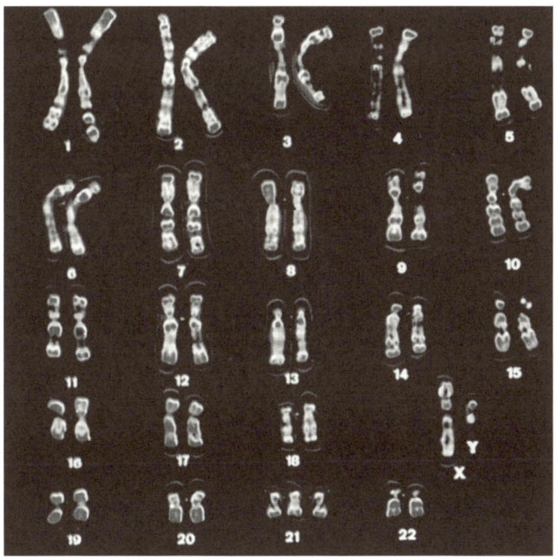

그림 3-5 다운증후군 환자의 염색체

세포분열의 결과

체세포분열의 결과 유전적으로나 형태상으로 완전히 동일한 세포가 두 개 만들어진다. 체세포분열은 우리 신체를 구성하는 세포들의 분열이다. 이런 분열방법은 상처난 피부가 재생되어 치료되는 모습이나, 암세포가 분열하는 모습에서 볼 수 있다.

감수분열은 정자와 난자 같은 생식세포를 만들기 위한 분열이다. 감수분열을 거치고 나면 염색체의 수가 절반으로 감소된다. 감수분열은 정자와 난자의 결합, 즉 수정을 해야 하는 생물들이 염색체 수를 일정하게 유지하기 위한 수단이다. 감수분열이 없다면 염색체는 세대를 거듭하면서 무한정 늘어날 것이기 때문이다. 우리 몸을 구성하고 있는 체세포는 대부분 특수한 경우 외에는 분열하지 않지만 분열할 경우 평균 소요 시간은 약 24시간이다.

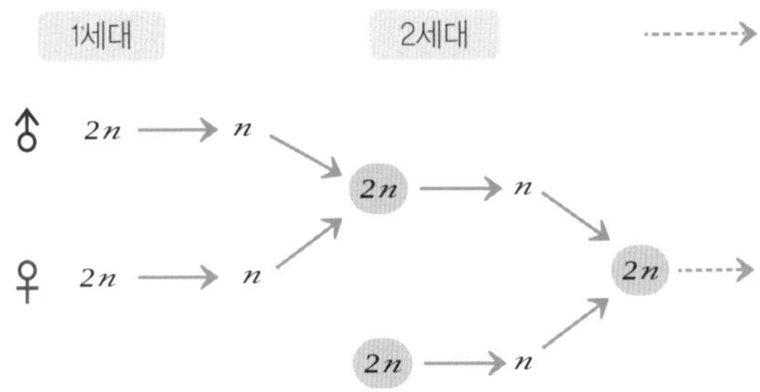

그림 3-6 감수분열과 종의 연속성

편의상 발생 과정을 설명할 때 여러 단계(stage)로 나누어서 설명하지만 실제로는 전 과정이 끊이지 않고 연속적으로 이어지는 사건이다. 또한 개체(individual) 입장에서 볼 때는 수정(fertilization)에서 출생(birth)을 거쳐 성장(growth)하고 노화(aging)하여 사망(death)에 이르는 일직선적인 과정이지만, 종(species)의 차원에서 볼 때는 수정과 출생, 성장을 거쳐 성체가 되면 생식 능력을 획득하고 다음 세대로 계속해 이어나가는 순환적인 사건이다. 각각의 종은 그 종만의 특징을 이어나가기 위한 특별 장치를 고안해 놓고 있기 때문에 각 종의 정자는 같은 종의 난자만을 인식할 수 있다. 사람, 개구리, 소, 닭 등 다양한 생물들이 자연 상태에서 서로 섞이지 않고 독특한 형질을 유지할 수 있는 이유가 바로 여기에 있다.

정자와 난자가 이처럼 같은 종의 배우자만을 인식할 수 있는 생물학적 장치를 빈딘(bindin)이라고 한다. 빈딘은 정자의 첨체(acrosomal process)에 위치해 있는 단백질이다. 빈딘은 정자가 난자를 만나 첨체반응(acrosomal reaction)이 있기 전에는 겉으로 드러나지 않는다. 그러나 일단 정자가 난자를 만나 첨체반응이 시작되면 노출되면서 난자 표면에 위치한 수용체(bindin receptor)와 결합을 한다. 빈딘과 수용체의 특이적 결합 때문에 종마다 선택적 수정이 가능한 것이다.

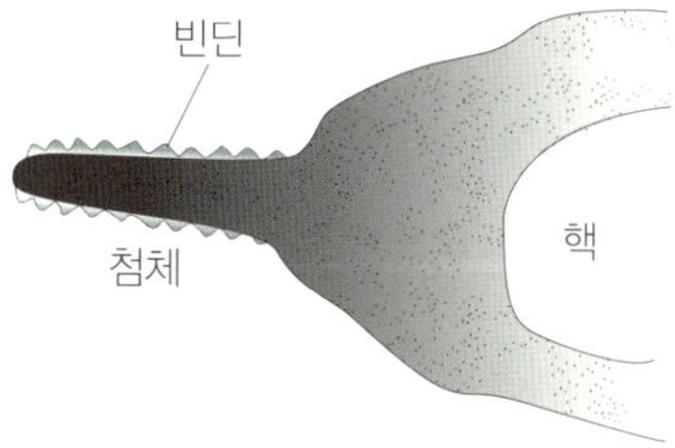

그림 3-7 첨체에 위치한 bindin의 모습

유성생식

유성생식(sexual reproduction)의 시작은 성세포(sex cell) 또는 생식세포(germ cell)라 불리는 반수체의 세포를 만드는 것이다. 우리 모두가 잘 알고 있다시피 남성(male)의 성세포는 정자(sperm)이고, 여성(female)의 성세포는 난자(ovum)이다. 유전학적인 차원에서 이들은 감수분열(meiosis)을 통해 만들어진다. 세포분열에는 두 종류가 있는데 체세포분열(mitosis)이 모세포(parent cell)의 유전자를 고스란히 이어받는 반면, 감수분열에서는 염색체가 절반으로 줄어들게 된다. 정자와 난자(ovum)는 생명의 근본물질인 DNA를 각각 절반씩 가지고 있기 때문에 이들이 서로 합쳐지는 과정, 즉 수정(fertilization)이야말로 "생명의 시작"이라 할 수 있다. 수정란(fertilized egg)을 발생학적 용어로 접합자(zygote)라고도 하며 비로소 유전자 구성이 온전하게 복원된 세포라 할 수 있다. 이처럼 유성색식은 감수분열로 성세포를 만들고, 이 성세포들이 다시 합쳐져 온전한 세포가 되고, 체세포분열로 그 수가 늘어난 다음, 분화와 통합을 거쳐 개체가 형성되는 과정으로 요약

할 수 있다.

유성생식의 장점은 남, 여의 유전자가 절반씩 섞이는 과정에서 더욱 우수한 형질의 조합을 가진 자손이 탄생할 수 있다는 것이다. 그럼으로써 인간을 비롯한 모든 종이 수시로 변하는 환경조건에 적응하면서 영속성을 보장받게 된다.

발생은 두 가지 측면에서 생각해 볼 수 있다. 개체 차원(individual)에서 본다면 탄생(birth)에서 사망(death)에 이르는 직선적인 사건이며, 종(species)의 차원에서 본다면 발생과 성장, 생식을 거쳐 다음 세대로 계속 이어가는 순환적인 사건이다. 이 두 가지 경우를 사람과 개구리에서 다음과 같이 비교하여 설명하고자 한다.

개구리의 발생

개구리나 사람의 전체적인 발생 과정은 대체로 비슷한 경로를 겪게 된다. 정자와 난자가 합쳐진 수정란이 분열과 분화를 거쳐서 온전한 개체를 이루어 나가는 첫 과정이 바로 난할(cleavage)이다. 흔히 난할과 세포분열을 서로 혼동해서 사용하지만, 엄밀히 말해 이 두 용어는 분명한 차이가 있다. 세포분열은 핵과 세포질이 그 내용물이나 크기, 양적인 면에서 정확하게 두 개로 복제되는 것이지만 난할은 핵과 그 내용물인 유전자는 복제되지만 세포질은 점점 분할되어 줄어드는 분열이기 때문이다. 때문에 난할은 체세포분열과 유사한 분할(mitotic division)이라고 표현하는 것이 오히려 더 정확하다. 난할의 결과 생기는 각 세포들을 할구(blastomere)라 부르며 분열을 거듭할수록 할구는 점점 더 작아져서 마침내 성체를 이루는 세포의 크기로까지 줄어들게 된다. 사람의 난자는 작은 모래알만큼이나 크기 때문에 육안으로도 관찰이 가능한 반면 성인의 세포는 현미경으로 수백 배를 확대해야 관찰할 수 있다는 점을 상기하면 쉽게 이해가 될 것이다. 착각하기 쉬운 점은 난할이 정확하게 2의 배수(2n)로 진행된다고 생각하는 것이다. 실제로는 각 할구마다 분열 속도가 다르기 때문에 3개, 5개, 7개와 같은 홀수 상태도 관찰이 된다.

수치상으로는 수정란이 40여 번 분열한 결과, 즉 240개(약 100조)의 세포로 구성된 개체가 바로 사람이다.

할구의 수가 12~16개(사람의 경우 수정 후 약 3일)에 도달했을 때를 상실배(morula)라고 부른다. "상실"이란 뽕나무 열매인 "오디"를 뜻하는 말로서 상실기에 도달한 할구 덩어리의 모습이 마치 "오디(mulberry)"와 비슷하다고 해서 붙여진 이름이다. 계속해서 수정 후 4일 정도가 되면 포배(blastula)가 된다. 포배기는 할구가 40~50개 정도에 도달한 시기로서 내부에 액이 들어차면서 점차 포낭(blastocyst cavity)을 형성한다. 이때에 다다르면 내부 세포들은 2개 층으로 나누어지는데 이를 이층배자반(bilaminar embryonic disc)이라 한다. 난할이 거듭되면서 할구의 수가 계속 늘어나고, 이제 세포들은 본격적으로 분화(differentiation)를 시작하게 된다. 일단 분화가 시작되면 세포분열이 조금씩 느려지면서 세포들의 위치가 재배열(rearrangement)되게 된다. 예를 들어 혈구세포와 생식세포는 발생 중인 배아의 꼬리(tail) 쪽에서 만들어지기 때문에 나중에 혈관과 생식기가 완성되면 그리로 찾아 들어가기 위해 장거리 이동을 해야 한다. 이렇게 세포들의 이동이 시작되는 때를 장배형성기(period of gastrulation)라 부르는데 가장 뚜렷한 현상은 재배열의 결과로 나타나는 삼층배자반(trilaminar embryonic disc)이다. 삼층배자반은 외배엽(ectoderm)과 중배엽(mesoderm), 내배엽(endoderm)으로 구성되는데 기관형성기(organogenesis)를 거치면서 외배엽으로부터 상피조직(epidermis)과 신경계(nerve tissue)가, 중배엽으로부터 뼈, 근육, 힘줄, 혈구 등 다양한 결합조직(connective tissue) 및 심장, 신장, 생식선 등의 기관들이, 그리고 내배엽으로부터 간, 췌장 등의 부속기관들이 만들어지게 된다. 참고로 우리 몸에서 제일 먼저 만들어지는 것은 뇌(brain)와 척추(spinal cord) 등의 신경계이다. 이처럼 사람의 뇌는 비록 제일 먼저 만들어지기 시작하지만 그 기능적 완성은 16세가 되어야 완성된다. 모든 조직이 만들어지면 이제 온전한 개체가 탄생(birth)할 수 있다.

개구리는 올챙이(tadpole)로서 태어나기 때문에 변태(metamorphosis)라고 부르는 특수한 과정을 거쳐야 비로소 성체(adult)가 될 수 있다. 모든 동물이 변태기를 거치는 것은 아니며, 유충(larva)이 번데기(pupa)를 거쳐 나방이 되듯이 비교적 하등한 동물에서 주로 관찰되는 현상이다. 성체가 일정한 기간 성장하게 되면 생식 능력을 갖추게 되는데 이때를 생식세포형성기(gametogenesis)라 부른다. 생식 능력을 갖춘다는 것은 출생 후에 나타나는 가장 큰 발생학적 변화인 동시에 차세대를 위한 필수 조건이기도 하다. 생식세포인 정자와 난자가 만들어지면 처음부터 다시 수정이 이루어지게 되고 발생의 전 과정이 순환적으로 되풀이되면서 종의 연속성(continuity)이 이루어지게 된다.

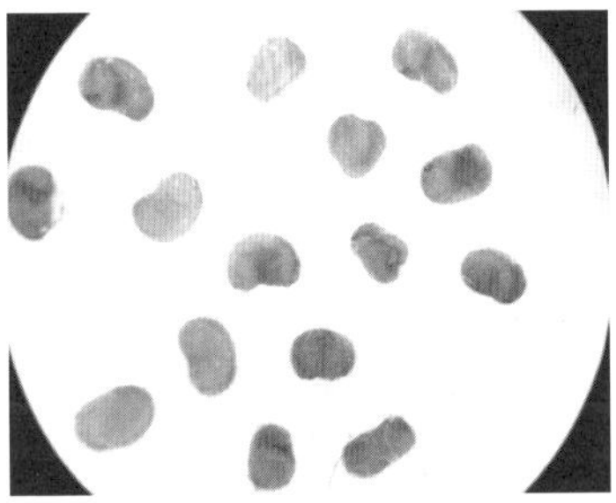

그림 3-8 개구리 알의 발생 모습

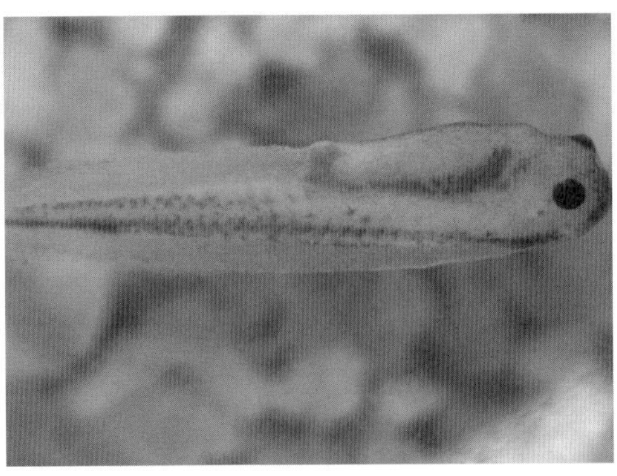

그림 3-9 올챙이의 발생 모습

사람의 발생

사람의 출생 이전과 출생 이후 기간들은 다음과 같이 구분지울 수 있다. 사람의 전체 임신기간은 약 266일이다. 즉 마지막 월경주기의 첫날부터 계산하면 280일(40주)이고, 수정 후부터 계산하면 266일(38주)이다. 그러나 이것은 어디까지나 이론적인 것이고 실제로는 이보다 2~3주 긴 경우도 많다.

임신 전 기간을 9개월로 보았을 때 3개 분기로 나누어 부르는 것이 보통이다. 즉 첫 3개월을 제1삼분기(first trimester), 그 다음 3개월을 제2삼분기(second trimester), 마지막 3개월을 제3삼분기(third trimester)라 부른다. 수정 후 처음 2주간은 수정란이 자궁 내에 떠있다가 서서히 자궁내막(endometrium)에 착상(implantation)을 시도하는 기간이다. 이 기간 중 수정란은 상실배와 포배를 거쳐 포낭이 된다. 일단 착상에 성공하면 배자(embryo) 또는 배아라 부르기 시작한다. 물론 수정되는 그 순간을 인간의 시작으로 간주하지만, 발생학적인 차원에서 처음 14일은 아직 장기들이 형성되기 전이기 때문에 단순한 세포의 집합(cell mass)이라 할 수 있다. 착상에 성공한 2주 후 부터 본격적으로 각종 원시기관(primitive organ)들이 형성되기 시작하는데 배자기(embryonic stage)는 약 8주 말까지 계속된다. 8주가 지나면 태아기(fetal stage)에 들어선다. 태아기는 새로운 장기들이 나타나기보다 이미 만들어진 원시기관들이 더 커지고 성숙해지는 시기이다.

만약 착상 이전에 해로운 약물에 노출되면 아기는 자연 유산이 될 확률이 높다. 노출된 시기가 배자기 때라면 원시기관들이 제대로 형성되지 못하므로 선천성기형이 될 확률이 높고, 태아기 때에 노출되면 발육이 다소 뒤떨어질 뿐 상대적으로 위험도가 낮은 시기이다. 출생 이전에는 머리가 유난히 크게 보이지만 점차 신체 다른 부위에 비해 머리의 성장 속도가 늦추어지면서 시간이 지나면 정상적인 비율을 되찾게 된다.

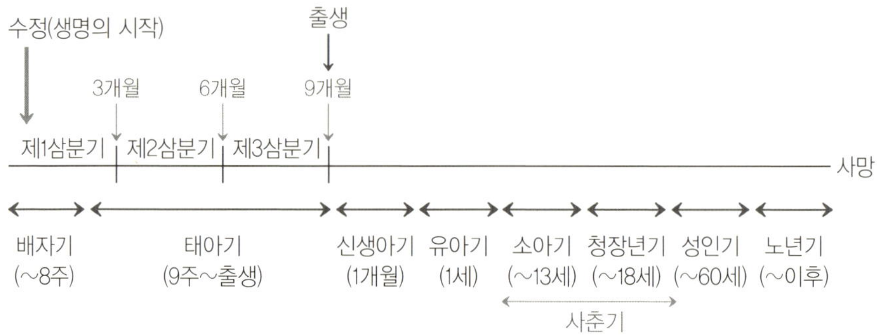

그림 3-10 사람의 발생과정

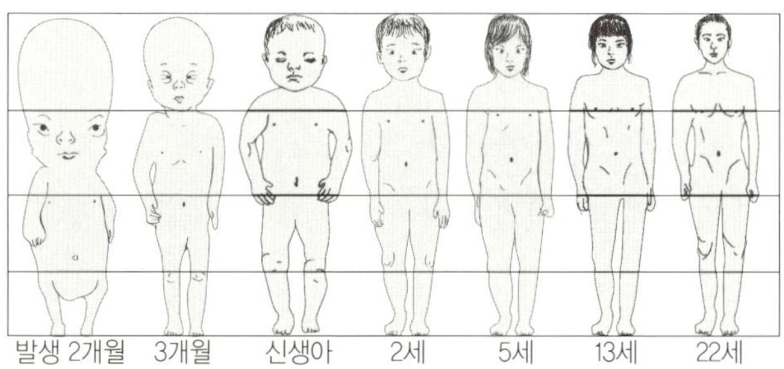

그림 3-11 출생 이전의 머리 성장 속도 비교

출생 이후의 발생

출생 후 첫 한 달간을 신생아기(neonatal period)라고 한다. 이때 아기는 처음으로 모체와 완전히 분리되어 식사, 호흡, 체온 조절, 배설 등 모든 것을 스스로 해결해야 하는 시기이다. 그만큼 엄청난 변화를 겪는 기간이기에 만약 기능적으로 미완성된 부분이 있다면 그것 때문에 사망할 수도 있다. 요사이는 의학이 발달하여 신생아 사망율이 많이 줄어들었지만 그래도 여전히 주의를 요하는 시기이며 신생아기를 무사히 넘긴 아기는 생존율이 거의 100%에 달하게 된다. 신생아기 이후 첫 일년까지를 유아기(infant period)라고 한다. 유아기는 신장과 체중이 눈에 띌 정도로 확연히 성장하는 시기로서 이 기간 중 키가 약 1.5배 자라게 된다. 이어서 소아기(childhood)에 접어드는데 소아기는 12~13세 정도까지 지속된다. 젖니가 영구치로 바뀌는 등 후천적인 변화가 시작되면서 영양소의 요구가 급증하는 시기이다. 여자의 경우 12세에서 15세 사이, 남자의 경우 13세에서 16세 사이에 이차 성징(secondary sexual characteristics)이 나타나면서 사춘기(puberty)가 시작되는데 통상적으로는 여자에서 12세를, 남자에서 14세를 공식적인 사춘기의 시작 나이로 간주한다. 이어서 여자에서는 10~18세, 남자에서는 15~20세에 생식 능력이 완성되는데 이 시기를 청장년기(adolescence)라 부른다. 이어서 성인기(adulthood)와 노년기(senescence)를 거치면서 조금씩 기능과 능력을 소실하다가 최종적으로 죽음(death)을 맞이하게 된다.

참고문헌

Berrill NJ. Growth, Pattern, and Form. Freeman, San Francisco. 1961.

Bonner JT. Berkley DS. Hall EM. Konijn TM. Mason JW. O'Keefe G. Wolfe PB. Acrosin, acrosinase and the sensitivity to acrosin in Dictyostelium discoideum. Dev Biol. 20. 72-87 (1969).

Carr DH. Gedeon M. Population cytogenetics of human abortuses. In Hook, E. B. and Porter, I. H. (eds.). Population Cytogenetics: Studies in Humans. New York, Academic Press. 1977.

Edwards RG. Steptoe PC. Current status of in vitro fertilization and implantation of human embryos. Lancet. 2. 1265, 1983.

Hefez ESE. Human Reproductive Physiology. Ann Arbor, Michigan, Ann Arbor Science Publishers, Inc. 1978.

Hertig AT. Rock J. Adams EC. A description of 34 human ova within the first seventeen days of development. Am. J. Anat. 98. 435. 1956.

Kirk DL. Viamontes GI. Green KJ. Bryant JL. Integrated morphogenetic behavior of cell sheets: Volvox as a model. In S. Subtelny and P. B. Green (eds.) Developmental Order: Its Origin and Regulation. Alan R. Liss, New York, pp. 247-274. 1985..

Ludwig H. Tauber PF. Human Fertilization. Stuttgart, Georg Thieme Publishers. 1978.

Strickberger MW. Genetics, 3rd ed. Macmillan. New York. 1985.

Tomchick KJ. Devreotes PN. Adenosine 3',5'-monophosphate waves in Dictyostelium discoideum: A demonstration by isotope dilution-fluorography. Science. 212. 443-446. 1981.

Turner RS. Sponge cell adhesions. In D. R. Garrod (ed.), Specificity of Embryological Interactoins. Chapman and Hall. Lodon. pp. 199-232.1978.

Wilson, EB. The Cell in Developmental and Inheritance. Macmillan, New York. 1986.

제 4 장

발생과 유전

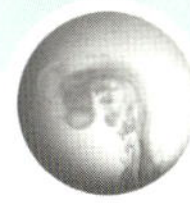

발생은 크게 두 가지 요소에 의해 영향을 받는다. 유전 프로그램(genetic program)과 환경적 영향(environmental factor)이 바로 그것이다. 유전 프로그램은 내적인 요소(internal factor)로서 신체의 어느 부분이, 언제, 어떻게 만들어질지에 대한 명령이다. 그리고 이 명령은 한 세대에서 다음 세대로 전해지면서 그 종(species)의 특성을 유지할 수 있게 해준다. 유전 프로그램이 정확해야 조직과 기관들이 정상적으로 발생할 수 있다는 것은 두말할 필요도 없다. 환경적 영향은 외적인 요소(external factor)이다. 약물이나 발암물질, 공해 등 환경적 요인으로 인해 유전자에 돌연변이가 일어나게 되면 잘못된 명령이 내려질 것이고 이 때문에 기형적 발생이 이루어지게 된다. 유전자가 올바른 지시를 내리더라도 환경이 이를 뒷받침하지 못하면 - 예를 들어 영양 부족이 생긴다면 - 역시 정상적인 발생이 이루어지지 못할 것이다. 때문에 유전과 환경, 이 두 요소는 어느 것이 먼저라고 할 것 없이 대단히 중요한 특성들이다. 만일 이 중 어느 한 가지라도 변경되면 변이 내지는 비정상적인 발달, 심지어 사망이 초래될 수 있다. 이런 의미에서 우리는 유전과 환경을 발생의 2대 필수 요소라 부르고, 상호 보완적인 관계에 있다고 말한다.

유전과 환경이외에도 정상적인 발생을 위해서는 다음의 3가지 조건이 추가로 만족되어야 한다. 첫째는 세포 수의 증식(cell division)이다. 발생은 앞에서 설명한 것처럼 수정된 세포(수정란)가 세포분열을 통해 복잡한 다세포성의 개체로 발달해 가는 과정이다. 사람의 몸은 약 100조 개(10^{14}개)의 세포로 되어 있으며 이는 수정란으로부터 약 40대 째(2^{40}) 세포분열을 한 결과이다. 둘째는 세포 성장(growth)이다. 막 분열을 마친 딸세포(daughter cell)들은 일반적으로 모세포(mother cell)보다 작기 때문에 적당한 크기로 다시 자라나야 한다. 단순히 크기만 회복되는 것이 아니라 기능적으로도 그 세포에 주어진 임무를 할 수 있도록 적절하게 분화(differentiation) 되어야 한다. 개체 성장이란 전체 세포의 수가 증가하면서 동시에 각 세포의 크기가 증가한 합의 결과이다. 올바른 성장을 위해서는 단백질을 섭취하여 끊임없이 새로운 원형질을 합성해내는 일과, 수분 섭취에 따른 세포의 팽화작용, 지방의 축적, 무기물질(섬유질 등)의 증가 등이 수반되어야 한다. 성장은 체질, 온도, 영양상태, 성장촉진요인, 성장저해요인 등 여러 가지 요인에 의해 좌우되기도 한다. 셋째는 분화(differentiation)와 통합(integration)이다. 분화란 성장과 분열의 결과로 세포와 조직, 기관의 성질이 비가역적(irreversible)으로 변화하는 것을 의미한다. 비가역적 변화란 한 번 진행되면 다시 돌아올 수 없는 변화를 말한다. 미분화세포는 아직 운명이 결정되지 않아 어떤 조직이나 기관으로도 분화할 수 있는 다능력 또는 전능(pluripotent)을 가지고 있으며 무한정한 세포분열도 가능하다. 그러나 일단 분화가 되면 더 이상의 세포분열이 불가능해지고 한 가지 기능만을 위해 특수화(specialization)된다. 그리고 이렇게 분화된 세포들이 자신의 기능을 수행하기 위해 위치를 바꾸어가며 적절하게 재배열됨으로서 조화있는 개체를 형성하게 된다. 이렇게 전체적인 조화를 찾아가는 과정을 우리는 통합(integration)이라고 부른다. 사람의 수정란은 8세포기까지 온전한 미분화 상태를 유지한다. 즉 8세포기까지는 그중 어떤 할구를 하나 떼어내 다시 자궁에 착상시키더라도 온전한 개체로 발생할 수 있다는 것이다. 일란성쌍생아가 가능한 이유가 바로 여기에 있다. 통합은 신경계와 내분비계에 의해서 조절된다. 이처럼 개체가 바르게 발생하기 위해서는 성장과 분화, 그리고 통합의 과정이 필요하지만 이 모든 것을 뒷받침하는 것은 역시 유전과 환경이다.

그동안 세포분화와 통합에 대한 연구가 많이 이루어졌기에 지금은 세포분열의 결과로 개체가 형성된다는 후생설이 맞다고 확실하게 증명되어 있지만, 발생학 초기 시절에는 분화의 개념이 없었기 때문에 미리 형성된 전구체가 크기만 커져서 개체가 된다는 전성설이 잘못 대두되었던 것이다.

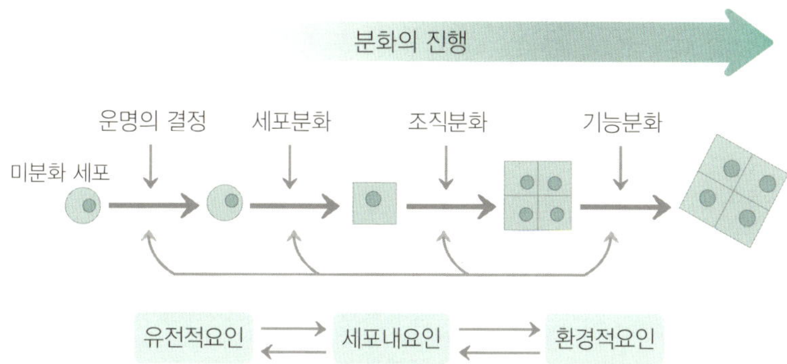

그림 4-1 분화와 특수화

후생설을 뒷받침하는 실험

하나의 수정란이 분열과 분화를 거듭한 결과로 만들어진 우리 신체는 거의 100조개에 달하는 세포가 모인 집합체이다. 이론상으로는 수정란이 세포 분열하여 만들어진 결과이기에 머리끝에서 발끝까지 당연히 모든 세포가 동일한 유전자를 가지고 있어야 한다. 그러나 유전자가 동일하다면 어떻게 해서 각 조직별로 세포의 생김새도 다르고 기능도 다른 것일까? 예를 들어 뇌세포(brain cell)와 간세포(liver cell)는 분명히 기능이 다르고 모양도 구별된다. 피부세포(skin cell)와 적혈구(red blood cell) 역시 모양과 기능이 분명히 다르다. 동일한 유전자를 가진 세포들임에도 불구하고 이처럼 형태적, 기능적 차이가 생기는 이유가 무엇일까?

여기에서 우리는 두 가지 가설을 만나게 된다. 첫째는 한 개체의 모든 세포는 그 유전자가 정말 완전히 같다는 것이다. 이를 게놈(genome)의 등가성(equality)이라고 한다. 둘째 가설은 분열과 분화가 거듭되면서 각 조직별로 필요 없는 유전자는 점차 소실되어 버린다는 것이다. 만약 첫번째 가설이 맞다면 모든 세포는 아무리 분화가 거듭되더라도 수정란과 동일한 유전자를 끝까지 유지하고 있어야 한다. 이 말은 분화가 끝난 어떤 조직의 세포에서라도 핵을 꺼내면 그 안에 온전한 유전자가 고스란히 들어있을 것이고, 이를 핵을 제거한 난자 속에 집어넣고 전기 충격을 주어 세포분열 시키면 마치 수정란처럼 처음부터 다시 분열하여 2세포기, 4세포기, 상실기를 거쳐 완전한 성체로 발생할 수 있다는 말이다.

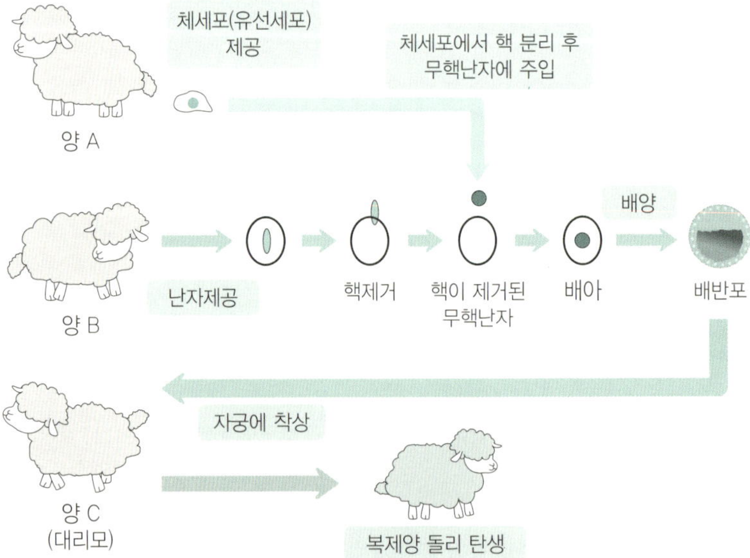

그림 4-2 복제양 돌리의 탄생 원리

이것이 바로 영국의 Ian Wilmut 박사가 복제양 돌리(Dolly)를 탄생시킨 핵이식실험(nuclear transplant experiment)의 원리이다. 핵이식실험은 핵치환실험(nuclear transfer experiment)이라고도 하며 이미 Spemann이 1918년에 도롱뇽에서 시도한 적이 있었던 실험이다. 그럼에도 불구하고 포유동물을 대상으로 해서는 Wilmut 박사가 처음 실험에 성공하였기 때문에 돌리의 탄생은 특별한 의미를 갖는다. Spemann은 일찍이 이 실험의 업적을 인정받아 1935년 노벨상을 수여받았다.

게놈의 등가성

복제양 돌리의 탄생은 게놈의 등가성을 확인해 주었다. 게놈의 등가성이란 머리끝에서 발끝까지 모든 세포의 유전자가 똑같다는 뜻이다. 때문에 조건만 적절히 맞추어준다면 분화를 마친 세포도 수정란 상태로 되돌아갈 수 있다는 말이다. 그러나 만약 두 번째 가설처럼 세포가 분화를 거듭하면서 필요없는 유전자를 선택적으로 잃어버린다면 게놈의 등가성이 깨어지게 되고, 분화를 마칠 때쯤엔 상당수 유전자가 소실된 상태이기 때문에 절대로 수정란 상태로 되돌아갈 수 없을 것이다. 여기서 Spemann의 실험을 먼저 소개하도록 한다.

도롱뇽이나 성게, 개구리처럼 체외수정을 하는 동물들은 알(egg)을 구하기가 비교적 용이하다. 또한 이들의 알은 투명하거나 적어도 반투명하기 때문에 현미경으로 들여다보면서 조작하기도 용이한 편이다. Spemann은 도롱뇽의 초기 포배 세포에서 핵을 꺼내어, 이 핵을 방사선으로 핵을 파괴한 난자에 이식하였다. 그 결과 난자가 마치 수정란처럼 분열하면서 분화해 나가기 시작하는 현상을 관찰하였다. 이것은 포배 상태까지 분화된 세포의 핵이 여전히 아무 유전자도 잃어버리지 않고 그대로 지니고 있음을 확인해 주는 것이었다. Spemann은 나중에 올챙이의 창자세포에서도 핵을 꺼내어 핵이식실험을 실시하였는데 그 결과 역시 동일하였다. 요

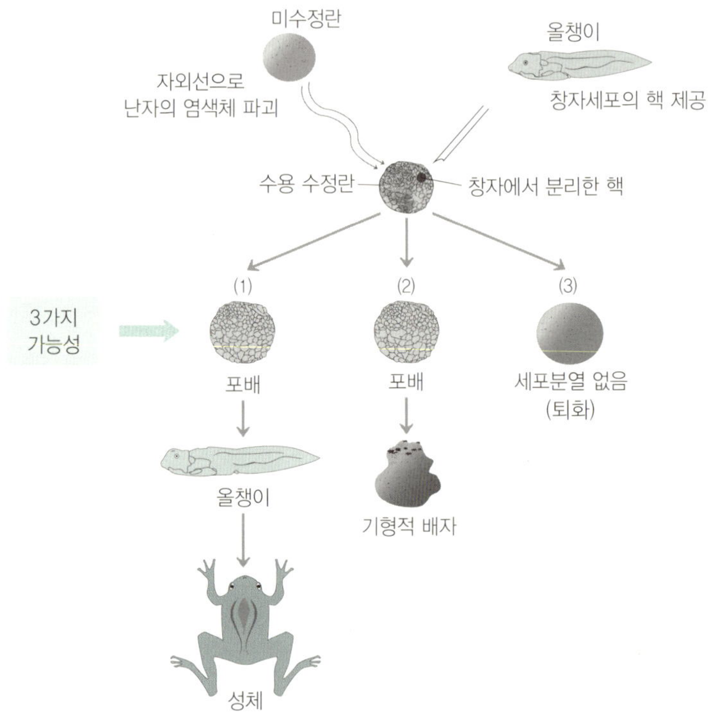

그림 4-3 개구리를 이용한 핵치환실험

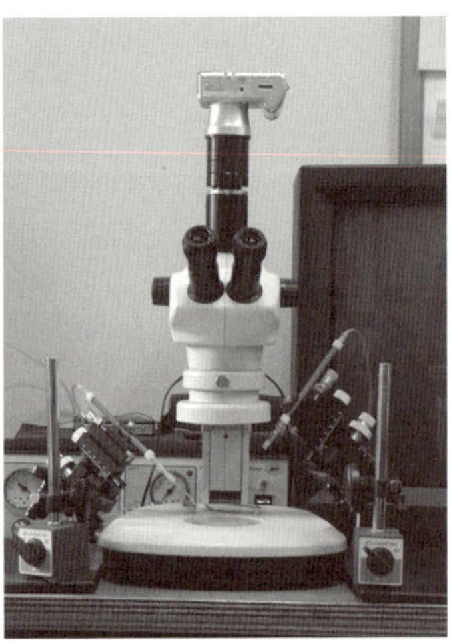

그림 4-4 microinjector

즈음은 마이크로인젝터(microinjector)라는 기기가 발달되어 있어 핵치환실험이 훨씬 용이해졌다. 마이크로인젝터는 좌, 우 양쪽에 로봇 팔이 달려있는데 한쪽 팔에는 진공펌프와 연결된 빨대가, 다른 쪽에는 유리대롱으로 아주 가늘게 만든 주사바늘이 연결되어 있다. 난자를 빨대로 고정시키고 나서 유리 바늘로 핵이나 정자 등 원하는 시료를 주입시키는 장치이다.

게놈이 등가성은 세포이식실험을 통해서도 증명이 된다. 그렇다면 만일 발생 중인 배아(embryo)에서 세포를 취해 다른 부위로 옮긴다면 그 세포는 과연 무엇으로 분화해 나갈까? 예를 들어 "그 세포가 오른 쪽에 있을 때는 꼬리가 될 운명이었는데 위치를 왼쪽으로 옮기면 새로운 위치에 적응하여 앞다리가 될 것인가" 라는 질문이다. 이에 대한 답은 새로운 위치에 적응한다는 것이다. 즉 세포가 오른쪽에 있을 때는 꼬리가 되도록 분화를 하지만, 그렇다고 해서 앞다리로 분화하는데 필요한 유전자를 잃어버린 것이 아니기 때문에 새 위치로 옮겼을 때 곧 다시 앞다리 세포로 자기 운명을 변화시킬 수 있다는 것이다. 이는 어떤 방향으로 분화되도록 예정된 세포들이 다른 방향으로도 분화될 수 있는 잠재력(potency)을 갖고 있음을 시사하는 것으로서 세포가 분화하더라도 유전자를 전혀 잃어버리는 것이 아니고 게놈은 모든 세포에 동일하다는 등가성을 다시 한 번 확인해 주는 것이다.

Briggs와 King 역시 비슷한 실험을 수행하였지만 방법이 조금 달랐다. 이들은 난자의 핵을 방사선으로 파괴하는 대신에 유리막대로 알을 깊게 찔러 염색체를 모두 빨아내는 방법을 고안하였다. 그런 다음 성체의 핵을 이식하면 이식 시술 사체가 충격이 되어 난자가 활성화되면서 스스로 난할을 시작하다는 사실도 알아내었다. 이들 역시 이렇게 핵이식 실험을 수행한 결과 역시 분화가 끝난 세포의 핵이라 할지라도 유전적으로 전능(pluripotent)하다는 것을 개구리에서 증명하였다. 물

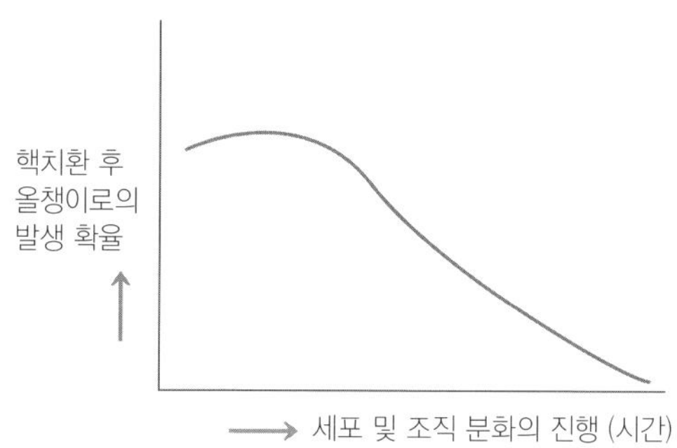

그림 4-5 세포 분화정도에 따른 올챙이로의 발생 확율

론 포배기가 지난 핵을 난자에 이식하면 그만큼 올챙이로까지 발생하는 확률은 급격하게 감소하지만 여기서 중요한 사실은 분화가 끝난 세포라 할지라도 모든 유전자를 고스란히 유지하고 있다는 것이다.

게놈의 등가성은 핵산교잡실험(nucleic acid hybridization technique)으로도 증명할 수 있다. 핵산교잡실험은 DNA가 열을 가하거나 알칼리(alkali) 용액을 처리하면 외가닥으로 풀린다는 사실과, 이 외가닥은 그와 상보적인 DNA 또는 RNA와 재결합할 수 있다는 성질을 이용한 것이다. 구체적인 실험 과정은 다음과 같다. 먼저 생쥐의 어린 배아에서 DNA를 추출해 니트로셀룰로오스(nitrocellulose)라는 특수 종이에 부착시킨 다음 NaOH 용액(알칼리성)에 담그면 DNA가 종이에 붙어 있는 채로 외가닥으로 풀리게 된다. 그런 다음 생쥐의 간, 뇌, 심장 등 각 조직에서 추출한 DNA를 방사성동위원소(radioisotope)로 표지하고 열을 가해서 역시 외가닥으로 풀어준 다음, 준비한 니트로셀룰로오스 종이 위에 부어 DNA 가닥 간에 상보적 결합이 일어나도록 반응시킨다. 반응이 끝나면 니트로셀룰로오스 종이를 간단히 세척한 다음, 종이 위에 잔류하는 방사성 양을 기기를 사용해 측정해 낸다. 만약 각 조직에서 추출한 DNA와 배아의 DNA 사이에 공통 서열이 있다면 이들은 당연히 서로 결합할 것이고 그 결합 정도는 종이 위에 남는 방사능 양을 측정함으로써 알 수가 있다. 예를 들어 간에서 추출한 DNA에 방사능 표지를 하고 이를 종이 위에 부어주면 배아의 DNA와 염기서열이 일치하기 때문에 대부분의 방사능이 종이 위에 남게 될 것이다. 이때 만일 방사능 표지를 하지 않은 간 DNA를 함께 넣어주면 어떻게 될까? 표지되지 않은 간 DNA 역시 주형 DNA(배아 DNA)와 결합하려고 할 것이고 당연히 방사능 표지된 간 DNA와 경쟁이 일어날 것이다. 만약 표지되지 않은 간 DNA의 양을 증가시키면 표지된 DNA보다 표지되지 않은 간 DNA가 더 많이 주형 DNA에 결합할 것이고 상대적으로 종이 위에서 검출되는 방사선의 양이 줄어들 것이다. 즉 염기서열이 동일한 DNA 사이에는 경쟁적인 분자교잡이 이루어지기 때문에 주형 DNA에 달라붙는 표지된 DNA의 양은 표지 안된 DNA 양이 증가할수록 정량적으로 감소할 것이다. 거꾸로 말하면 두 종류의 DNA가 있는데 이들 사이에 경쟁적 분자교잡이 일어난다는 뜻은 이들의 염기서열이 상당히 유사하거나 동일하다는 결론이다.

1964년에 McArthy와 Hoyer는 경쟁적 분자교잡실험을 통해 여러 다른 조직에서 추출한 DNA가 내용상 같은 것이라는 게놈의 등가성을 증명해 내었다. 이들

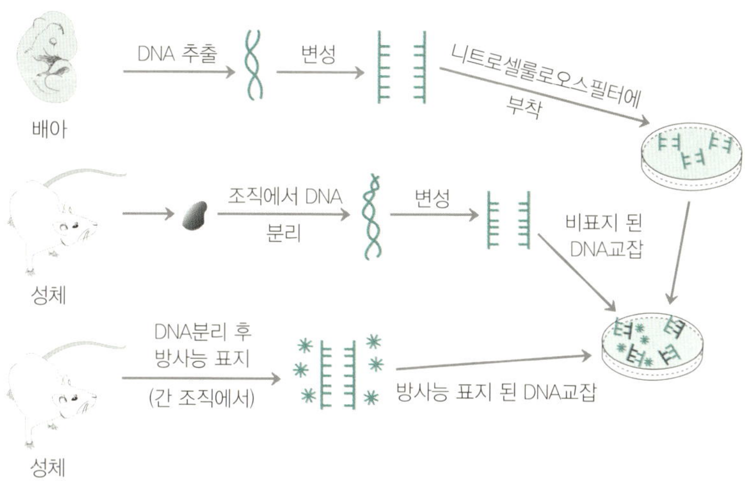

그림 4-6 게놈의 등가성을 시사하는 분자교잡실험

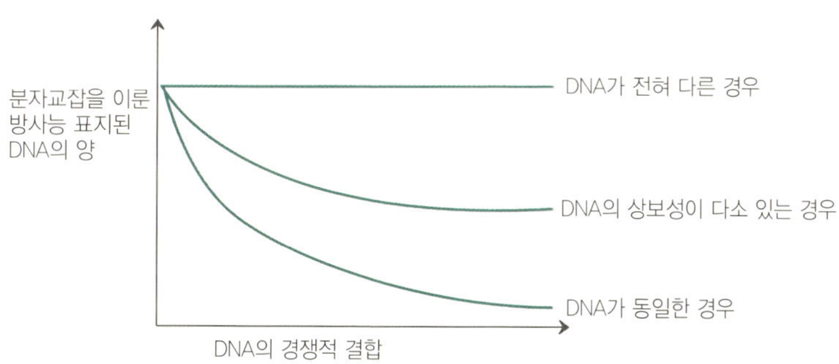

그림 4-7 경쟁적 분자교잡의 결과

은 간, 심장, 뇌 등의 DNA가 서로 경쟁적 교잡을 보인 반면, 실험 대조군으로 사용된 세균의 DNA는 생쥐의 DNA와 전혀 경쟁을 하지 않는다는 사실을 확인하였

다. 세균의 DNA는 생쥐의 DNA와 유사성이 없기 때문에 이는 지극히 당연한 결과였다. 이 결과는 여러 조직에서 얻은 DNA가 모두 동일하다는 게놈의 등가성을 확실하게 시사하는 것이었다(다시 한 번 언급하지만 유전적 관련이 없는 세균은 DNA 염기서열이 다르기 때문에 전혀 경쟁을 하지 않는다).

유전자 발현과 분화

우리는 이제 모든 조직의 유전자가 동일하다는 게놈의 등가성을 분명하게 증명하였다. 그렇다면 유전자가 똑같음에도 불구하고 분화가 진행됨에 따라 각 조직과 기관별로 기능이 점차 특수하게 달라지는 것은 어떻게 가능한 것일까? 그 해답은 유전자발현(gene expression)에 있다. 유전자발현이란 DNA의 유전정보에 따라 단백질이 만들어지는 과정을 말하는데 두개의 단계로 이루어진다. 첫 번째 단계는 유전정보가 RNA로 복사되어 나오는 전사(transcription)이고, 두 번째는 전사된 RNA의 복사되어진 유전정보를 기초로 단백질이 만들어지는 해석(translation)이다. 체내 각종 물질대사와 생리작용을 담당하는 것은 단백질인데도, DNA가 생명의 근본물질이라고 불리는 이유는 단백질을 만드는 근본 유전정보가 DNA에 들어있기 때문이다. 1958년에 Fransis Crick은 "단백질 합성에 관하여(On the Synthesis of Protein)"이라는 강연을 통해 유전자발현에 대한 체계적인 이론을 주장하였는데 그것이 바로 중심설(Central Dogma)이다.

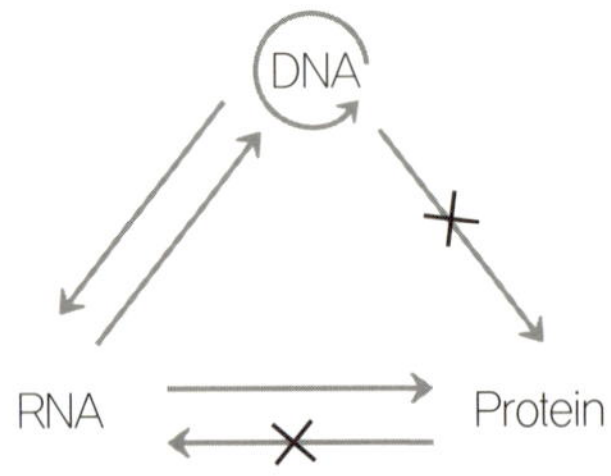

그림 4-8 중심설

선택적 발현

세포는 필요할 때마다 바로 그 시점에 요구되는 유전자들만 선택적으로 발현(expression)시킨다. 예를 들어 방금 점심 식사를 하였고 때문에 소화효소가 필요하다면 그에 해당하는 유전자들을 발현시키지만, 시간이 지나 더 이상 소화효소가 필요치 않으면 발현을 정지시키는 것이다. 즉 필요하지 않은 유전자까지 에너지를 소모하며 발현시킬 이유가 없기 때문에 선택적 발현(selective expression)을 통해 세포의 기능을 최적화시키는 것이다. 마찬가지로 선택적 발현을 통해 간세포는 간세포로서 요구되는 유전자만을 발현시키고, 뇌세포는 뇌세포 기능에 필요한 유전자만을 발현시킨다. 물론 세포 생존을 위해 기본적으로 필요한 유전자들은-이런 유전자들을 기초유전자(housekeeping gene 또는 householding gene)라고 부른다 - 모든 세포에서 공통적으로 발현이 된다. 모든 세포가 똑같은 유전자를 가지고 있음에도 불구하고 각 세포로서 기능적, 형태적으로 분화될 수 있는 원리가 바로 선택적 발현에 있다. 선택적 발현은 주로 전사 차원에서 조절이 된다.

선택적 발현 역시 분자생물학적 실험을 통해 증명이 가능하다. 먼저 간과 뇌세포에서 mRNA를 추출한 다음 역전사 효소(reverse transcriptase)를 이용해 각각 cDNA로 바꾸고 이를 벡터(vector)인 플라스미드(plasmid)에 재조합한 다음 대장균에 형질전환(transformation) 시킨다. mRNA를 cDNA로 역전사하는 이유는 염기서열이 상보적인 DNA 가닥을 얻기 위해서이다. 이렇게 준비된 대장균들을 니트로셀룰로오스 종이에 부착시켜 콜로니(colony)로 키운 다음 NaOH 용액을 처리하면 세포막이 터지고 DNA가 흘러나오는데, 알칼리성 때문에 외가닥으로 풀려 주형 DNA가 노출되게 된다. 이제 간세포 RNA와 뇌세포 RNA를 각각 방사능으로 표지하여 준비된 주형 DNA 위에 붓고 적당한 온도에서 교잡(hybridization) 반응을 시키면 다음과 같은 결과가 얻어질 것이다. 간세포 DNA 주형에 간세포 RNA를 반응시키면 당연히 모든 콜로니에서 분자교잡이 발견된다. 주형으로 쓰인 cDNA들이 모두 간세포 mRNA에서 유래하였기 때문이다. 반면에 간세포 DNA 주형에 뇌세포 RNA를 반응시키면 공통된 염기서열이 없어서 분자교잡이 일어나지 않는 콜로니도 관찰되게 된다. 이를 해석하자면 간세포 RNA와 뇌세포 RNA 모두에 분자교잡이 이루어진 콜로니의 유전자는 간과 뇌에서 모두 발현되는 것들이고, 간세포 RNA와는 교잡반응이 일어났으나 뇌세포 RNA와 교잡이 이루어지지 않은 것들은 간세포에서만 특이적으로 발현되는 유전자이다. 마찬가지로 뇌세포 cDNA를 주형으로 하고 간세포 RNA와 뇌세포 RNA를 방사능 표지하여 각각 반응시키면 뇌세포에서만 특이하게 발현되는 유전자를 선별적으로 구별해낼 수 있다.

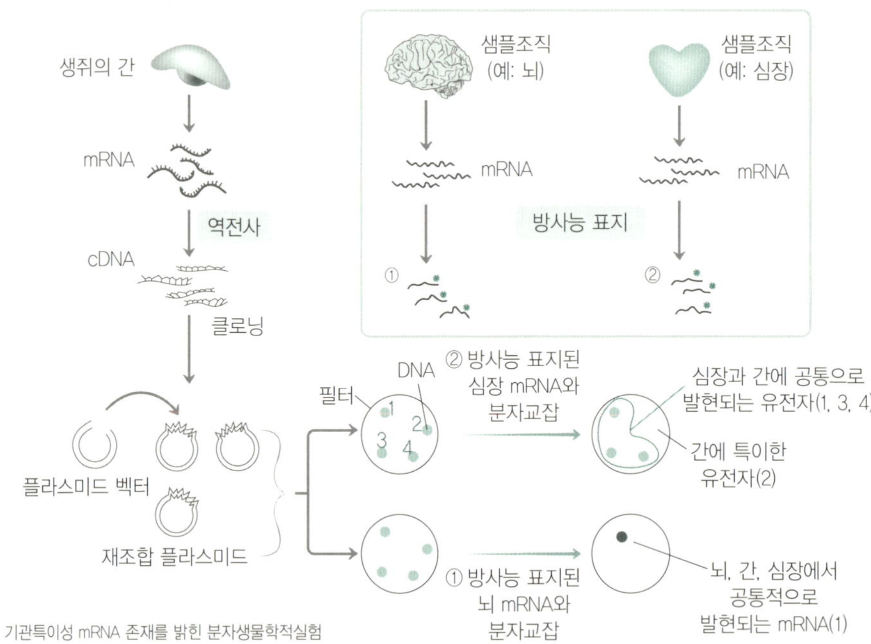

그림 4-9 선택적발현을 보여주는 실험

이 실험은 결론적으로 어떤 유전자는 거의 모든 세포에서 발현되지만(이들이 바로 housekeeping gene에 해당한다), 또 어떤 유전자는 특정하게 분화된 세포에서만 발현된다는 것을 보여주는 것이다. 모든 세포에서 발현되는 유전자는 세포의 종류나 기능과 상관없이 그 생명을 유지하기 위해 꼭 필요한 유전자들이기에 기초 유전자라 부른다. 반면에 특정 세포에서만 발현되는 유전자들은 그 세포의 특정한 기능을 위해 발현되는 것이기에 유도 유전자(inducible gene)라고 명명한다. 모든 세포가 동일한 DNA를 가지고 있지만 분화에 따라 서로 다른 기능을 보이는 이유는 바로 유도 유전자의 선택적 발현 때문이다. 즉 세포 분화는 유전자의 선택적 발현으로 인해 만들어진 결과이다.

발생에 관여하는 유전자들

발생이 유전자 프로그램에 의해 결정된다는 것은 이미 상기한 바가 있다. 그럼에도 불구하고 어떤 유전자들이 어떤 순서로 발생 각 단계에 작용하는지를 밝혀내는 것은 결코 쉽지 않은 일이다. 정자와 난자가 합쳐지는 수정에서 출발하여 난할과 분화를 거쳐 온전한 개체가 이루어질 때까지의 각 과정마다 개개의 유전자가 독립적으로 작용할 수도 있고, 때로는 여러 유전자가 협력해서 일을 할 수도 있기 때문이다. 특별히 관심거리는 총체적으로 몇 개의 유전자가 발생에 관여하는지, 그리고 하등동물과 고등동물 사이에 유전적 연관관계가 있는지, 수정과 동시에 첫 번째로 발현되는 유전자는 무엇인지 등 해결되어야 할 질문이 수없이 많다. 게놈 프로젝트가 이미 여러 동식물에서 완료되어 지금은 유전정보를 훤히 들여다 볼 수 있음에도 불구하고, 실질적인 차원에서 발생에 대한 유전적 연구는 거의 초보적인 수준이나 다름없다.

그렇다면 이렇게 복잡한 발생 유전자들을 연구할 수 있는 방법은 전혀 없는 것일까? 그렇지는 않다. 발생유전학자들은 그동안 선천성기형을 통해 어떤 유전자가 고장났을 때 이런 비정상적 현상이 생기는 지를 꾸준히 탐구해왔고, 그 과정에서 몇몇 중요한 발생유전자들을 분리해 내기도 하였다. 다만 문제는 자연적인 돌연변이에 의해 기형이 생기기만을 기다리기에는 그 빈도가 너무 낮기 때문에, 적절한 실험동물을 설정하고 그 실험동물에다가 방사선을 쪼이거나 최기형물질을 처리하는 등 인위적인 돌연변이를 이용해야 할 필요가 있다.

발생유전자들이 서로 교류하면서 기능적으로 통합한 결과가 바로 분화라고 이야기할 수 있고, 분화의 결과 온전한 세포와 개체가 탄생할 수 있기 때문에 우리는 그 과정을 형태형성(pattern formation)이라고 말한다. 형태형성은 발생생물학에서 가장 중요한 용어 중 하나이다. 즉 형태형성이란 수정란이 난할을 거쳐 각 조직으로 특수하게 분화되어 나가는 과정에서 적절한 조화와 통합을 이루는 기작을 말한다. 발생유전자들에 대한 연구가 특히 어려운 이유는 발생이 유전 프로그램에 의해 결정되면서도 각 단계별 환경 조건에 따라서도 영향을 받기 때문이다. 유전 명령과 상관없이 주어진 환경이 열악하다면 개체는 선천성기형이나 조기 노화 등 잘못된 발생과정을 겪을 수밖에 없다.

인간 게놈 프로젝트의 결과 사람의 유전자를 대체적으로 30,000개 정도로 추산하고 있다. 그렇다면 과연 이것들 중에서 어느 유전자가 발생에 관련되어 있을까? 물론 상기한 돌연변이 방법으로 찾아낼 수도 있지만 이처럼 실험발생학적인 방법은 사람에게 직접 응용할 수 없다는 한계가 있다. 경우에 따라서는 특정 유전자의 돌연변이가 그 영향이 너무 치명적이어서 아예 태어나지 못할 수도 있다. 이럴 경우는 연구의 대상이 되는 시료가 아예 없는 것이다. 한 가지 희망적인 것은 유전자 녹아웃 기술(gene knockout)의 개발이다. 이 기술은 기능을 알고자 하는 유전자만을 선택적으로 아예 게놈에서 빼내어 버리는 기술이다. 그런 다음 수정란을 발생시켜 탄생한 개체가 어떤 증상을 보이는지 관찰하는 것이다. 이 같은 관찰을 통하여 그 유전자의 기능을 유추해 들어갈 수 있기 때문이다. 말하자면 유전자 녹아웃된 생쥐가 포도당을 분해하지 못한다면 그 유전자는 해당과정(glycolysis)에 관련된 것이라고 말할 수 있다.

분화

발생에 있어서 가장 중요한 용어를 이야기하라면 단연코 "분화(differentiation)"이다. 분화는 우리가 왜 무성생식(asexual reproduction)을 하지 않는지, 유성생식(sexual reproduction)의 의미는 무엇인지, 유전적 다양성(genetic diversity)은 어디에서 오는지, 심지어는 줄기세포(stem cell)를 이용한 장기복제는 어떻게 가능한 것인지 등 다양한 주제에 대한 해답을 제공하는 근본적인 단어이기 때문이다. 분화가 유전자 프로그램에 의해 결정된다는 것 또한 중요한 사실이다.

아이들이 즐겨 노는 게임 중에 "그림 맞추기 퍼즐"이 있다. 여러 조각의 그림들을 서로 맞추어 원래의 큰 그림을 완성하는 게임이다. 그림 맞추기 퍼즐은 한번 다 맞추고 나서 부수어 버리더라도 각각의 조각들이 변하지 않고 그대로 있기 때문에 몇 번이라도 새롭게 맞추면서 즐길 수 있다. "동물의 발생"도 비슷하다. 차이가 있다면 동물은 다세포로 이루어져 있고 각 조직별로 세포의 기능이 분명히 다르다는 것이다. 예를 들어 뇌세포는 신경전달을 담당하고 있지만 심장세포는 근육운동으로 순환을 담당하고 있다. 간세포는 각종 물질대사를 담당하고 있고, 췌장의 β 세포는 인슐린(insulin)을 분비하여 혈당량을 조절해준다. 이들 세포는 모두 똑같은 유전자를 가지고 있고, 처음 수정란에서 시작할 때는 모습도 똑같았지만 세포분열을 거듭할수록 조금씩 분화되어 기능별로 특수화된 것이다. 즉 세포가 모여 개체가 되었지만 세포들은 단순한 그림 조각과 달라 모여서 개체로 모이는 과정 중에 계속적으로 분화한 결과이다. 이처럼 분화는 역동적인 사건이고 일방 통행적인 사건이다. 어떤 세포들의 형태가 비록 같을지는 몰라도 내용면에서는 완전히 달라져 있기 때문이다. 또 개체가 형성되더라도 그 개체가 처음 만들어진 대로 영원히 그냥 있는 것이 아니라 남녀가 구별되어 또 다르게 성장하고, 시간이 지나면서 노화하기 때문에 세포들의 기능도 그때 그때의 상황에 맞게 달라진다는 것이다. 분화를 통해 개체가 형성되는 과정을 형태 형성(pattern formation)이라고 한다. 형태 형성은 발생의 핵심 개념이다.

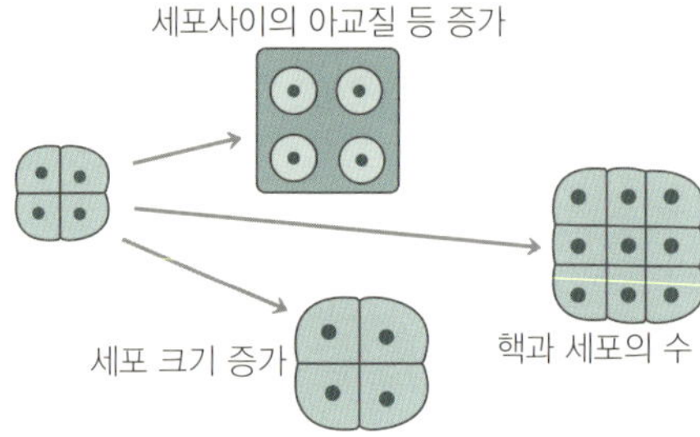

그림 4-10 세포분화와 성장

형태 형성

올바른 형태 형성을 위해서는 두 가지 조건이 충족되어야 한다. 첫째는 각 세포가 스스로 어떤 조직의 부분으로 분화될 지 운명을 찾아가는 것이고, 둘째는 끊임없이 주변의 다른 세포들과 대화(커뮤니케이션)를 통해 내가 과연 옳게 분화하고 있는지 스스로 확인하는 것이다. 예를 들어 심장이 만들어질 때 그 안에서도 어떤 세포는 근육세포로 또 다른 세포는 전기 자극을 전도하는 세포로 각각 분화해 나갈 것이다. 이때 이들은 아무렇게나 자리잡는 것이 아니라 서로 간 대화를 통해 자신의 위치를 계속 확인하면서 심장박동이라는 기능에 적절하도록 협조적으로 발달해 나가는 것이다. 여기서 말하는 세포간 대화를 발생학적 용어로는 신호(signal)라 한다. 자기가 다른 세포에 주는 신호와 옆의 세포로부터 받아들이는 신호 이 두 가지가 적절하게 교환될 때 올바른 분화가 일어날 수 있다. 형태 형성의 과정은 세포의 자율적(autonomous) 신호에 의한 위치 선정(positional information), 그리고 그 결과로 이루어지는 분화(differentiation) 및 특수화(specialization)이다.

DNA 결합단백질

수정란은 난할(cleavage)을 거듭하고, 각 세포들은 특수화되면서 결과적으로 완전히 분화된 개체로의 발생이 이루어진다. 이 과정에서 발생에 관여하는 유전자들의 발현 순서는 어떤 일이 발생과정 중에 일어날까를 결정할 뿐만 아니라 그 발생 사건들이 일어나는 전체적인 순서까지도 결정해준다. 발생과정의 핵심은 형태형성이다. 즉 세포분열의 결과로 나타난 특수화된 세포들이 어떻게 자기 위치를 찾아 배열하게 되는지의 문제이다. 어떤 유전자가 발생에서 어떤 역할을 하는지를 알고 싶을 때 우리는 종종 인위적으로 돌연변이를 일으켜 발생 과정을 변화시켜 보기도 한다. 이런 돌연변이를 연구하면 어떤 유전자가 발생을 조절하는지 확인할 수 있고, 또 그들 유전자끼리의 상호작용을 연구할 수도 있다.

개개의 유전자는 조절유전자(regulatory gene)부분과 구조유전자(structural gene)부분으로 나뉘어진다. 구조유전자는 유전암호를 담고 있어 단백질의 아미노산 서열을 결정하는 부분이다. 조절유전자는 구조유전자가 얼마나 많이, 또 언제 발현될 지를 결정해주는 부분이다. 조절유전자에는 여러 종류의 전사인자(transcription factor)들이 있는데 이중 어떤 것은 유전자발현을 증폭시키고, 또 어떤 것은 반대로 유전자발현을 억제시킨다. 대표적인 전사인자는 프로모터라 부르는 TATA box이다. TATA box는 이 유전자가 발현이 될지, 안될지를 결정하는 가장 기본적인 조절인자이다. 그러나 실제로는 TATA box에 의해 발현이 되더라도 얼마나 발현될지, 또 남녀 중 어떤 성에서 발현될지, 소아기에 발현될지 아니면 노년기에 발현될지, 특수한 영양분이 필요할 때만 발현될지 등 수없이 많은 또 다른 조절이 필요하다. 여기에 따라 필요한 전사인자도 그만큼 많고 복잡하기 때문에 우리는 아직 유전자의 발현과정을 완전히 이해하지 못하고 있다. TATA box 말고 잘 알려진 전사인자에는 증폭자(enhancer)와 침묵자(silencer)가 있다. 증폭자와 침묵자 모두 조절유전자의 한 부분인 염기서열로서 TATA box가 발현여부를 결정하면 이들이 그 정도를 얼마나 할지 증폭시키거나 억제시키는 조절을 한다. 이들 염기서열은 DNA 결합 단백질(DNA binding protein)과 결합하여 조절작용을 한다고 알려져 있다. DNA 결합 단백질은 경우에 따라 양성조절인자(positive regulator) 또는 음성조절인자(negative regulator)로 작용한다.

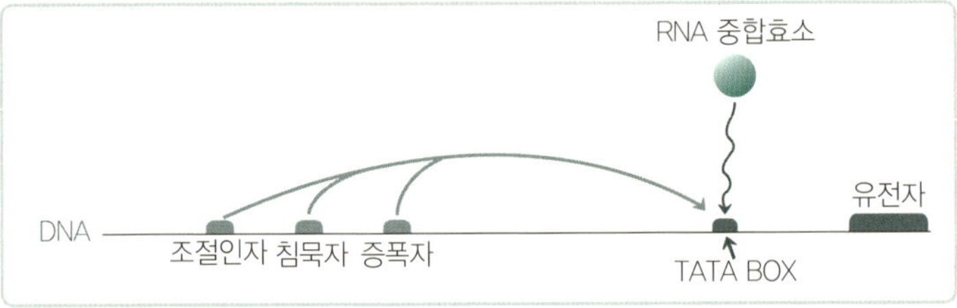

그림 4-11 유전자의 구조와 조절인자들

참고문헌

Attisano L. Lee-Hoeflich ST. The Smads, Genome Biol. 2. 1-8. 2001.

Cadigan KM. Liu YI. Complexity at the surface. J Cell Sci. 119. 395-402. 2006.

DeRobertis EM. Oliver G. Wright CVE. Homeobox genes and the vertebrate body plan. Sci Am 263. 46-52. 1990.

Epstein CJ. Erickson RP. Wynshaw-Boris A. Inborn errors of development, Oxford. 2004, Oxford University Press.

Hunter CS. Rhodes SJ. LIM-homeodomain genes in mammalian development and human disease. Mol Biol Rep. 32. 67-77. 2005.

Kamachi Y. Uchikawa M. Kondoh H. Pairing Sox off with partners in the regulation of embryonic development. Trends Genet. 16. 182-187. 2000.

Kraus P. Lufkin T. Mammalian homeobox gene control of craniofacial and inner ear morphogenesis. J Cell Biochem. 32/33(Suppl). 133-140. 1999.

Morgan R. Hox genes: a continuation of embryonic patterning? Trends Genet. 22. 67-69. 2005

Prior HM. Walter MA. Sox genes: architects of development. Mol Med. 2. 405-412. 1996.

Wilson M. Koopman P. Matching SOX: partner proteins and co-factors of the SOX family of transcriptional regulators. Curr Opin Genet Dev. 12. 441-446. 2002.

제 5 장

발생생물학 연구 대상

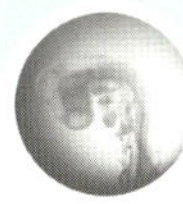

다양한 세포와 생물들이 발생생물학 연구에 이용되지만 그 중에서도 효모(yeast)는 단골로 등장하는 재료이다. 진핵세포 중 가장 하등한 세포이기 때문이다. 때문에 효모의 발생기작은 다른 다세포생물보다 단순하면서도 그보다 고등한 생물의 발생을 이해하는데 필요한 기초자료를 제공한다. 특히 효모는 두 종류의 반수체 세포가 교배를 하기 위해 유전자 발현을 어떻게 조절하는지 보여주는 좋은 표본이다. 효모에도 여러 종류가 있지만 실험용으로는 *saccharomyces cerevisiae*를 주로 이용한다.

효모

효모는 보통 싹을 내듯이 출아법(budding)에 의해 무성생식을 하는데 조건이 적절할 때는 감수분열에 의해 만들어진 두 반수체(haploid) 세포가 서로 접합(conjugation)하여 유성생식을 한다. 우리가 이미 잘 알고 있다시피 효모는 산소가 없으면 알코올 발효를 할 수 있다는 점이 특징이기도 하다. 맥주를 발효시키기 위해 효모를 이용하는 원리가 바로 이것이다.

효모는 진핵세포이므로 염색체의 구성은 기본적으로 이배체(diploid)이다. 이배체란 정상적인 수의 상동염색체를 가지고 있는 세포를 말한다. 효모의 염색체 수는 34개이며 게놈프로젝트에 의해 전체 염기서열이 잘 밝혀져 있다. 만약 감수분열이 일어나면 반수체(haploid) 세포가 된다. 효모의 교배형에는 교배형 a와 교배형 α의 두종류가 있다. 즉 a 세포나 α 세포는 반수체이고, a/α 세포는 이배체이다. 반수체 세포끼리는 접합(mating)을 할 수 있고, 그 결과 정상적인 유전자 조합을 가진 이배체 세포(a/α 세포)가 다시 만들어져 번식하는 것이다. 정리하면 a 세포와 α 세포를 각각 교배형 a (*MATa*), 교배형 α (*MATα*)라고 명명한다. MAT는 교배(mating)의 약어이다.

효모에는 HO와 RME1이란 유전자가 있다. HO는 핵산분해효소(endonuclease)의 유전자로서 교배형을 서로 바꾸어버리는 유전자이다. 즉 필요에 따라 *MATa*를 *MATα*로 바꾸기도 하고, 그 반대로 *MATα*를 *MATa*로 바꾸기도 한다. 이배체의 효모가 감수분열을 하면 똑같은 반수체 세포가 두 개 생기는데, 그 둘 중에 어느 하나에서 HO가 나오는지 여부에 따라 *MATa*가 되기도 하고 *MATα*가 되기도 한다. 이렇게 서로 다른 형이 되어야 교배가 가능하다. *MATa*와 *MATα*가 접합을 하려면 먼저 서로가 서로를 인식하는 것이 필수이다. 그래야 *MATa*와 *MATα*가 나란히 위치할 수 있기 때문이다. 그렇게 나란히 위치하면서 서로 신호를 주고 받으면 자기의 교배 파트너를 확인할 수 있는데 이러한 신호는 당연히 반수체 세포(haploid cell)에서만 만들어진다. 그리고 신호를 만드는 유전자의 이름은 "반수체 특이적 유전자(hsg; haploid specific gene"이다. RME1은 감수분열에 특이적인 유전자(meiosis specific gene)에 대해 억제인자(repressor)를 합성하는 유전자이다. 이외에도 두 가지 교배형 세포에 공통적으로 들어있는 유전자는 "a 특이적 유전자(asg; a-specific gene)"와 "α 특이적 유전자(*αsg*; α-specific gene)"

이다. a 세포에서는 *asg*와 *hsg*가 켜져 있고, α 세포에서는 *αsg*와 *hsg*가 켜져 있다. *hsg*는 반수체 특이적 유전자이므로 이 두 세포 모두에서 켜져 있다.

한편 a 세포에는 a1이라는 단백질을 만드는 유전자가 따로 있다. a 세포 역시 α1과 α2라는 단백질의 유전자를 별도로 가지고 있다. 이 세 가지 단백질은 *asg*, *αsg*, *hsg* 등의 조절부분에 결합하여 전사를 조절해주는 DNA 결합 단백질들이다. a 세포에서 만들어지는 a1 단백질은 자체적으로 활성화되지 않아 *asg*나 *hsg* 유전자에 대한 제어를 할 수가 없다. 따라서 이 두 유전자는 디폴트 프로그램(default program)에 의해 항상 켜져 있게 된다. 한편 α 세포에서는 α1 단백질이 *αsg* 유전자를 자극하여 항상 켜져 있게 하는 동시에 α2가 *asg* 유전자를 억제해 꺼트려 버리는 것이 디폴트 프로그램이다. α1은 양성조절인자인 반면에 α2는 음성조절인자이다. 물론 *hsg* 유전자는 α 세포에서도 여전히 켜져 있다. 두 반수체 세포들이 서로를 인식하려면 두 세포 모두가 반수체 특이적 유전자인 *hsg*를 발현해야 하기 때문이다.

그러나 이미 접합이 끝난 이배체 세포(a/α 세포)에서는 *hsg*가 발현될 이유가 더 이상 없다. 그리고 *asg*와 *αsg* 역시 각 반수체 세포들에 특이한 유전자들이므로 이배체에서 발현될 필요가 없다. 따라서 이배체 세포에서는 al 단백질이 α2와 결합하여 복합체를 이루면서 활성화되고 이 복합체가 *hsg*를 억제해 버린다. 동시에 복합체는 α1 유전자도 억제하기 때문에 α1 단백질이 더 이상 만들어질 수가 없고 그 결과 *αsg* 유전자에 대한 자극도 없어서 *αsg*는 꺼져버린다. 한편 α2 단백질은 여전히 *asg* 유전자를 억제하고 있다. 결국 이배체 세포에서는 반수체 세포들에서 발현되는 세 가지 유전자(*asg*, *αsg*, *hsg*)가 모두 꺼져 버리는 것이다. 효모의 교배형 유전자들이 서로 어떻게 조절해 주는가를 잘 살펴보면 이처럼 아주 단순하다. 두 세포가 서로를 인식하는 신호를 내는 *hsg* 유전자에 대한 조절은 더욱 정교하다.

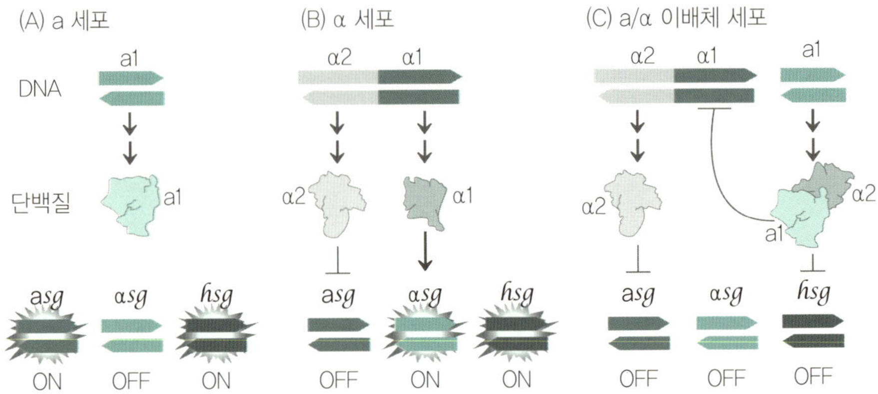

그림 5-1 효모의 교배형과 전사조절

효모의 경우를 비약시키면 동물의 정자와 난자에서도 비슷한 경우를 찾아볼 수 있다. 즉 "두 개의 반수체 세포인 정자와 난자가 어떻게 서로를 인식하고 찾아갈까" 라는 질문에 대한 해답이다. 정자는 난자가 자기와의 교배 대상자(mating partner)인 것을 어떻게 알아차릴까? 극단적으로 표현하자면 정자는 주변의 또 다른 정자를 교배 대상자로 여기지 않고 어떻게 멀리 있는 난자를 찾아가는가? 여기에는 분명히 서로 간 신호가 있지 않을까? 그렇다면 그 신호는 무엇일까? 라는 것들이 문제이고 아직 구체적인 연구는 없어도 효모의 경우에서 답을 유추해 볼 수 있을 것이다. 즉 정자와 난자의 신호를 조절하는 유전자들이 있고 또 그 유전자들의 발현을 조절하는 DNA 결합 단백질이 여럿 있을 것이라는 추정이다.

C. elegans

*C. elegans*는 *Caenorhabditis elegans*의 약어이다. 우리 이름으로는 "예쁜꼬마선충"이다. 효모가 하등한 세포 차원에서의 구조를 하고 있는 것과 달리 그보다 훨씬 더 발달된 다세포동물이다. *C. elegans*가 연구 모델로 좋은 이유는 현미경으로 봐야 보일 정도로 작아서 배양접시 하나에 수만 마리 이상을 키울 수 있

다는 점, 선충의 먹이는 대장균같은 박테리아이기에 배양이 쉽고 저렴하다는 점, 세대가 아주 짧다는 점, 한 번에 새끼를 많이 낳는다는 점 등의 장점이 있기 때문이다. 며칠 사이에 알을 300개 이상 낳을 수 있고, 20℃에서 60시간 정도면 부화하여 4번의 유충시기를 거친 뒤 성체가 된다. 특히 발생학적으로 모든 세포의 운명이 다 알려져 있어 추적이 가능한 것이 커다란 장점이다. *C. elegans*는 다른 동물들과 달리 몸체가 투명하기 때문에 발생과정에서 세포가 분열하고 이동하는 모습과 사멸해 버리는 현상들을 편리하게 관찰할 수 있다는 것도 장점이다.

세포계보란 어떤 세포가 최종적으로 무슨 조직의 부분으로 분화하는 지를 보여주는 체계적인 도표이다. 선충의 경우는 조상세포(ancestral cell)에 돌연변이를 유발시키면 항상 같은 자리에서 영향을 받으니까 세포의 운명을 추적하기가 훨씬 용이하다. 예를 들어 특정 세포를 파괴했을 때 입이 없어진다면 그 세포는 입을 만드는 조상세포이다. 그러나 주변 세포들과의 신호 교류를 통해 발생하는 시스템에서는 입이 되는 세포를 파괴시켜도 입이 여전히 생길 수 있다. 입이 없어졌다는 신호를 주변 세포들이 받아들여 이를 대신해주기 때문이다. 대부분의 고등동물들에서는 이렇게 주변과의 대화가 발생에 중요한 요소가 된다. 이러한 점은 발생을 연구하는 데에 어려운 걸림돌이 되곤 한다.

*C. elegan*도 대부분의 동물들처럼 수정란이 8세포로 나뉘어지면(8세포기) 각 세포의 운명이 결정되어진다. 그러나 한 번 결정된 운명은 주변과의 대화가 주어지더라도 이후로는 절대로 바뀌지 않는다. 이것이 어떤 세포가 어떻게 해서 특정 조직이나 기관으로 분화하는지의 메카니즘을 연구하는 데에 왜 선충이 좋은 모델인지 또 다른 이유이다.

선충은 두 가지 성별을 가지고 있다. 하나는 자웅동체이고 다른 하나는 수컷이다. 자웅동체의 성염색체는 XX인데 이 경우 정소와 난소가 한 몸에 같이 있어서 스스로 몸 안에서 수정을 시켜 새끼를 낳을 수 있다. 수컷은 성염색체가 XO이다. X만 하나가 있고 Y 염색체는 없다. 그리고 수컷은 자웅동체와 교배를 한다. 자웅동체는 유전적으로 변할래야 변할 수가 없어 태어나는 모든 개체가 똑같다.

이처럼 *C. elegans*는 세포가 분열하고 분화하는 과정이 모든 개체에서 동일하다. 그 결과 성만 같으면 모든 개체의 체세포가 숫자적으로 똑같으며 전체적인 배열 역시 똑같을 수밖에 없다. 자웅동체의 체세포는 959개이며 수컷에서는 1,031개이다. 이렇게 모든 개체에서 동일한 세포가 동일한 장소에 분화될 수 있는 이유는 *C. elegans*의 발생이 세포자율적이기 때문이다. 분화는 세포자율적 운명 결정, 또는 주변 세포와의 신호교환에 의해 결정된다는 것을 앞에서 언급한 적이 있다. *C. elegan*는 전적으로 세포자율적 분화에 의한 발생을 선택하고 있다. 때문에 각각의 세포들은 대부분 자율적으로 분화해 나간다. 즉 대부분의 선충류 체세포는 서로 그 옆에 인접해 있더라도 서로 간 영향을 주거나 받지 않는다는 것이다. 즉 처음에 꼬리로 운명이 결정된 세포는 최종적으로도 꼬리의 일부가 된다. 반면 신호에 의해 결정되는 발생 경우에는 꼬리보다 머리로 분화하는 것이 좋겠다는 주변의 신호를 받아들여 도중에 자기 운명을 바꿀 수도 있다. 예를 들어 사람의 생식세포는 발생초기에 꼬리 부분에서 만들어지는데 점차 생식선 쪽으로 옮겨가는 것이 그 좋은 예이다. *C. elegan*처럼 세포자율적 분화를 따르는 경우에는 세포계보도를 확실하게 그릴 수 있는 반면 신호에 의해 수시로 변화하는 발생이라면 계보도를 도저히 그릴 수 없다.

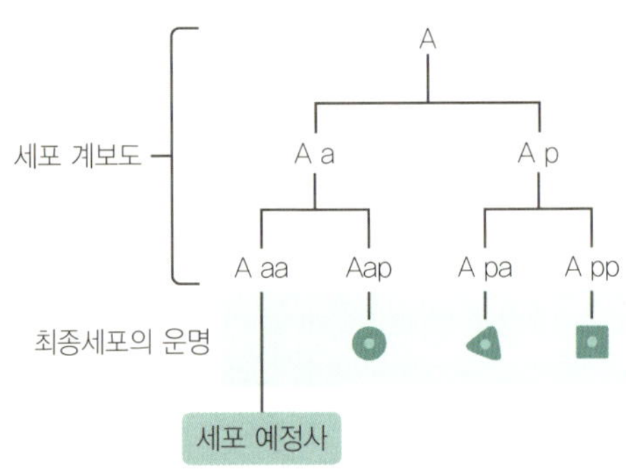

그림 5-2 세포계보도의 예시

분화에는 필수적으로 세포사멸사(apoptosis)가 뒤따르게 된다. 세포사멸이란 처음에는 세포가 개체의 일부분으로 붙어있지만 발생 프로그램이 진행되면서 점차 죽어 나가는 현상을 말한다. 그래서 세포사멸사를 세포예정사(programmed cell death)라고도 한다. 예를 들어 사람의 손이 만들어질 때 처음에는 손가락 모두가 붙어서 자라나지만 점차 손가락 사이의 세포들이 죽어서 사라지게 되는 그러한 현상이다. 올챙이의 꼬리가 성체로 되면서 사라지는 것도 같은 현상이다. 세포사멸사가 제대로 이루어지지 않으면 그 세포는 암세포로 분화해 버린다. 즉 암세포란 세포사멸의 신호를 무시하고 제멋대로 분화와 분열을 계속하는 세포이다. 따라서 세포사멸사의 과정만 정확히 이해한다면 암도 정복할 수 있기 때문에 전세계적으로 이에 대한 연구가 활발히 진행 중이다.

*C. elegans*에서는 한 그룹의 세포가 모여 조직을 이루고 있을 때 이 중 어느 것이 조상세포이고 어느 것이 그 다음, 또 그 다음에 순서적으로 분열되어 나온 세포인지를 쉽게 파악할 수 있다. 그리고 이러한 관계를 모식도로 나타낸 그림이 세포계보도이다. 이 그림을 보면 세포가 세포사멸사의 길을 걷는지, 아니면 w, x, y로 분화되어 나가는지 그 경로를 한 눈에 파악할 수 있다. 세포의 이름은 처음 둘로 분열하였을 때 앞(anterior), 뒤(posterior)의 의미를 부여해 A세포, P세포로 부르고 그 후에는 aaa, aap식으로 계속 이름을 붙여 나간다. 이름을 체계있게 붙이는 것도 배자 세포들의 계보와 상호 위치를 나타내기 위해서이다. 예를 들어 Aa와 Ap는 A 세포로부터 유래되어 앞쪽(anterior)에 위치된 딸세포와 뒤쪽(posterior)에 위치한 딸세포를 각각 지칭하는 것이다. 한편 Aaa와 Aap는 세포 Aa에서 또 다시 유래한 앞쪽과 뒤쪽의 딸세포들을 각각 나타내는 표시이다.

자율적 발생 및 신호교류

분화한 세포가 최종적으로 무엇이 될지는 원칙적으로 세포 자율에 맡기어져 있다. 그러나 그럼에도 불구하고 많은 경우 그 세포의 발생학적 위치와 주변 세포와의 관계 또한 대단히 중요하다. 즉 세포 분화는 원래 유전자 프로그램에 달려 있지만 분화하는 과정에서 주변 세포들과 끊임없이 대화를 통해 최종 운명을 새롭게 개척할 수도 있다는 것이다. 바로 이런 기작 때문에 한 개체내에서 조직들이 정확하게 자기 위치(positional information)를 선정하여 발생할 수 있는 것이다. 다만 동물 종에 따라 유전프로그램이 더 강하게 작용하는지, 아니면 세포간 대화가 더 중요한지는 조금씩 다르다. *C. elegans*에서는 세포 자율적 분화가 더 강하게 작용하는 반면 고등한 동물인 생쥐에서는 세포간 신호교류가 발생에 훨씬 중요한 영향을 미친다. 정리하자면 "세포 자율적 분화"란 서로 근접해 있더라도 자신의 유전자 프로그램이 더 앞선다는 뜻이고, "세포간 신호교류"란 초기 배아 때부터 서로 대화를 하면서 분화 방향을 조절하고 이렇게 해서 결정된 운명이 점차 굳어진다는 뜻이다. 세포 자율적 분화와 신호 교류에 의한 분화를 비교할 때 각각의 장점은 다음과 같다. 세포 자율적 분화에 전적으로 의존하는 경우 발생 초기에 특정 세포가 죽어버리면 특정 조직도 아예 만들어지지 않겠지만, 신호 교류가 함께 작용한다면 특정 세포가 없어지더라도 그 주변 세포들이 이를 감지해 죽은 세포 대신 특정 조직으로 분화해나갈 수 있다.

분화를 연구하는 좋은 방법은 발생과정 중에 일어나는 돌연변이를 분석하는 것이다. 두 종류의 돌연변이가 있는데 하나는 유전자 발현이 억제되는 열성돌연변이(under-expression)이고 다른 하나는 유전자의 과발현(over-expression)이 일어나는 우성돌연변이이다. 만약 우성돌연변이와 열성돌연변이가 정반대의 효과를 나타낸다면 그 유전자가 세포의 운명 결정에 있어 어떤 역할을 하는지 쉽게 유추할 수 있을 것이다. 열성돌연변이의 경우에는 특정 형질이나 기능이 사라지는 것이 보통인 반면, 우성돌연변이의 경우에는 없었던 기능이나 형질을 새로 얻는 것이 보통이다.

초파리

발생학 연구에서 초파리(*Drosophila melanogaster*)는 대단히 유용한 실험 재료이다. 게놈프로젝트를 통해 전체 유전자가 완전하게 밝혀져 있는데다가 발생 단계가 명료하여 알에서 유충과 번데기 시기를 거쳐 성체에 이르는 전 과정을 지켜보기가 용이하기 때문이다. 첫 번째 유충은 수정 후 약 24시간 만에 알에서 깨어 나오는데 이를 영충(instar)이라고 부른다. 영충은 약 10^4개의 세포로 되어 있다. 계속해서 2번의 탈피와 번데기 시기, 그리고 복잡한 변태 과정을 거쳐 성체가 되는데 성체초파리는 약 10^6개의 세포로 되어 있다. 초파리 발생에 걸리는 시간은 25℃에서 대략 10~12일 정도이다.

초기 발생은 알상자내에서 일어나는데 세포질 분열에 비해 핵분열이 훨씬 빠르기 때문에 핵이 마치 알상자내에 무리지어 있는 것처럼 보이게 된다. 이렇게 세포질 분열없이 핵만 계속해서 분열하여 만들어지는 것이 합포성배반엽(syncytial blastoderm)이고, 그 안에 6,000여 개 정도의 핵이 들어차게 된다. 수정 후 2.5~3시간 정도 지나서야 개개의 핵을 구분짓는 핵막이 나타나는데 이때 비로소 각 세포들의 형태가 뚜렷한 공모양의 배반엽(blastoderm)이 만들어진다. 배반엽은 다른 동물의 포배(blastula)에 해당하는 것이다.

초파리의 초기 배반엽 세포들은 자율적으로 분화하고 발달하는 것이 특징이다. 즉 각각의 세포가 확실하게 운명이 결정되어 있기 때문에 특정 세포를 바늘로 찔러 파괴하면 그 결과가 성체에 그대로 드러나는 것을 볼 수가 있다. 이런 방법을 되풀이하면 우리는 초파리 배반엽 세포들의 운명을 지도 그리듯이 그려낼 수 있다. 즉 발생학적 운명이 전적으로 세포 자율에만 맡겨져 있기 때문에 그 결과를 쉽게 유추해 낼 수 있는 것이다. 심지어는 배반엽 세포를 배자의 다른 부위에 옮기더라도 이미 결정된 운명에 따라서만 발생하기 때문에 세포간 대화를 통한 기능적 분화는 초파리에서 전혀 통하지 않는다.

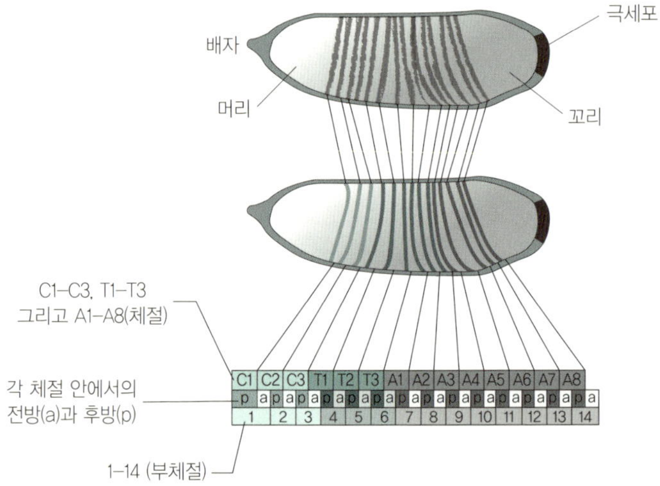

그림 5-3 초파리의 초기 발생

그렇다면 배반엽 세포들의 운명은 어떻게 결정되는 것일까? 분명히 발생 아주 초기에 몸 전체를 구상하는 계획(early body plan)이 있었을 것이고, 이에 맞추어 유전자가 발현되어 6,000여 개에 달하는 배반엽세포들의 운명을 결정지었을 것이기 때문이다. 초파리 발생에서 배울 수 있는 사실은 난자 속에 미리 들어있던 모계 mRNA(maternal mRNA)가 중요한 역할을 한다는 것이다. 이 mRNA는 수정과 동시에 단백질로 발현되어서 난할을 일으키기 때문에 만약 단백질 합성을 막는 약물을 처리하면 난할 자체가 일어나지 않게 된다. 이 말은 모계유전자(maternal effect gene)가 난할과 발생에 중요한 역할을 한다는 뜻이다. 물론 수정을 통해 부계로부터 전해온 유전자도 있겠지만 부계유전자는 상대적으로 발생 후반부에 관여할 것으로 추정이 된다. 모계유전자들의 기능에 대해서는 앞으로도 연구해야 할 일이 많지만 발생의 아주 초기 단계에 작용하는 유전자들인 만큼 배자 발생과 세포의 운명 결정, 그리고 형태 형성에 중요한 영향을 미친다는 사실은 분명하다. 앞으로 이들 유전자에 대한 돌연변이 연구가 진행될수록 더욱 그 기능들을 세세하게 파악할 수 있을 것으로 기대된다.

호메오박스 유전자

발생에 관여하는 유전자들을 통틀어 호메오박스 유전자(homeobox gene)라고 부른다. 그리고 이 유전자들은 공통적으로 염기서열이 유사한 약 180bp(60여 개의 아미노산에 해당)의 영역을 가지고 있다. 호메오박스 유전자는 1984년에 초파리에서 처음 발견되었는데 그 이후 동물뿐 아니라 식물, 곰팡이 등에서도 차례로 분리되었다. 물론 동물의 호메오박스 유전자와 식물의 호메오박스 유전자는 염기서열에서 커다란 차이를 보인다. 때문에 호메오박스 유전자는 진화의 초기 단계에서 동물과 식물이 별개로 발생되어 나왔다는 증거이기도 하다. 호메오박스 유전자는 염색체 상에 여러 개가 집단을 이루고 있는 것이 보통인데 발생과정에서 일찍 발현되어 전체적인 전, 후, 좌, 우 축을 결정해주거나 체절(segment)의 위치를 정해주는 것으로 알려져있다. 이들 유전자에서 돌연변이가 생기면 그에 해당하는 체절이 없어지거나 기능을 잃는 경우가 종종 발생된다. 이러한 원리를 이용해서 발생의 순서와 그에 관여하는 유전자들을 지금도 계속 발굴하며 연구하고 있다.

PRRKRTA-YTRYQLLE-LEKEFLF-NRYLTRRRRI
ELAHSL-NLTERHIKWFQN-RRMK-WKKEN

그림 5-4 Homeobox 유전자의 공통 아미노산 서열(−부분은 인트론)

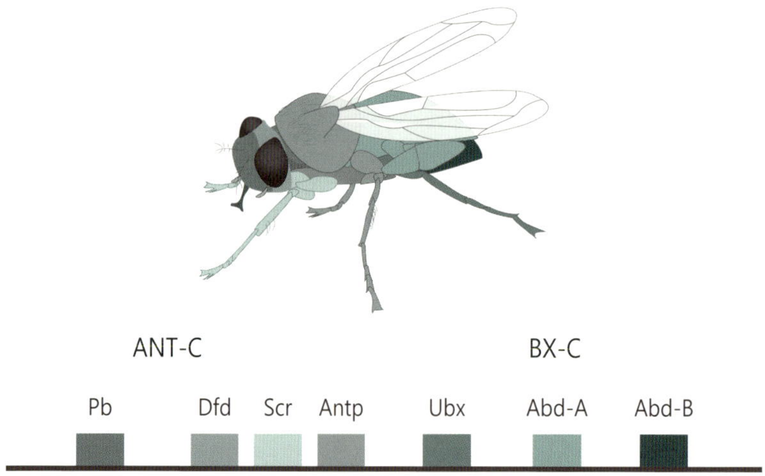

그림 5-5 초파리의 homeobox 유전자군 예시

초파리의 발생과 관련된 호메오박스 유전자들을 살펴보면 다음과 같다. 초파리의 발생에서 제일 중요한 점은 체절의 형성이다. 체절이 바르게 만들어져야 몸 전체의 구성이 제대로 일어나기 때문이다. 즉, 체절이 먼저 자리잡은 다음 각 체절에서 부속기관들이 만들어져 뻗어나오는 방식의 발생 패턴이다. 체절 형성에 관련된 호메오박스 유전자들 중 분절형성유전자들을 살펴보면 그 내용이 다음과 같다.

초파리의 유충은 초기에는 마치 줄무늬가 있는 원통처럼 보인다. 그 이유는 14개의 띠가 몸통 전체를 따라 규칙적으로 반복되어 있기 때문이다. 이 띠를 소치(denticle)라고 부른다. 소치는 쉽게 말해 체절(segment)에 해당하는 부분이다. 소치는 그 위치에 따라 두부소치(3개, C1-C3), 흉부소치(3개, T1-T3), 복부소치(8개, A1-A8)로 각각 나누어진다. 체절과 겹치는 구조로서 역시 발생에 중요한 역할을 하는 부체절(parasegment)이 있다. 부체절은 앞 체절의 뒷부분과 뒤 체절의 앞부분을 합한 구조이다. 체절과 부체절이 어떤 순서로 만들어질지는 4종류의 분절형성유전자(segmentation gene)들이 결정해준다. 첫 번째 분절형성유전자는 조화유전자(coordinate gene)들이다. 조화유전자는 배자의 앞과 뒤, 그리고 위와 아래를 결정해 주는 유전자이다. 조화유전자에는 *bicoid* 유전자, *nanos* 유전자, *torso* 유전자들이 있다. 예를 들어 *bicoid* 유전자에 돌연변이가 생기면 아예 머리가 없거나 앞뒤 극성이 뒤바뀌어 버린 비정상적인 체절이 만들어진다. 두 번째는 간극유전자(gap gene)이다. 간극유전자는 인접한 다른 체절의 정상적인 발달을 조절해준다. 즉, 간극유전자에 돌연변이가 생기면 인접한 다른 체절이 만들어지지 않는다. 대표적인 간극유전자는 *hunchback* 유전자이다. *Hunchback* 유전자는 사실상 분절형성유전자인 *bicoid*와 *nanos*의 상호 작용에 의해 조절된다. *Bicoid*는 *hunchback*의 발현을 증가시키고 *nanos*는 발현을 억제하기 때문이다. 또 다른 간극유전자로는 *Krüppel*이라는 유전자가 있다. 이들 간극유전자들의 단백질 산물들은 차례로 쌍지배유전자(pair-rule gene)를 조절해 주어 체절을 조화롭게 만들어 나간다. 셋째, 쌍지배유전자들은 부체절에서 발현되거나 체절을 하나씩 건너뛰어 발현되는 것들이다. 즉 쌍지배유전자들은 두체절 주기로 얼룩말의 띠와 같은 패턴을 보이면서 발현된다. 조화유전자와 간극유전자가 배자의 극성을 결정해 준다면, 쌍지배유전자는 각 체절들의 구분을 명확하게 해준다. 쌍지배유전자가 고장나면 체절이 하나 건너 없어져 버리거나 아예 기형이 되어 버린다. 쌍지배유전자에는 짝수번호 체절에 영향을 주는 짝수건너뛰기유전자(even-skipped gene)와 홀수번호 체절에 영향을 주는 홀수건너뛰기유전자(odd-skipped gene)의 두 종류가 있다. 쌍지배유전자의 대표적인 예는 *hairy* 유전자이다. 쌍지배유전자들의 앞부분에서 간극유전자의 단백질산물이 결합할 수 있는 프로모터가 발견된다. 즉, 어떤 호메오박스 유전자의 산물은 발생을 조화있게 이루어내기 위해 다음 단계의 유전자 발현을 조절하는 전사조절인자(transcription factor)로 작용한다는 것이다. 네 번째는 체절극성유전자(segmentation polarity gene)이다. 쌍지배유전자가 몸통이 전체적으로 조화있게 발생되도록 조절해 주는 반면, 체절극성유전자는 각 체절내에서의 분화가 조화있게 일어날 수 있도록 조절해 준다. 대표적인 것은 *engrailed* 유전자이다. 체절극성유전자가 발현되어야 배자는 비로소 체절과 부체절의 분화가 뚜렷해지고 체계적인 발생이 진행될 수 있다.

앞서 말한대로 상기한 발생유전자들은 모두 차례대로 다음 유전자 세트를 전사시켜주는 전사활성인자(transcription factor)들이다. 즉, 이들을 통해 발생에 관여하는 다른 유전자들의 전사가 순차적으로 촉진된다는 말이다. 호메오박스 유전자 중에서도 제일 관심사는 당연히 이렇게 순차적으로 다음 유전자를 전사 활성시키는 것이 그들의 기능이라면 과연 수정 즉시 첫 번째로 발현되는 것은 과연 무엇이냐는 것이다. 발생유전학자들은 이런 유전자를 마스터 유전자(master gene)이라고 부른다. 그리고 이에 대한 연구는 계속 진행 중이지만 아직도 마스터 유전자를 정확히 분리해내지 못하고 있다. 위에 언급한 것들 외에 호메오박스 유전자가 전체적으로 몇 개나 되는지 정확히 알 수는 없지만 여러 생물체에서 게놈프로젝트가 완성된 지금도 계속해서 새로운 발생 관련 유전자들이 발견되고 있다. 호메오박스의 공통된 염기서열은 초파리이외에도 곤충, 닭, 개구리, 사람에서 공히 발견이 된다.

발생은 이처럼 세포자율적이면서도 세포간 신호교류에 의해서, 또 유전에 의해서 기본 프로그램이 정해져 있으면서도 환경에 영향을 받는 대단히 복잡하고 정교한 사건이다. 앞에서 밝힌 것처럼 다양한 실험동물과 돌연변이 유도 실험을 통해 관련된 유전자들과 현상들이 하나씩 밝혀지고는 있지만 워낙에 상호 작용이 복잡다양하여 쉽사리 풀릴 수 없는 것이 발생의 문제들이다. 그럼에도 불구하고 이에 대한 연구가 중요한 이유는 선천성질환과 기형에 대한 해답을 주기 때문이다. 최근에 개발된 다양한 유전공학적 기술들은 생명의 기원에 대한 수수께끼를 과거와는 비교할 수 없을 정도로 빠르게 밝혀나가고 있다.

참고문헌

Augulewitsch. A. Utset. MF. Hart CP. McGinnis W. Ruddle FH. Spatial restriction in expression of a mouse homeobox locus within the central nervous system. Nature. 320. 328-335. 1986.

Casanova J. Sanchez-Herrero E. Morata G. Prothoracic transformation and fuctional structure of the Ultrabithorax gene of Drosophila. Cell. 42. 663-669. 1985.

De Robertis EM. Oliver G. Wright CV. Homeobox genes and the vertebrate body plan. Scientific American. July. 1990

Desplan C. Theis J. O'Farrell PH. A Drosophila Developmental gene, engrailed, encodes a sequence-specific DNA binding activity. Nature. 318. 630-635. 1985.

Frischer LE. Hagen FS. Garber RL. An inversion that disrupts the Antennapedia gene causes abnormal structure and localization of RNAs. Cell. 47. 1017-1023. 1986.

Ingham PW. Martinez-Arias A. The correct activation of Antennapedia and bithorax complex genes requires the fushi tarazu gene. Nature. 324. 592-597. 1986.

Irish V. Cracking the Drosophila egg. Trends in Genetics. 3. 303. 1987.

Kaufman TC. Seeger MA. Olsen G. Molecular and genetic organization of the Antennapedia gene complex of Drosophila melanogaster. Advances in Genetics. 27. 309. 1990.

Nusslein-Volhard C. Gradients that organize embryo development. Scientific American. August. 1996.

Raff R. Kaufman TC. Embryos, Genes and Evolution. The Developmental-Genetic Basis of Evolutionary Change. Macmillan, New York. 1983.

Sánchez-Herrero E. Vernós I. Marco R. Morata, G. Genetic organization of Drosophila bithorax complex. Nature. 313. 108-113. 1985.

Scott MP. Carroll SB. The segmentation and homeotic gene network in early Drosophila development. Cell. 51. 689-698. 1987.

Wieschaus E. Embryonic transcription and the control of developmental pathways. Genetics. 142. 1996.

제 6 장

사람의 생식기

생식기(reproductive organ)는 생식세포(germ cell)를 만들어내고 저장하며, 운반하거나 영양물질을 공급하면서 정상적인 수정과 착상, 발생이 가능하도록 도와주는 특수화된 기관이다. 비록 남성과 여성이 세부 구조적 차이가 있기는 하지만 전체적으로 생식기는 다음과 같이 기능적으로 나눠 볼 수 있다. ① 성선(genital gland)은 생식세포를 만들어 내는 곳이다. 남성은 고환(testes)이, 여성은 난소(ovary)가 이에 해당한다. ② 생식관(genital duct)은 성선에서 만들어진 생식세포를 이동시키는 관이다. 이동의 주목적은 배우자의 성세포를 만나는 것이지만 동시에 수정을 위해 필요한 정자의 운동력(mobility)과 수정력(capacity)을 부여하기 위한 것이다. 여성의 생식관은 수정란이 착상(implantation)하는 곳이기도 하다. 남성의 부고환(epididymis)과 정관(vas deferens), 요도(urethra)와 여성의 난관(oviduct), 자궁(uterus)이 여기에 해당한다. 사람은 다른 동물이나 조류와 구별하여 난관을 자궁관(uterine tube)이라 부르기도 한다. ③ 부생식선(accessory genital gland)은 생식과정을 돕는 각종 분비물들을 만들어 내는 분비선들이다. 남성의 정낭(seminal vesicle), 전립선(prostate), 요도구선(bulbourethral gland)이 이에 해당한다. 부생식선의 분비물은 영양분을 공급하고, 생식세포의 원활한 이동과 생명력을 부여하기 위한 것이다. ④ 외생식기(external genitalia)는 외견상 남여의 차이를 뚜렷하게 만들어주는 것으로서 생식세포를 남녀 간에 운반하는 교접기관으로 사용된다. 여성은 비뇨기와 생식기가 완전히 분리되어 있는 반면 남성의 경우에는 비뇨와 생식이 동일한 외생식기, 즉 요도를 통해 이루어진다.

남성의 생식기 구조

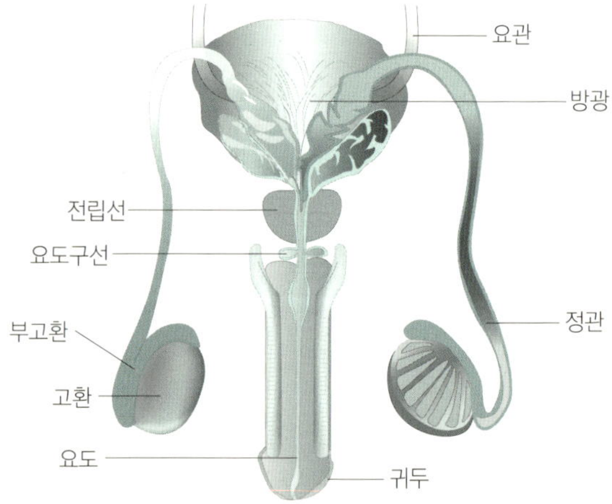

그림 6-1 남성 생식기의 구조

고환(testes)

고환(testes)은 주름진 음낭(scrotum) 속에 들어 있으며 체외에 위치하고 있다. 크기는 약 3.8×2.7×2.1㎝의 작은 계란 모양이며 무게는 10g 정도이다. 고환을 testicle이라고 표시하기도 한다. 고환이 체외에 위치한 이유는 정자형성을 위한 최적 조건이 통상 체온보다 1~2℃ 낮은 35℃ 전후이기 때문이다. 그보다 높은 온도에서는 정자생산이 영향을 받는다. 고환의 가장 바깥을 덮고 있는 것은 얇은 장막인 고환초막(tunica vaginalis)이며 이 초막내에 섬유성의 두꺼운 고환백막(tunica albuginea)이 고환을 다시 한 번 둘러싸 내부를 보호하고 있다. 고환백막은 차차 안으로 함입되어 중격(mediastinum testis)을 형성함으로써 고환의 내부를 약 250개의 소엽(lobule)으로 나누는데 각각의 소엽내에는 꼬불꼬불한 곡정세관(convoluted seminiferous tubule)들이 들어있다. 이 곡정세관에서 정자(sperm)와 남성호르몬인 테스토스테론(testosterone)이 만들어진다. 혼동하기 쉽기에 다시 설명하지만 영어로 testis는 단수, testes는 복수이다. 음낭은 고환을 보호하는 동시에 고환에서의 정자 생산을 위한 온도를 적절하게 조절해주는 기능을 한다. 고환은 발생초기에는 복강에 존재하다가 출생 2개월 전에 제 위치에 내려와 음낭에 자리잡게 되는데 평균 3~4%의 신생아가 고환이 제대로 하강하지 않는 정류고환증 또는 잠복고환증(cryptorchidism)이라 불리는 증상을 겪고 있다.

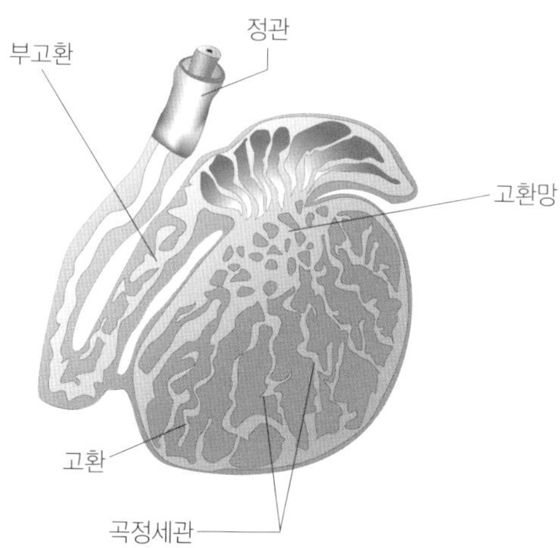

그림 6-2 **고환의 구조**

곡정세관

곡정세관은 전체를 펴면 1.6㎞에 달할 정도로 길고 가느다란 튜브이다. 이 세정관 내에서 매일 수천만 개의 정자가 생산되고 있다. 곡정세관의 벽은 기저막(basal membrane)으로 둘러싸여 있고, 그 바로 안쪽에 지주세포(Sertoli cell)들이 마치 손에 손을 맞잡듯 결합하여 빙 둘러 위치해 있다. 지주세포는 발생하는 성세포들에 영양을 공급하고 보호해주는 세포이다. 이런 역할 때문에 지주세포를 간호세포(nursing cell) 또는 영양세포(nutrient cell)라고도 부른다. 상대적인 크기 때문에 발생중인 정자들은 지주세포에 여기저기 박혀서 발생하고 있는 것처럼 보이게 된다. 이 때문에 지주세포는 사실상 세포질을 관찰하기 어렵고 현미경으로 보면 크고 진한 핵만 관찰되는게 보통이다.

지주세포들 간의 결합은 강한 연접결합(tight junction)이다. 이 구조로 인해 외부로부터 독성물질이 곡정세관 안으로 들어갈 수 없다. 이 특수한 보호 구조를 혈고환막(blood-testes barrier)이라고 부른다. 남성이 감기에 걸리거나 알코올 등 약물에 노출되어도 곡정세관의 내부는 안전하며, 중요한 생식세포인 정자가 보호를 받을 수 있는 이유가 이것이다. 때때로 정액 속에서 백혈구가 정자와 같이 관찰되기도 하는데 이는 염증이나 감기 등 질환이 있다는 것을 나타내는 지표이기도 하다.

기저막에서 가까울수록 미분화된 성세포이고, 곡정세관의 중앙에 가까울수록 분화가 진행된 정자의 모습을 하고 있다. 이렇게 해서 완성된 정자가 세관의 중앙에 다다르게 되면 한꺼풀 벗겨지듯 배출되고, 그 전 단계의 세포들이 다시 정자로 최종 분화를 시작하게 된다. 고환에서 원시성세포가 정자로까지 완성되는데 걸리는 시간은 약 64일이다. 한편 곡정세관들의 사이사이마다 간질세포인 레이디히 세포(Leydig cell)가 존재한다. 간질세포에서는 남성호르몬인 테스토스테론(testosterone)이 분비된다.

그림 6-3 곡정세관과 간질세포

웅취

고환이 테스토스테론을 만들어내는 주요 기관이기는 하지만 사람은 고환말고도 간, 피부 등에서 약간의 테스토스테론을 만들어낼 수 있다. 따라서 고환을 제거하더라도 금방 여성화되지는 않는다. 그러나 돼지는 사람과 달라 남성호르몬을 전적으로 고환에서 만들어낸다. 따라서 고환만 자르면 수컷으로서의 특징을 모두 잃어버리고 만다. 돼지가 수컷으로서의 특징을 잃는다는 것은 더욱 부드러운 고기를 많이 생산해낸다는 것을 지칭하는 것이다. 더욱이 남성호르몬은 고기에 웅취, 즉 노린내(boar taint)만을 더해주기 때문에 농가에서는 이를 없애려고 갓 태어난 모든 수컷에게 거세 수술을 시술하는 것이 보편적이다.

정자의 이동

곡정세관에서 만들어진 정자는 직정세관(straight seminiferous tubule), 고환망(rete testis)을 차례로 거쳐 부고환에 다다른 다음 여기에 저장되게 된다. 부고환의 길이는 약 6m 정도이다. 부고환(epididymis)에 도달한 정자는 이곳에서 약 3주간 머무르면서 운동력(mobility)과 수정력(capacitation)을 동시에 획득하게 된다. 결국 정자가 만들어져 부고환을 떠날 때까지 전체적으로 약 84일 정도가 소요되는 셈이다. 정자는 사정될 때 약 45㎝ 길이의 꼬불꼬불한 정관(vas deferens)을 통과하게 되는데 정관의 연동운동이 정자를 계속 바깥쪽으로 밀어낸다. 사정에 걸리는 시간은 불과 0.5초 미만이다.

정관은 계속해서 정낭과 이어지게 된다. 정낭(seminal vesicle)은 꼬불꼬불한 근육성의 관으로 길이가 약 5㎝ 정도이다. 예전에는 정낭을 “저정낭”이라고 불러서 여기에 정자가 저장된다고 믿었지만 최근의 보고에 의하면 정자의 저장과는 전혀 무관하다고 알려져 있다. 다만 분비물이 나와서 정자의 운동을 가능하게 해주며 필요한 영양분(과당 등)을 공급한다고 알려져 있다.

정관은 계속해서 전립선(prostate gland)과 연결되는데 전립선은 약 3.7㎝ 직경의 분비선으로서 남성생식기에서 가장 많은 분비물을 만들어내는 조직이다. 전립선 역시 정자의 운동성 유지를 돕는 분비물을 만든다. 전립선액에는 피브리노게나아제(fibrinogenase)가 섞여 있는데 이는 정액을 사정 직후 일시적으로 응고시켜서 여성의 질로부터 흘러내리는 것을 방지하는 역할을 한다. 정관은 계속해서 요도로 이어지는데 요도구선(bulbourethral gland)이 여기에 연결되어 있다.

요도구선은 부생식선 중 가장 큰 점액선(크기가 콩알만하다)이며 윤활성 물질을 분비해서 성교를 돕는다. 요도구선을 쿠퍼씨선(Cowper's glands)라고도 한다. 남성생식기의 가장 바깥 부분인 음경(penis)은 교접기관으로서 정자를 여성의 질로 운반한다.

남성은 방광과 정관이 요도로 동시에 열려있기 때문에 소변을 볼 경우와 정액을 배출할 경우 이를 구별할 수 있어야 한다. 이를 위해 방광과 정관이 연결되는 부위에 판막(valve)이 있어 적절하게 조절해준다.

정관수술

정관수술(vasectomy)이라고 불리는 피임시술은 정관을 절단하여 정자의 통로를 막는 수술이다. 방법이 간단하고 시술과 회복에 걸리는 시간이 짧기 때문에 더 이상의 아기를 원하지 않는 경우 널리 이용되는 시술이다. 더 이상 정관을 통해 배출될 수 없는 정자는 체내로 흡수되어 분해된 다음 영양분으로 재활용된다. 정관수술의 단점은 만일의 경우 복원이 어렵고, 자가면역반응(autoimmunity)이 생길 수도 있다는 것이다.

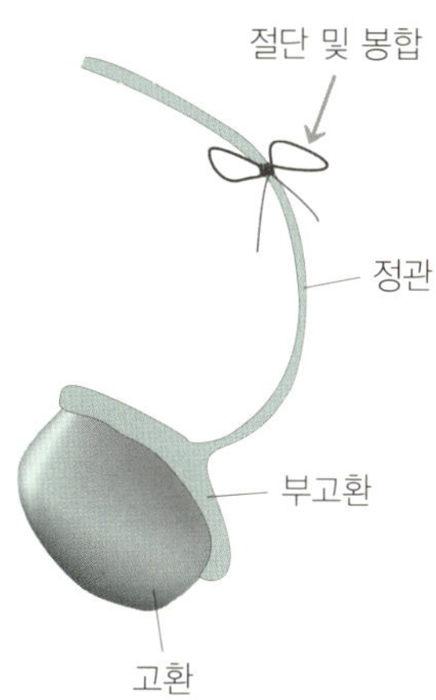

그림 6-4 정관수술

여성의 생식기 구조

여성생식기는 난자(ovum)를 만들어내는 것 외에도 정자와 난자가 온전하게 만나 수정할 수 있도록 장소를 제공해 준다. 또한 수정란이 자궁에 착상되면 임신 전체 기간을 통해 충분한 영양을 공급해 주고 자라나는 태아를 보호해서 원활한 임신이 이루어지도록 잘 유지시켜 주는 역할을 담당한다. 출생 후 신생아에게 수유를 통한 영양 공급도 여성의 역할이다. 여성 생식기는 기능별로 다음과 같이 분류할 수 있다.

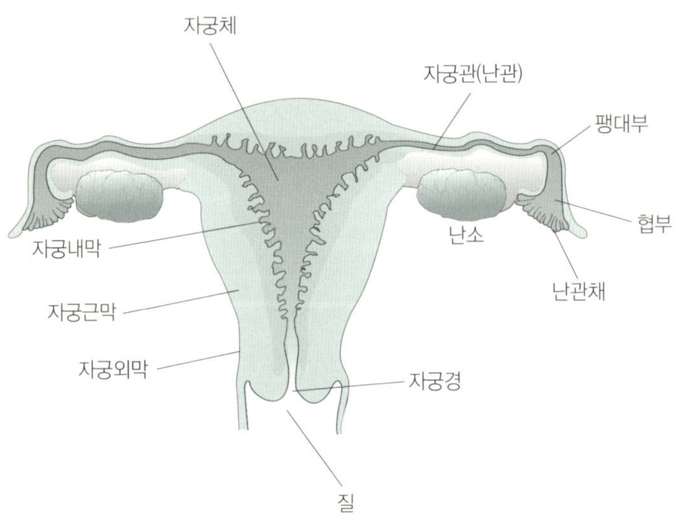

그림 6-5 여성 생식기의 구조

난소

성선은 난소(ovary)로서 복강벽 좌우 골반 근처에 하나씩 위치한다. 난소는 크기가 약 3.5㎝×2㎝이고 무게는 3~5g 정도이다. 난소의 내부를 들여다보면 피질과 수질로 나뉘어지는데 피질에는 다양한 발달 시기에 있는 난포들이 묻혀있고 수질에는 혈관이 잘 분포되어 있다. 각각의 난자는 마치 사탕 알이 포장지에 하나씩 포장되어 있듯이 난포 속에 포장되어 들어 있다. 난포는 여러 가지 스테로이드 호르몬을 분비하여 여성의 이차성징 및 생식기의 주기적 변화를 조절해준다. 사춘기 이후의 여성 난소를 들여다보면 다양한 발달 시기의 난포들이 관찰되는데 이를 기준으로 여성의 생물학적 나이를 계산할 수 있다.

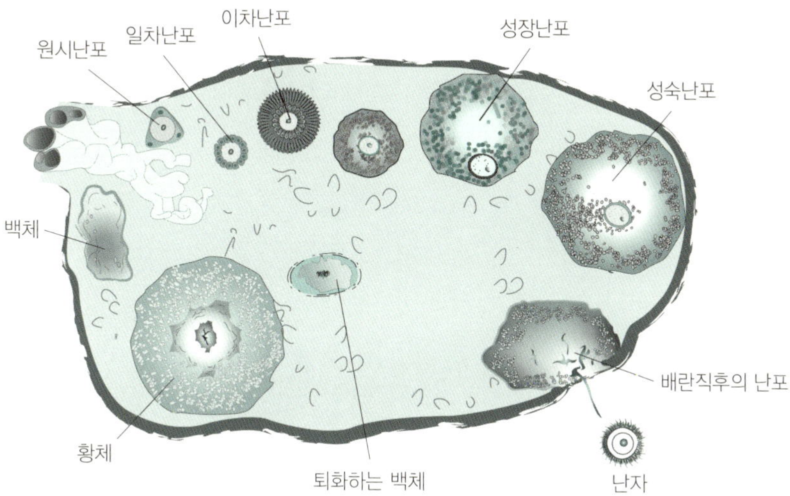

그림 6-6 난소의 구조

자궁관과 자궁

생식관은 배란된 난자를 보호하고 운반하며 정자와의 수정을 돕는 곳이다. 여성의 생식관은 난관(oviducts) 또는 자궁관(uterine tube)이라 부르는 관과 자궁(uterus), 그리고 질(vagina)로 구성되어 있다. 난관은 4개 부분으로 나누어지는데 가장 끝부분이 난관채(fimbria)로서 혈관분포가 잘 되어 있고 총채모양이라서 배란된 난자를 즉시 받아들이는 구조이다. 난관채는 수시로 난소 표면을 훑고 있다가 난자가 배란되면 이를 즉각 흡입하듯이 난관 안으로 빨아들인다. 난관채의 활발한 움직임은 여성호르몬인 에스트로겐(estrogen)에 의해 좌우되기 때문에 에스토로겐의 분비를 억제하는 여성의 스트레스는 정상적인 임신을 방해하는 요인이 될 수가 있다. 난관의 조금 안쪽을 팽대부(ampulla)라 부른다. 이곳은 정자와 난자의 수정이 일어나는 장소이다. 팽대부 이외의 장소에서 수정이 일어나면 자궁외 임신이 될 가능성이 높다. 협부(isthmus)는 그보다 더 안쪽으로 직경이 작고 팽대부보다 근육질의 벽이 두꺼운 부분이다. 자궁부(pars interstitialis)는 난관이 자궁과 이어지는 부분으로서 실제로 자궁의 한 부분이다. 난관은 연동운동에 의해 난자를 자궁쪽으로 밀어 이동시킨다.

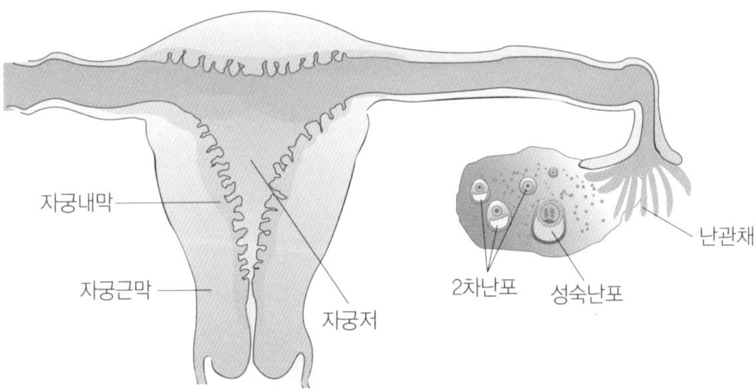

그림 6-7 **자궁과 자궁관**

자궁(uterus)은 서양배 모양으로 생겼으며 가장 넓은 부위가 약 10㎝ 정도이다. 수정란이 착상하는 자궁저(fundus)와, 자궁의 몸체인 자궁체(body), 그리고 점액이 있어서 정자를 저장하는 자궁의 입구, 즉 자궁경(cervix)으로 이루어져 있다. 실제로 수정란이 착상하는 부위는 자궁저의 후벽 정중앙이다. 자궁의 벽은 자궁내막(endometrium), 자궁근층(myometrium), 외막(perimetrium)의 3개 층으로 되어 있다. 자궁내막은 수정된 접합자가 착상하는 곳이다. 이곳에는 혈관이 풍부하게 분포되어 있는데 월경주기(menstrual cycle)에 의해 주기적으로 두껍게 증식했다가 매 28일 주기로 떨어져 나가는 부분이다. 이렇게 내막이 혈액과 함께 떨어져 나가는 것이 월경혈(menstrual blood)이다. 월경혈은 단백질의 작용 때문에 응고하지 않는 것이 특징이며, 보통 한번의 분비량은 50~60cc 정도이다. 월경주기 역시 90% 이상의 여성에서 23~35일 정도이지만, 환경적 요인 등 여러 이유로 아예 월경이 없을 수도 있다. 자궁내막은 나중에 태반(placenta)의 일부가 된다. 자궁내막을 조금 더 자세히 살펴보면 가장 바깥쪽(자궁강쪽)을 얇은 상피층이 덮고 있고 그 아래에 기능층(functional layer)과 기저층(basal layer)의 두 개 층이 자리잡고 있다. 기능층은 월경 시 떨어져 나오는 부분이고 기저층은 월경 시에도 그대로 보존되는 부분이다. 기능층이 주기적으로 떨어져 나가면 기저층에서 다시 세포분열이 일어나 기능층을 재생시켜 준다. 자궁내막은 가장 얇아질 때 약 0.5㎜ 정도이고, 기능층이 회복되면 2~3배 정도(약 1㎜ 정도)까지 두꺼워진다. 기능층은 다시 치밀층(compact layer)과 해면층(spongy layer)으로 나눌 수 있다. 내막에는

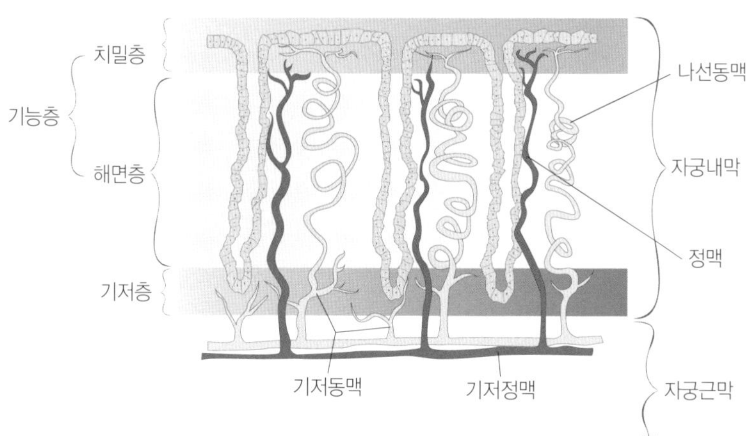

그림 6-8 자궁내막의 구조

동맥(artery)과 정맥(vein)이 들어 있는데 이들 역시 주기적으로 함께 떨어져 나갔다가 재생되곤 한다. 특히 동맥은 표면적을 넓혀 더 많은 영양분을 공급하기 위

해 나선모양으로 휘어져 있는데 이를 나선동맥(spiral artery)이라고 한다. 내막에는 또한 분비선이 많이 분포되어 있는데 여기에서 분비되는 액체를 자궁유상액(uterine milk)이라고 한다. 자궁유상액은 글리코겐(glycogen)이 풍부하여 착상되기 전 수정란에 영양물질을 공급하는 동시에 자궁 안쪽을 촉촉히 젖게 해준다.

자궁근층(myometrium)은 두꺼운 평활근으로서 출산 시 강하게 수축하여 아기가 빠져 나오는 것을 돕는 근육층이다. 자궁근층의 두께는 15㎜ 정도이다. 가장 바깥쪽에 있는 자궁외막(perimetrium)은 얇은 장막층으로 가장 바깥에서 자궁 전체를 보호하고 있다.

부생식선과 외생식기

질(vagina)은 교접기관인 동시에 아기가 출생할 때 산도로 작용한다. 남성과 달리 여성의 부생식선은 그다지 뚜렷하지 않지만 대전정선(greater vestibula gland)과 소전정선(lesser vestibula gland) 등이 있다. 외부생식기에는 대음순(labia majora)과 소음순(labia minora), 그리고 음핵(clitoris) 등이 있다.

이밖에도 남성에게서는 찾아볼 수 없는 특수기관인 태반(placenta)과 유선(mammary gland)이 여성에게 있다. 태반은 임신 중에만 발생했다가 출산과 동시에 사라지는 구조이기 때문에 사람의 발생을 단기간에 지켜보기에 아주 좋은 실험재료이다. 여성은 남성과 달리 출생 후에도 아기를 보호하고 영양을 공급하기 위해서 수유기관인 유선이 필요하다.

참고문헌

Browder LW. Developmental biology, vol 1, Oogenesis. New York. 1985. Plenum.

Eddy EM. Origin and migration of primordial germ cells in mammals. Gamete Res. 4. 333-362. 1981.

Fawcett DW. A textbook of histology. Philadelphia. 1986. WB Saunders.

Gougeon A. Regulation of ovarian follicular development in primates: facts and hypotheses. Endocr Rev. 17. 121-155. 1996.

Grootegoed JA. Siep M. Baarends WM. Molecular and cellular mechanism in spermatogenesis. Bailleres Clin Endocrinol Metab. 14. 331-343. 2000.

Kehler J. Oct4 is required for primordial germ cell survival. EMBO Rep. 5. 1078-1083. 2004.

Salustri A. Oocyte-granulosa cell interactions. In Adashi EY, Leung PCK, eds: The ovary. New York. 1993. Raven.

Taieb F. Thibier C. Jessus C. On cyclins, oocytes and eggs. Mol Reprod Dev. 48. 397-411. 1997.

Wynn RM. Biology of the uterus. New York. 1977. Plenum.

Zamboni L. Physiology and pathophysiology of the human spermatozoon: the role of electron microscopy. J Electron Microsc Tech. 17. 412-436. 1991.

제 7 장

포유동물의 성분화

일반적으로 포유동물의 성분화(sex differentiation)는 유전자에 의해서만 결정되며 외부 환경적 요인에 의해 영향을 받지 않는다. 사람의 경우 여성에서는 성염색체 구성이 XX이고, 남성에서는 XY이다. 즉 Y 염색체가 포유동물의 성을 정하는 결정적인 유전 요소이다. 간혹 클라인펠터 증후군(Klinefelter syndrome) 환자의 경우에는 X 염색체가 3개 또는 그 이상 있는 사례가 발견된다. 아무리 많은 X 염색체를 가졌더라도 Y 염색체가 하나 존재하기만 하면 무조건 이 환자는 외형적으로 남성이다. 반면 터너증후군(Turner's syndrome)의 경우는 X 염색체만 한 개 있으며 Y 염색체가 없어 다소 불완전하지만 여성으로 발달한다.

Y 염색체는 X 염색체에 비해 그 크기가 훨씬 작다. 흔히 유전자 용량(gene dosage)이라는 말을 사용하는데 이는 전체적인 유전자 구성이 남자와 여자에게서 동일하다는 말이다. 여성이 두 개의 X 염색체를 가지고 있음에도 불구하고 남성과 유전자 용량이 같을 수 있는 이유는 X 염색체 하나가 통상적으로 비활성화(inactivation)되어 있기 때문이다. 이렇게 비활성화된 X 염색체를 특수 시약으로

관찰하면 현미경 상에서 진하게 나타나기 때문에 발견한 사람의 이름을 따서 "바소체(Barr body)"라고 한다. 남성은 여성에 비해 Y 염색체를 추가로 하나 더 가지고 있지만 그 안에 성 결정 유전자 몇 개 외에는 다른 유전자가 많지 않기 때문에 결국 남녀의 전체적인 유전자 용량은 거의 차이가 없다.

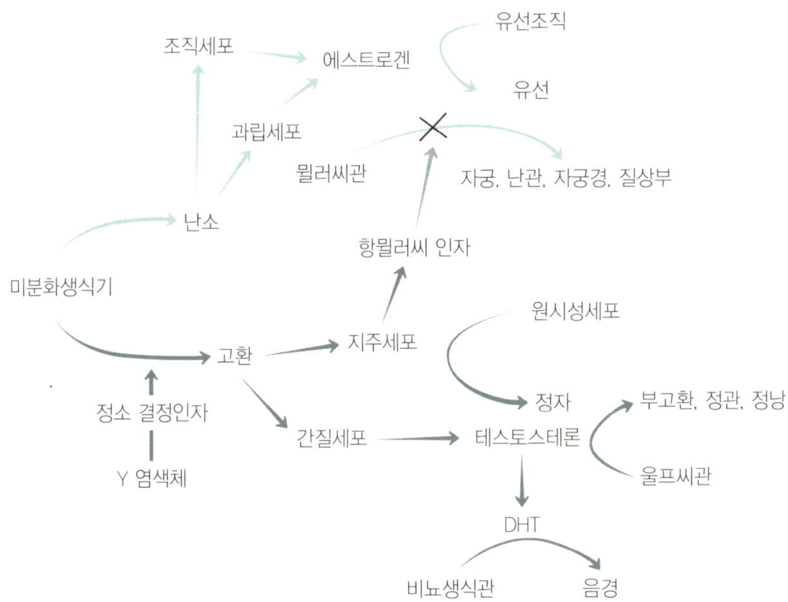

그림 7-1 포유동물의 성분화

수정 후 약 3주가 지나면 원시성세포(primordial germ cell)가 배아의 꼬리쪽에서 분화되기 시작한다. 이 원시성세포들은 아직 미분화세포로서 차후 고환이나 난소가 발달하면 장거리 여행을 해서 그 안에 자리를 잡게 될 성세포들이다. Y 염색체가 없으면 원시생식선(primordial gonad)은 자동으로 난소로 발달을 한다. 이런 현상을 디폴트 프로그램(default program)이라고 한다. 디폴트 프로그램이란 컴퓨터를 켜면 항상 윈도우 로고가 자동으로 뜨는 것과 같은 현상이다. Y 염색체는 정해진 디폴트 프로그램을 다른 방향으로 선회시켜 원시생식선이 남성으로 발생하도록 스위치를 바꾸어주는 역할을 한다.

결론적으로 사람을 비롯한 포유동물의 생물학적 성은 수정되는 순간에 "Y 염색체 유무"에 의해 결정이 된다. 이렇게 유전적으로 결정된 성을 "1차적 성"이라 한다. 그러나 1차적인 성이 결정되었더라도 해당 성징이 바르게 나타나려면 여러 호르몬들의 도움이 절대 필요하다. 이처럼 호르몬의 영향으로 인해 최종적으로 드러나 보이는 성을 "2차적 성"이라고 한다.

유전자에 의한 성 결정

중배엽의 미분화생식선(indifferent gonad)은 앞서 말한대로 외부의 신호가 없다면 자동으로 난소로 발달한다. 난소에는 과립세포(granulosa cell)와 난포막세포(thecal cell)의 두 종류가 있으며 이들이 분비하는 에스트로겐의 영향으로 뮐러씨관(Müllerian duct)이 자궁, 자궁관, 자궁경부, 질의 상부 등으로 발생된다. 한편 유선과 같은 수유조직도 함께 만들어진다.

만약 Y 염색체를 가진 정자가 수정이 되면 미분화 생식선은 고환으로 스위치 전환되어 발생하게 된다. Y 염색체에 들어있는 정소결정인자(Tdf; testis-determining factor) 때문이다. Tdf는 고환에서 항뮐러인자(Anti-Müllerian duct factor)를 만들게 하여 뮐러씨관이 여성생식기로 발달하는 것을 억제하는 한편, 간질세포와 지주세포가 고환내에 만들어지게 한다. 또한 간질세포에서 생산되는 테스토스테론은 울프씨관(wolffian duct)이 부고환, 정관, 정낭 등 남성생식기의 내부 구조로 분화되도록 하는 동시에 사춘기가 되면 지주세포를 도와 정자발생을 촉진시킨다. 남성의 외생식기인 음경은 비뇨생식결절(urogenital tubercle)에서 비롯되는데 테스토스테론에 수소가 두 개 결합된 디히드로테스토스테론(DHT; dihydrotestosterone)이 이 과정에 관여한다.

사춘기가 지나면 곡정세관이 뚜렷해지면서 정자가 본격적으로 생산되기 시작한다. 사람은 생식기가 7주경까지는 아직 미분화 상태이지만 이후 뚜렷하게 분화를 하게 된다. 남, 여의 생식기 구조는 대체로 20주(5개월) 정도에 완성되는데 이때 고환과 난소 안에는 원시생식세포들이 가득 들어차게 된다.

그동안의 연구 보고에 의해 Y 염색체를 전체 9개 부위로 나눈 뒤 여러 환자들을 조사한 결과 짧은 팔의 1번 위치가 결실되면 염색체의 종류와 상관없이 여성인 것이 관찰되었다. 또한 염색체의 다른 부위가 결실되었더라도 1번 위치만 존재하면 남성이라는 것도 관찰되었다. 이를 통해서 Tdf의 유전자는 Y 염색체의 짧은 팔, 그것도 1번 위치에 존재한다는 것이 확인되었다. Tdf의 유전자를 SRY(sex-related Y chromosome specific gene)라고 부른다.

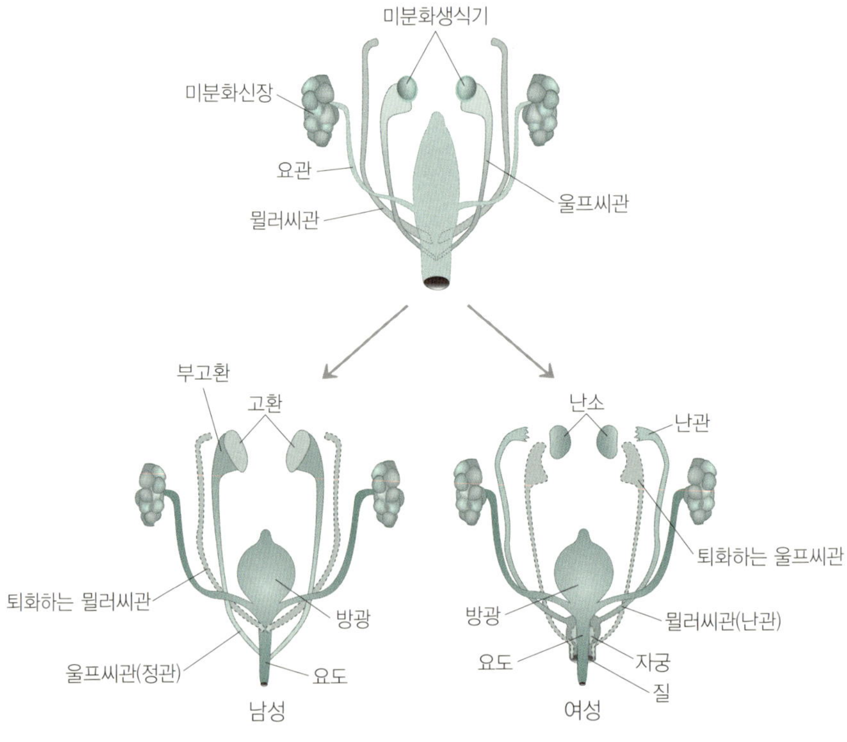

그림 7-2 사람의 남 · 여 생식기 발달

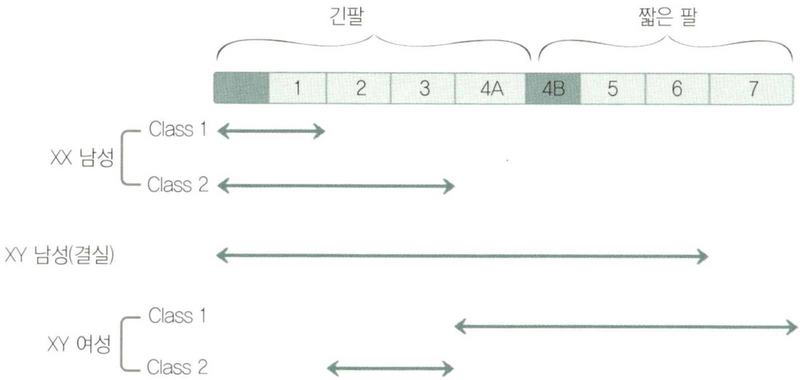

그림 7-3 Y 염색체에 있는 정소결정인자의 위치

호르몬에 의한 성 결정

염색체에 의해 1차적 성이 결정되었더라도 외관상으로 나타나는 표현형은 전혀 다를 수 있다. 비록 Y 염색체가 남, 여를 구별지었더라도 생식선이 발생하는 데에는 성호르몬의 영향이 크기 때문이다. 이것이 2차적 성 결정이다. Y 염색체가 없을 경우 원시생식선은 난소로 발생되고, 그 난소에서 만들어지는 여성호르몬(estrogen)이 뮐러씨관(Mülller's duct)을 질과 자궁경, 자궁, 난관 등으로 발달하게 해준다.

Y 염색체에는 SRY라는 유전자가 들어 있다. SRY 유전자는 Tdf라는 정소결정인자(testis-determining factor)를 만들어내는데 앞서 말한대로 바로 이 Tdf가 원시생식선을 난소 대신 정소로 발달할 수 있도록 바꾸어 주는 스위치 역할을 한다. 일단 정소가 형성이 되면 두 가지 중요 호르몬이 만들어지는데 하나는 태아를 남성화시키고 음경, 음낭, 전립선 등 남성의 주요 생식구조를 만드는 테스토스테론(testosterone)이고, 다른 하나는 항뮐러관인자(anti-müllerian duct factor)이다. 항뮐러관인자는 원래 자궁, 난관, 자궁경, 질의 상부구조 등이 될 밀러관을 퇴

화시켜서 여성 생식기가 발생하는 것을 막아주는 단백질이다. 태아의 고환에서 만들어지는 이 두 가지 호르몬이 없으면 태아는 디폴트 프로그램에 따라 그냥 여성 형질을 지니게 된다.

음경 등 남성생식기의 일부 외형적 구조는 테스토스테론에 수소가 두 개 더 붙은 DHT(dihydroxytestosterone)에 의해 만들어지기 때문에 염색체가 정상이라도 DHT호르몬이 부족하면 생식기가 정상적인 남성으로 발달할 수 없다. 테스토스테론을 DHT로 변환시키는 효소는 5a reductase이다. 테스토스테론은 에스트로겐과 함께 스테로이드 호르몬으로 분류된다. 콜레스테롤(cholesterol)로부터 유도되어 만들어지기 때문이다. 에스트로겐도 따지고 보면 테스토스테론의 구조가 약간 변화되어 유도된 것이다.

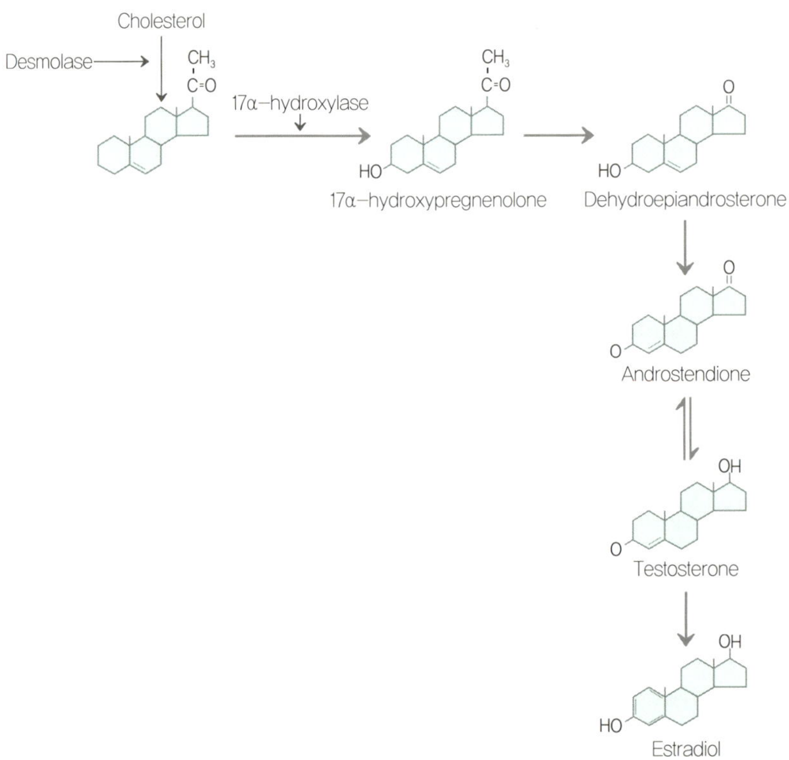

그림 7-4 성호르몬의 합성 경로

사람의 생식기관 발생은 임신 3~5개월 사이에 집중적으로 이루어진다. 이때 염색체의 구성과 호르몬의 구성에 따라 여성 또는 남성으로의 분화가 결정되어진다. 유전적 요인과 호르몬적 요인 중 어느 하나라도 어떤 이유에 의해 저해를 받는다면 남성도 여성도 아닌 중간 형태로 발생할 수밖에 없다. 즉 내부생식기는 여성인데 외형은 남성이라든지, 반대로 내부생식기는 남성인데 외형적으로 여성인 경우가 나타나게 된다. 이런 경우를 가성반음양증(pseudohermaphroditism)이라고 부른다. 가성반음양증은 동성애나 트랜스젠더와는 상관이 없다.

자웅동체와 자웅이체

하등동물은 체내에 난소와 정자를 동시에 가지고 있다. 이런 경우를 자웅동체라 부른다(hermaphroditism). 실험실에서 널리 쓰이는 예쁜꼬마선충(*C. elegans*)도 자웅동체이다. 자웅동체라는 용어는 그리스 신화에서 유래된 것으로 헤르메스(Hermes)라는 용감한 전사(남성을 상징)와 아프로디테(Aphrodite)라는 여신(여성을 상징)이 한 몸에 붙어 있다는 데에서 유래되었다. 그렇지 않아도 강한 힘과 능력을 가진 인간이 팔 다리가 4개나 되기 때문에 이를 시기한 제우스 신이 그 힘을 약하게 하기 위해 절반으로 나눈 것이 유성생식의 시작이라는 재미있는 전설도 있다. 자웅동체의 경우는 자신의 정자가 체내에서 자기의 난자와 그대로 수정되기 때문에 유전적으로 동일한 자손을 양산하게 된다. 사실 지렁이는 자웅동체이더라도 스스로 번식해나가지는 않고 유전자의 다양성을 위해 다른 개체와 상호 교미를 한다. 그러나 그보다 훨씬 하등한 동물들은 스스로 번식을 하기 때문에 동일한 개체만을 생산해낼 뿐 유전자의 다양성은 확보할 수 없다.

간단히 생각하면 자웅동체야말로 이상적인 번식 방법이 아닐 수 없다. 아무리 척박한 환경이라도 한 마리만 그 자리에 옮겨 놓으면 스스로 번식해 나갈 수 있기 때문이다. 반면에 유성생식(자웅이체)일 경우에는 반드시 배우자를 필요로 하기에

짝을 찾는데 시간도 걸리고 또 짝이 없으면 번식 그 자체가 불가능하다. 때문에 보다 열등하고 귀찮은 번식 방법일 수밖에 없다. 그렇다면 동물 중 가장 진화된 인간이 왜 이렇게 불편하고 힘든 자웅이체의 번식 방법을 택하고 있는 것일까? 자웅이체가 가지고 있는 이점은 과연 무엇인가? 그것은 바로 유전자의 다양성(genetic diversity) 확보이다. 자웅동체로 번식한 경우에는 모든 개체가 동일하기 때문에 한 마리한테 불리한 환경조건(온도, 습도, 환경오염 등)이 닥치면 전체 집단이 멸종되고 말지만, 자웅이체에 의한 유성생식은 유전적 다양성을 보장하기 때문에 나쁜 환경이 되어 대부분이 죽더라도 그중 몇 마리가 적응하고 살아남아 다시 번성할 수 있기 때문이다. 자웅동체의 하등한 동물들이 먼저 이 세상에 출현하였고 점차 생활 환경이 변화하면서 이에 적응한 동물들이 보다 우수한 번식방법을 찾게 되었고, 결국 자웅이체를 통한 유성생식이 일반화되었다고 추정된다.

참고문헌

Bleier R.. Science and Gender. Pergamon Press. New York. pp. 80-114. 1984.

Bull JJ. Sex determination in reptiles. Q. Rev. Biol. 55. 3-21. 1980.

Cate RL. Isolation of the bovine and human genes for Mullerian inhibiting substance and expression of the human gene in animal cells. Cell. 45. 685-698. 1986.

Clark E. Functional hermaphroditism and self-fertilization in a serranid fish. Science. 129. 215-216. 1959.

Eicher EM. Inherited sex reversal in mice: Identification of a new primary sex-determining gene. J. Exp. Zool. 228. 297-304. 1983.

Fausto-Sterling A. Myths of Gender. Basic Books. New York. 1985.

Langman J. Medical Embryology. 4th Ed. Williams & Wilkins. Baltimore. 1981.

Langman J. Wilson DB. Embryology and congenital malformations of the female genital tract. In A. Blaustein (ed.). Pathology of the Female Genetal Tract. Springer-Verlag. New York. 1959.

Lille FR. The free-martin: A study in the action of sex hormones in the fatal life of cattle. J. Exp. Zool. 23. 371-452. 1917.

Meyer WJ. Migeon BR. Locus on human X chromosome for dihydrotestosterone receptor and androgen insensitivity. Proc. Natl. Acad. Sci. USA 72. 1469-1472. 1975.

Page DC. Sex-reversal: Deletion mapping of the male-determining function of the human Y chromosome. Cold Spring Harbor Symp. Quant. Biol. 51. 229-235. 1985.

Tiefer L. Gonadal hormones and mating behavior in adult golden hamster. Horm. Behav. 1. 189-202. 1970.

Tran D. Meusy-Dessolle N. Josso N. Anti-Mullerian hormone is a functional marker of foetal Sertoli cells. Nature. 269. 411-412. 1977.

제 8 장

정자발생과 난자발생

정자발생(spermatogenesis)은 세포분열과 함께 형태변화라는 굉장히 드라마틱한 과정을 거쳐 이루어진다. 젊은 남성이 한 번에 사정하는 정자가 수억 마리(보통 2억~5억 마리 사이)인 것을 생각하면 그 숫자를 채우기 위해 체세포분열이 얼마나 왕성하게 이루어져야 하는지 짐작할 수 있다. 뿐만 아니라 염색체의 수를 절반으로 줄이기 위해 감수분열도 병행되어야 한다. 이처럼 빠르게 진행되어야 하다보니 정밀도가 다소 떨어질 수밖에 없고 실제로 기형적인 정자들이 다수 만들어질 수밖에 없는 것이 정자발생이다. 남성은 일단 사춘기에 정자를 만들기 시작하면 평생토록 정자를 만들어낼 수 있다. 난자발생(oogenesis) 역시 감수분열을 수반하지만 정자발생과 비교할 때 몇 가지 주요한 차이점을 보인다.

정자발생

편의상 정자발생은 3개 단계로 나누어진다. 첫 번째는 그 숫자를 늘리는 체세포 분열(mitosis)의 단계이다. 남성에게서 정자의 수는 대단히 중요하며 또한 수많은 정자를 만들어내도 절대로 고갈되지 않을 장치를 마련하는 것 또한 필요하다. 두 번째 단계는 감수분열(meiosis)이다. 염색체의 수를 절반으로 줄여 난자와 수정을 할 준비를 해야 하기 때문이다. 세 번째는 형태변화를 수반하는 정자완성과정(spermiogenesis)이다. 정자가 난자를 찾아 길을 떠나려면 스스로 운동하기 위한 꼬리가 필요하다. 또한 핵이 들어있는 머리도 유선형으로 변해야 하고 너무 커도 이동에 방해가 되기 때문에 최대한 응축시킬 필요가 있다. 이렇게 3개 단계를 거치면서 정자가 완성되는 데에 걸리는 시간은 약 64일이다. 그러나 정자발생이 완성되더라도 아직 어린 정자는 부고환으로 이동되어 20여일을 더 머물러야만 비로소 운동력과 수정력을 획득하게 된다.

첫 번째 단계는 다음과 같이 이루어진다. 수정란이 난할을 시작하여 약 3주 지나면 배아의 꼬리 쪽에 원시성세포(primordial germ cell)가 나타나게 된다. 이들은 아직 고환이 형성되지 않았기 때문에 일단 그 자리에 머물러 몇 주를 기다려야 한다. 약 5주가 지나면 몸통 중앙 부위에 원시적인 고환이 생기게 되고 이제 원시성세포는 장거리를 아메바 운동하듯 움직여 옮겨가게 된다. 원시성세포는 일단 발생하는 고환에 자리잡고 나면 특별한 변화 없이 사춘기 때까지 그 자리에 그대로 머무르게 된다. 사춘기가 되면 고환내에 곡정세관들이 완성되고 이때부터 원시성세포를 정조세포(spermatogonium)라고 부른다. 영어로 spermatogonia는 정조세포의 복수형이다. 정조세포에는 A형(type A)과 B형(type B)의 두 가지가 있고, A형 정조세포에도 암형세포(dark cell)와 명형세포(light cell)의 두 종류가 나타나게 된다. 즉 A형 정조세포는 일단 A형 암형세포로 분화되었다가 차례로 A형 명형세포를 거쳐 B형 정조세포로 분화된다. 이들 세포간 구별은 사실상 쉽지 않으나 암형세포의 세포질이 현미경상으로 약간 더 진하다는 특징이 있다. B형 정조세포는 몇 번의 체세포분열을 거쳐 제일정모세포(primary spermatocyte)로 발달한다. B형 정조세포가 빠르게 또 끊임없이 체세포분열을 하여 제일정모세포로 발달하기 때문에 충분한 숫자의 정자가 확보될 수 있다. 만약에 B형 정조세포가 어떠한 이유로 고갈되게 되면 순차적으로 그 전단계인 A형 세포가 분화하여 다시 보충해 주기 때문에 남성은 평생을 통해 필요한 정자수를 확보할 수 있다.

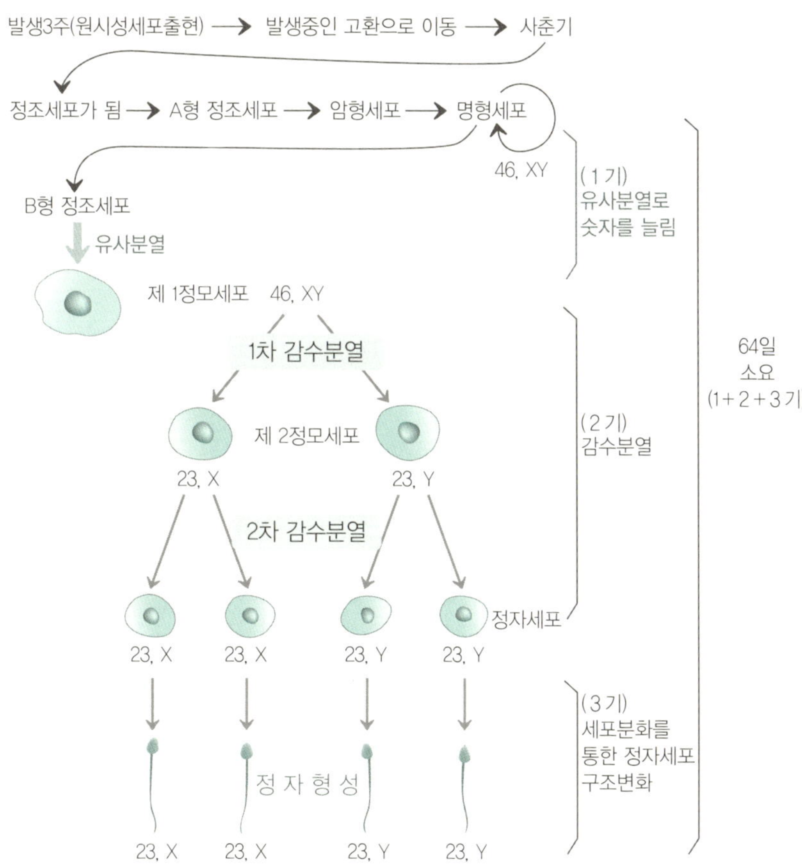

그림 8-1 정자발생

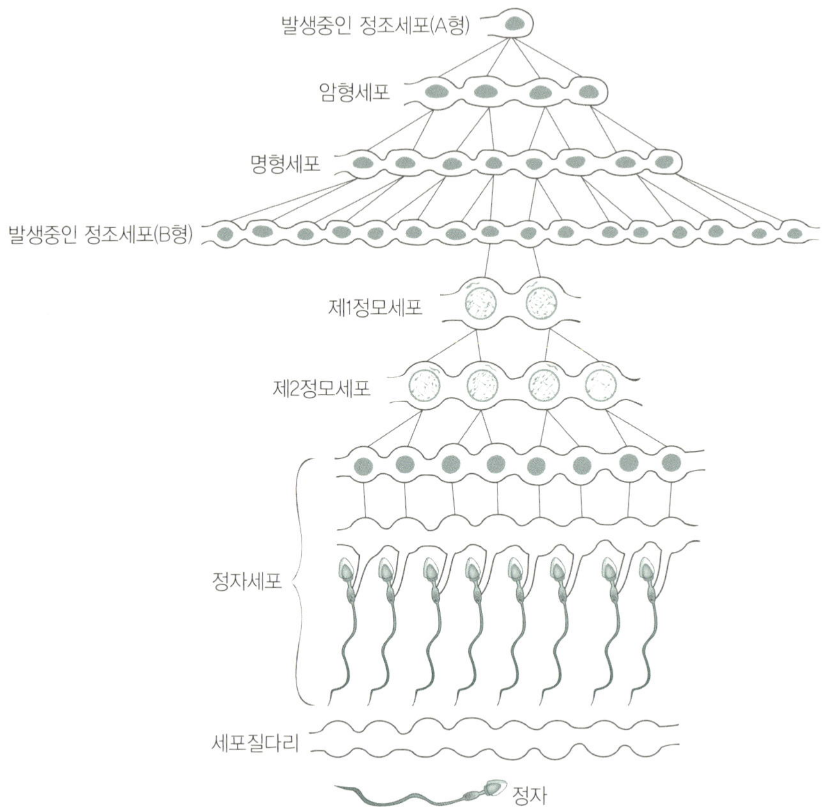

그림 8-2 정자발생에서 나타나는 세포간 다리

두 번째 단계는 감수분열이다. 제일정모세포가 두 번 분열하여 최종적으로 4개의 딸세포가 생기는데 이때 염색체의 수가 반감되어 있다. 일차감수분열 때에 이미 염색체는 숫자적으로 반감되게 되고, 이차감수분열을 완료하면서 양적으로도 완전히 반감되게 된다. 일차감수분열이 끝나면 제이정모세포(secondary spermatocyte)가 만들어지고, 이차감수분열이 끝나면 정자세포(spermatid)가 만들어진다. 정조세포와 제일정모세포는 충분한 수의 정자를 확보하기 위해 워낙 빠르게 분열을 한다. 그러다 보니 핵분열을 세포질분열이 미처 따라가지 못하게 되어 핵은 분열되었지만 세포들은 아직 주욱 연결되어있는 소위 "세포간 다리(intercellular bridge)" 현상이 일어난다.

감수분열이 모두 끝나 정자세포가 만들어지면 세 번째 단계인 정자완성과정(spermiogenesis)에 들어가게 된다. 정자완성과정을 통해 정자는 비로소 그 모습을 갖추게 된다. 정자완성과정에서는 여러 세포소기관들의 변화가 뚜렷하다. 핵(nucleus)은 완전히 응축되어 크기가 절반 이하로 줄어들고, 골지체(Golgi body)체는 부풀어 올라 핵의 한쪽을 완전히 덮어 두모(head cap)를 형성한다. 두모는 첨체(acrosome)라고도 부르는데 그 안에 첨체과립(acrosomal granule)이 가득 들어차 있다. 이 과립에는 히알루로니다아제(hyaluronidase), 아크로신(acrosin) 등의 분해효소가 있어 수정될 때 정자가 난자의 벽을 뚫고 들어가는 것을 도와준다. 중심소체(centriole)는 골지체와 반대 방향으로 이동하여 꼬리의 발생을 돕는다. 원래 중심소체는 세포분열시 방추사를 만들어내는 세포소기관이지만 정자 발생때에는 편모 꼬리를 만들어 준다. 미토콘드리아(mitochondria)는 한데 모여서 발생 중인 꼬리를 둘러싸 미토콘드리아 다발(mitochondrial sheath)을 형성한다.

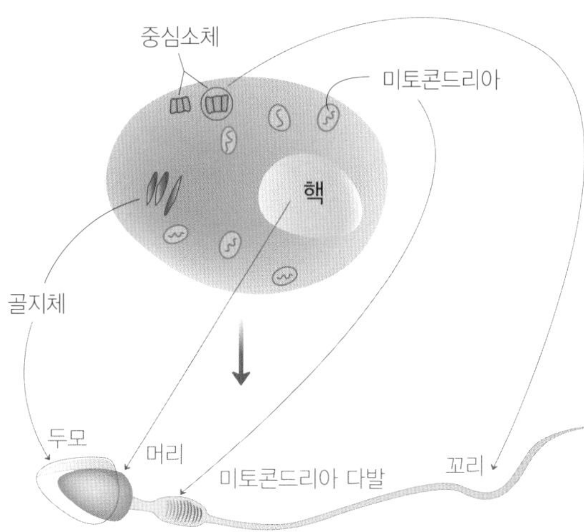

그림 8-3 정자완성과정

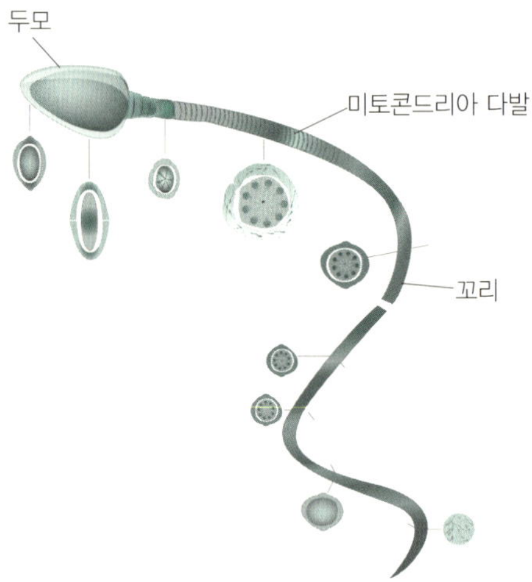

그림 8-4 성숙된 정자의 구조

핵이 응축되고 각 세포소기관이 자리를 잡으면서 남은 세포질은 지주세포(sertoli cell)의 식작용(phagocytosis)으로 제거된다. 완성된 정자는 이제 지주세포에서 분리되어 곡정세관 안쪽에 머무르다가 부고환으로 이동하여 약 20여일간 머무르게 된다. 사정되지 않은 정자는 퇴행되거나 사멸하여 영양소로 재활용된다.

성숙된 정자의 구조

완전히 성숙한 정자는 길이가 약 60~65㎛ 정도이다. 부피로 비교한다면 난자에 비해 약 1/85,000 정도밖에 되지 않는 크기이다. 사람의 정자는 머리가 원형이며 구조상 머리(head)와 꼬리(tail), 그리고 이 두 부분 사이의 목(neck)으로 나뉘어진다. 머리는 유전물질인 염색체를 싣고 있고, 꼬리는 파상운동으로 정자가 앞으로 전진할 수 있게 한다. 꼬리의 앞부분을 둘러싼 미토콘드리아는 에너지를 공급해준다. 미토콘드리아가 위치한 꼬리 앞부분을 축세사(axial filament)라 하는데 이는 정자가 앞으로만 이동할 수 있도록 방향을 잡아주는 역할도 한다. 미토콘드리아는 운동을 위한 에너지인 ATP를 생산해내고, 꼬리에 위치한 다이닌(dynein) 효소가 이를 ADP와 인(phosphate)으로 분해하면서 배출되는 에너지를 꼬리에 공급해준다. 다이닌 효소의 유전자가 선천적으로 고장난 경우 카타게너 증후군(Kartagener syndrome)에 걸리게 되는데 이 경우 정자가 운동성이 없어 불임이다. 이러한 환자의 경우 호흡기의 섬모도 운동성이 없어 기관지 계통 질병에 노출되기 쉽다. 이유는 아직 분명치 않지만 종종 심장이 오른편에 위치해 있기도 하다. 현대 생식의학에서는 불임 치료를 할 때 마이크로매니퓰레이터(micromanipulator)라는 기기를 사용해 운동성 없는 정자라도 한 마리를 따로 채취한 뒤 이를 인위적으로 난자에 찔러 넣을 수 있다.

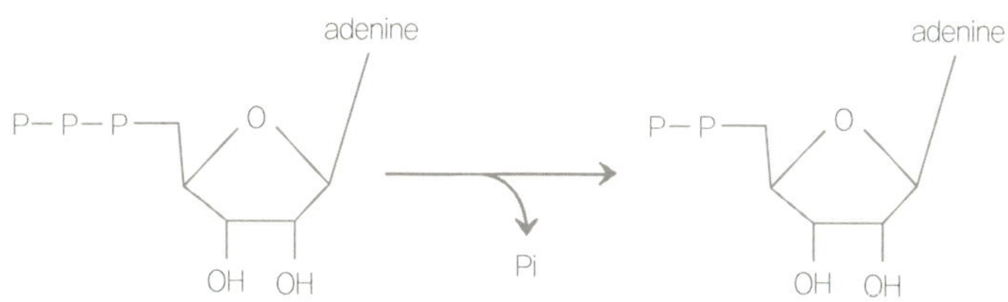

그림 8-5 ATP와 ADP

정자 발생의 조절

일반적으로 남성은 여성에 비해 스트레스 등의 외부 영향을 비교적 덜 받는 것으로 알려져 있다. 그럼에도 불구하고 정자 발생 역시 근본적으로는 뇌에 의해서 조절된다는 사실이 최근에 보고되었다. 여성호르몬으로 잘 알려진 LH와 FSH가 남성에서도 중요한 역할을 한다는 보고는 대단히 흥미롭다. 뇌하수체 전엽에서 분비되는 황체형성호르몬(LH; leuteinizing hormone)은 혈액을 타고 고환으로 가서 간질세포(Leydig cell)를 자극한다. 그러면 간질세포는 더 많은 테스토스테론을 분비하여 정자발생을 돕게 된다. 난포자극호르몬(FSH; follicular stimulating hormone) 역시 뇌하수체 전엽에서 분비되어 고환의 지주세포를 자극한다. 지주세포는 정자발생을 보호하는 세포이고, 따라서 정자 발달은 이 두 호르몬에 의해 잘 촉진되고 보호를 받는다.

한편 지나친 정자발생을 조절하기 위한 기작은 다음과 같다. 간질세포가 분비하는 테스토스테론의 양이 지나치게 많으면 LH에 대한 음성적 억제(negative feed-back)가 일어난다. FSH는 지주세포를 자극함과 동시에 인히빈(inhibin)이라는 자기 억제물질을 분비시키는데 인히빈의 양 역시 FSH와 비례하여 증가한다. 인히빈은 FSH에 대해 음성적 억제 효과를 나타내어 정자발생이 지나치게 일어나게 되는 것을 막아준다. 사춘기에 정자발생이 시작되기 위해서는 여성에서와 마찬가지로 적당한 양의 FSH와 LH가 필요하다. 이외에도 연령, 약물, 방사선, 영양상태 등도 정자발생에 영향을 미치는 요인이 된다. 노화될수록 정자 생성 능력이 감소는 하지만 여성의 폐경기처럼 갑자기 없어지지는 않는다.

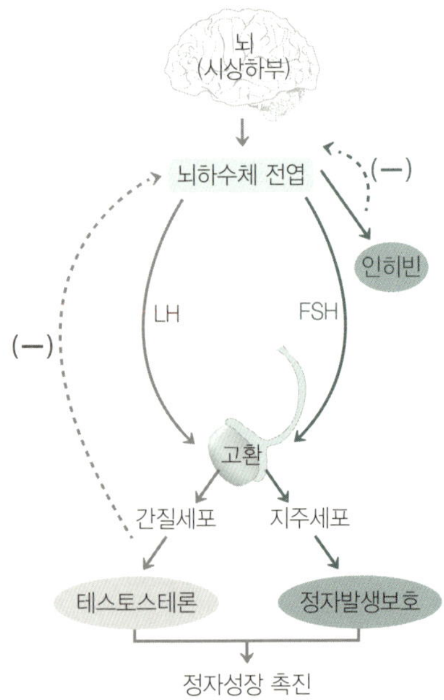

그림 8–6 정자발생의 조절

비정상적인 정자

보통은 만들어지는 정자의 10% 이상이 비정상적이거나 기형적인 형태를 하고 있다. 이는 지극히 자연스러운 일이며 왜 그렇게 지날칠 정도로 많은 수의 정자가 만들어져야 하는가를 설명해주는 이유이기도 하다. 실제로 20%까지 기형적 정자가 만들어져도 임신 능력에는 영향을 미치지 않는다. 환경호르몬, 방사선, 알레르기 등은 비정상적인 정자 생성의 원인이 될 수 있다. 비정상적인 정자는 운동력과 수정력이 떨어지게 된다. 남성이 1회 사정할 때의 정액양은 약 3.5*ml* 정도인데 이 안에 5~6억 마리 정도의 정자, 즉 1.5~2억 마리/*ml*의 정자가 들어있게 마련이다. 정자의 수가 2,000만 마리/*ml* 이하이면 보통 불임이 된다. 그러나 이 숫자는 개인차가 심하기 때문에 절대적인 될 수는 없다. 비정상적인 정자들은 보통 꼬리가 2개이거나 지나치게 짧은 것, 머리가 응축되지 못했거나 크기가 왜소한 것 등이 있다.

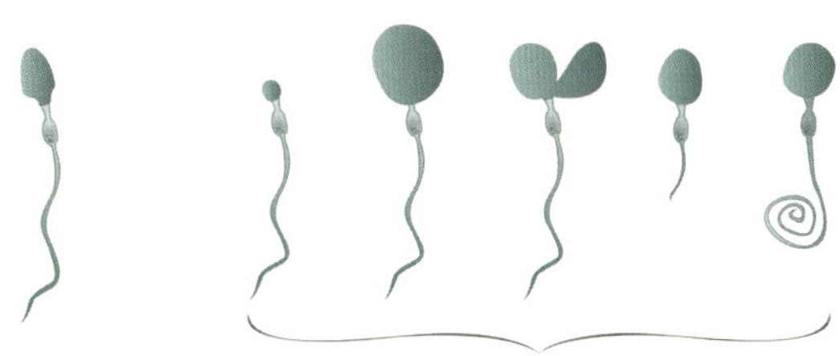

그림 8-7 비정상적인 정자들

냉동정자

21세기 생식의학이 자랑하는 최고의 기술은 정자와 난자를 손상시키지 않고 온전히 얼리는 기술이다. 지금은 심지어 수정란도 몇 년씩 얼려서 보존할 수 있을 정도이다. 물론 이런 기술은 불임치료에 획기적인 복음을 전하기도 했지만 생명 창조의 순서를 인위적으로 바꿀 수 있다는 점에서 윤리적 논란을 끊임없이 불러일으키고 있기도 하다.

정자를 급속 냉동하는 기술은 우량종의 가축을 개발하고자 오래전부터 사용한 기술이다. 냉동 정자는 인공수정을 위해 작은 튜브에 넣어서 어디든지 쉽게 운반할 수 있기에 매력적이다. 정자와 난자, 심지어는 수정란을 얼릴 수 있다는 것은 생식의학이 상당한 수준에 도달했음을 말해주는 것이다. 수정란은 정자와 난자가 이미 결합된 상태기 때문에 실제로 생명체와 다름없다는 점에서 더욱 그렇다. 동일한 기술이 사람의 정자에도 적용될 수 있다. 예를 들어 어떤 사람이 결혼 몇 개월 만에 전립선암에 걸렸다고 생각해보자. 당장에 수술을 해야 하는데 아직 이 가정에 아기가 없다면 어떻게 해야 할까? 수술 후 방사선 치료를 하면 완치는 되겠지만 전립선을 제거하면 이 사람은 더 이상 아기를 낳을 수 없게 될 것이기 때문이다. 이제는 수술 전에 정자를 미리 받아 냉동 보관할 수 있다. 그리고 필요할 때 냉동 정자 튜브를 하나 녹여서 따로 채취한 난자에 수정을 시켜 시험관 아기를 가질 수가 있다. 몇 년 터울로 두 번째 튜브를 녹이면 역시 둘째아기도 그렇게 얻을 수가 있다. 물론 생명을 우리가 마음대로 조작하고 시술하는 데에는 윤리적 문제와 법적인 책임도 많이 따르지만 일단 과학적인 차원에서 이러한 기술이 발달되어 있고 이미 시험관 아기들이 태어나고 있다는 걸 우리는 잘 알고 있다. 문제는 올바른 가치관과 책임의식을 가지고 과학 기술을 이용하는 것이 중요하다 할 것이다.

불임치료용 생쥐

냉동정자와 마이크로인젝션(microinjection)은 상당히 오래된 불임치료 시술이다. 이외에도 불임치료용으로 사용될 수퍼 생쥐를 개발하는 작업이 한창 진행중에 있다. 불임치료용 생쥐는 최근에 유전공학 기술로 조작되어 만들어진 것이다. 이론은 다음과 같다. 고환에는 꼬불꼬불한 곡정세관이 가득 들어있고 이 안에서 정자가 만들어진다. 곡정세관에는 여러 단계의 정자가 발생하고 있는데 가장 바깥쪽에 있는 것이 정자를 만드는 줄기세포(정조세포)이다. 그리고 곡정세관의 안쪽으로 갈수록 점차 이 세포가 분화하여 꼬리가 만들어지면서 정자로 발생되게 된다. 정조세포는 끊임없이 세포분열을 해서 남성이 평생 동안 필요로 하는 수의 정자가 충분히 보급될 수 있게 해준다. 즉 정조세포가 원자재 공급창고라면 곡정세관은 공급된 원자재를 가지고 정자를 만드는 공장 시설에 해당한다. 그렇다면 이론상 어느 동물의 곡정세관이나 똑같은 시설 장비를 가지고 있을 것이라는 결론에 도달하게 된다. 다시 말해 사람의 곡정세관에서 정조세포를 긁어내어 생쥐의 곡정세관에 옮겨주면 이제 생쥐는 사람의 정자를 만들어낼 수 있다는 말이다. 심지어는 코끼리, 닭, 개 등 여러 동물의 정조세포를 한꺼번에 생쥐의 정세관에 옮겨 주면 쥐는 이들 정자가 혼합된 정액을 만들 수 있다.

만약 어떤 사람이 사고나 질병으로 아기를 갖지 못하게 되었을 때 정조세포를 생쥐에 옮겨주고 그 정액을 받아 난자 위에 부어 수정시키면 이론상 충분히 아기를 가질 수 있을 것이다. 각각의 종마다 특이한 빈딘-수용체 반응을 하기 때문에 이렇게 여러 정자가 섞여있어도 사람의 정자만이 사람의 난자를 인식할 것이다. 물론 아직은 동물 실험 단계일 뿐이지만 이 실험은 또 다른 문제점을 일으킬 수 있다. 예를 들어 쥐에만 기생하던 미확인 바이러스가 이런 시술을 통해 사람에게 옮겨 올 수도 있다는 것이다. 그리고 이런 시술이야말로 종(species)의 범주를 뛰어넘는 생명 조작이기에 더욱 신중한 주의가 요구된다.

난자발생

난자발생(oogenesis) 역시 발생 3주에 원시성세포로부터 출발한다. 꼬리 쪽에서 발달한 원시성세포는 분화하는 난소 속으로 발생 5주경 이동해 자리를 잡는다. 발생 3개월경에 원시성세포는 난조세포(oogonia)로 분화가 되고 체세포분열을 통해 그 수가 급격히 늘어나게 된다. 난자발생에서 또 하나 생각할 점은 난포(follicle)의 발달과 배란이다. 정자와 달리 개개의 난자는 난포라는 주머니 속에 넣어져서 발달하게 되기 때문이다. 난조세포 때에는 아직 난포라 부르기 어렵지만 여러 개의 난자가 단층의 상피세포로 한꺼번에 둘러싸여 있는 형태를 취한다.

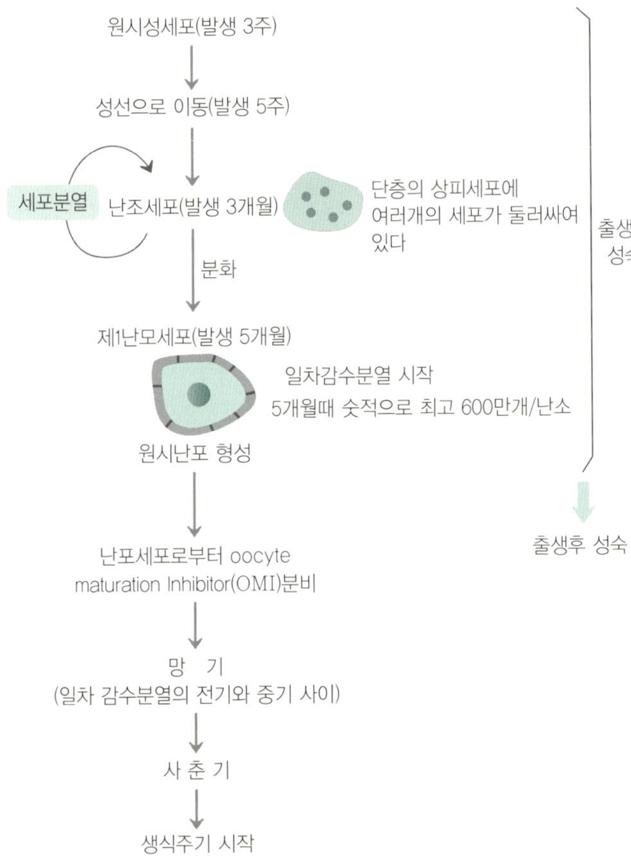

그림 8-8 난자발생

발생 5개월이 되면 난조세포는 제일난모세포(primary oocyte)로 발달하는데 이때 숫자적으로 최고에 달해서 난소 당 600만개 정도까지 들어차게 된다. 제일난모세포는 핵이 현저하게 뚜렷하며 역시 단층의 편평한 상피세포로 둘러싸여 있지만 이때부터는 개개의 난자가 개개의 난포에 들어있게 된다. 이 상태의 난포를 원시난포(primordial follicle)라 부른다. 즉 원시난포 속에 제일난모세포가 들어있는 것이다. 간혹 하나의 난포에 두 개의 난자가 잘못 들어가는 경우를 보는데 이런 난자들은 동시에 배란되어 각각 수정될 수 있기 때문에 이란성쌍둥이의 원인이 된다.

이후 출생을 거쳐 사춘기에 이르기까지 난자와 난포는 계속 퇴화하면서 가장 우수한 40,000여 개(난소당 약 20,000여 개)만을 남기게 된다. 사춘기까지의 기간을 소위 망기(losing period)라고 하는데 이는 일종의 휴식기로서 난자로서는 세포분열이 일시적으로 멈춘 기억상실기에 해당한다. 원시난포를 구성하는 난포세포들이 난자성숙억제물질(OMI; oocyte maturation inhibitor)를 분비하여 열등한 난자들을 퇴화시키거나 성장을 멈추게 하기 때문이다. 사춘기에 다다르면 난자들은 일차감수분열의 전기와 중기 사이에서 멈추어 배란을 기다리게 된다.

사춘기에 이르면 매 28일 주기로 배란(ovulation)이 시작된다. 배란을 통해 배출되는 난자는 주기별로 하나이지만 실제로는 50여 개의 난자가 동시에 성숙되다가 가장 성숙이 빠른 하나만 배란되고 다른 것들은 퇴화되는 것이다. 단순 계산에 의하면 여성은 매달 50개의 난자가, 일년이면 약 600개의 난자가, 그리고 배란이 시작되는 사춘기부터 폐경기까지를 약 35년으로 본다면 평생 21,000여 개의 난자가 필요한 셈이다. 이는 난소 하나에 들어있는 난자의 수효이므로 난소 2개를 가짐으로써 여성은 평생 배란에 필요한 충분한 수의 난자를 미리 가지고 태어나는 셈이다. 즉 임신 중인 여성은 자기 자신과 태아, 그리고 태아의 난소 속의 난자를 포함해 한 몸에 3대가 공존한다고 이야기해도 좋은 것이다. 자기 자신과 이런 점은 남성이 사춘기가 되어 비로소 정자를 만들기 시작하는 것과 근본적 차이가 있다. 여성은 매 월경주기마다 각 난소에서 교대로 배란을 한다.

배란

사춘기에 이르면 배란될 난자, 즉 제일난모세포에는 변화가 없이 이를 둘러싼 난포만 발달하기 시작한다. 원시난포는 일차난포(primary follicle)로 변하는데 이는 난포세포(follicular cell)들이 분열하여 여러 층으로 되면서 만들어지는 것이다. 원시난포의 세포들이 편평(squamous)한 데 비해 일차난포의 난포세포들은 커서 입방(cuboidal form), 또는 원주(columnar) 모양을 하고 있다. 또한 일차난포와 제일난모세포 사이에 약간의 틈이 생기면서 투명대(zona pellucida)가 형성되기 시작한다. 투명대는 당단백질이 들어차 있는 공간으로 제일난모세포를 외부 충격으로부터 보호하는 역할을 한다. 이때부터 일차난포와 제일난모세포 사이의 물질연락을 위해 작은 돌기들이 투명대의 이쪽 저쪽에 나타나기 시작한다.

일차난포가 계속 발달하면 이차난포(secondary follicle)가 된다. 이차난포를 성장난포(growing follicle)라고도 한다. 이차난포의 난포세포들은 마치 굵직굵직한 과립처럼 보이기에 과립세포(granular cell)라고도 부른다. 이차난포의 과립세포들은 크기 때문에 거의 원주 모양을 하고 있다. 세포층도 여러 층으로 두꺼워져서 과립세포층(stratum granulosum)을 이루게 된다. 이제 제일난모세포는 난포 안에서 한쪽으로 몰려 위치하게 되고 난포강(follicular antrum)이 출현하면서 여기에 난포액(follicular fluid)이 들어차게 된다. 바깥쪽은 두 개의 막이 생겨나 성장하는 난포를 받쳐주는데 이들을 각각 내막(theca interna)과 외막(theca externa)이라 부른다. 내막은 세포성으로 에스트로겐을 분비하는 층이고, 외막은 섬유성의 지지층이다.

이차난포가 더욱 발달하면 성숙난포(mature follicle)가 된다. 성숙난포를 난소에서 난자를 처음 관찰한 사람의 이름을 따서 그라프씨 난포(Graafian follicle)라고도 한다. 이때가 되면 난포는 거의 난소 표면으로 돌출되어 나올 정도로까지 커지게 된다. 이 시기가 되면 경쟁적으로 같이 발달하던 다른 난포들은 모두 퇴화되어 버린다. 난포강이 더욱 커지면서 제일난모세포는 완전히 한쪽 편에 밀려서 위치하게 되는데 여전히 투명대와 난포세포들로 둘러싸여 있다. 제일난모세포와 이를 둘러싼 난포세포들을 함께 지칭해 난구(cumulus oophorus)라고 부른다. 배란될 때는 난자와 함께 난구 전체가 터져 나오게 되고 난자 주위를 둘러싼 난포세포들을 방사관세포(corona radiata)라 부른다.

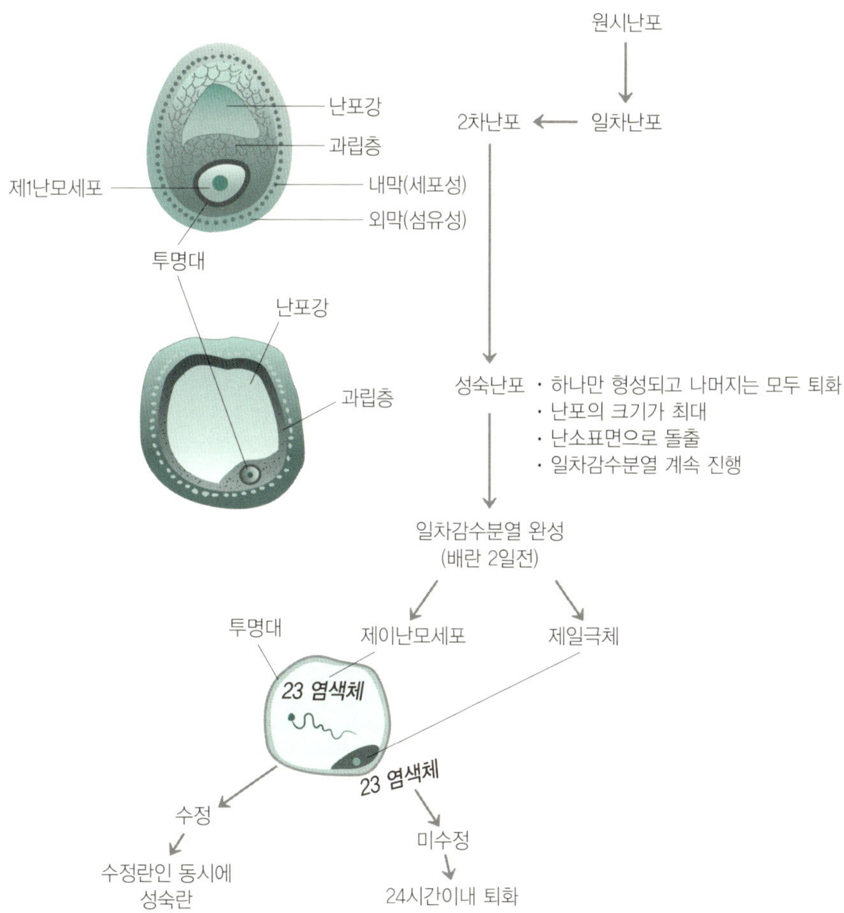

그림 8-9 배란주기에 따른 난자발생

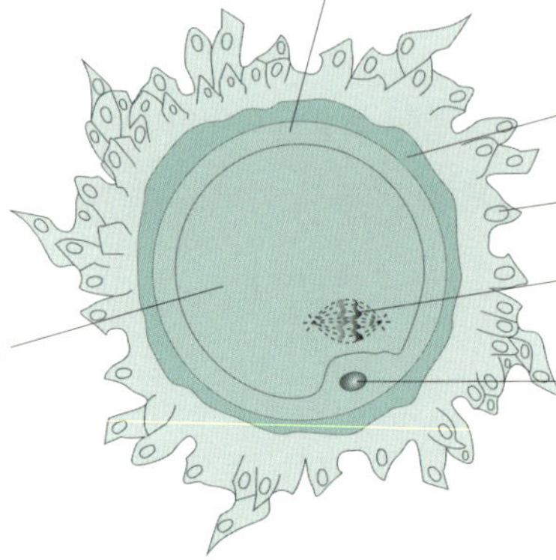

그림 8-10 방사관세포

원시난포로부터 성숙난포까지의 발달은 약 12일 정도가 걸린다. 이때는 배란 2일 전이다. 이 기간 동안에 제일난모세포가 역시 그동안 망기를 거쳐 긴 세월 동안 멈추었던 일차감수분열을 재기하게 된다. 이때 생기는 두 개의 딸세포 중 하나는 제이난모세포(secondary oocyte)이고, 또 다른 하나는 제일극체(primary polar body)이다. 각각의 세포는 감수분열되었기 때문에 염색체를 23개씩 가지게 되는데 대부분의 세포질이 제이난모세포에 들어가게 되기 때문에 제일극체는 사실상 기능이 없는 세포이다. 제일극체는 투명대와 난포세포 사이에 위치하게 된다.

제이난모세포는 계속해서 이차감수분열을 진행하는데 중기에 이르렀을 때에 맞추어 배란이 되게 된다. 즉 배란될 때의 난자는 제이난모세포로서 이차감수분열의 중기 상태이다. 배란된 난자가 정자에 의해 수정되면 즉시 이차감수분열이 완성되기 때문에 수정란은 동시에 성숙란인 셈이다. 만일 24시간 내에 수정되지 않으면 난자는 이차감수분열을 마치지 못하고 미성숙란 상태로 그냥 퇴화되고 만다. 제일극체도 이차감수분열을 계속하는지 의견은 분분하지만 아직 그 여부가 분명하지 않다.

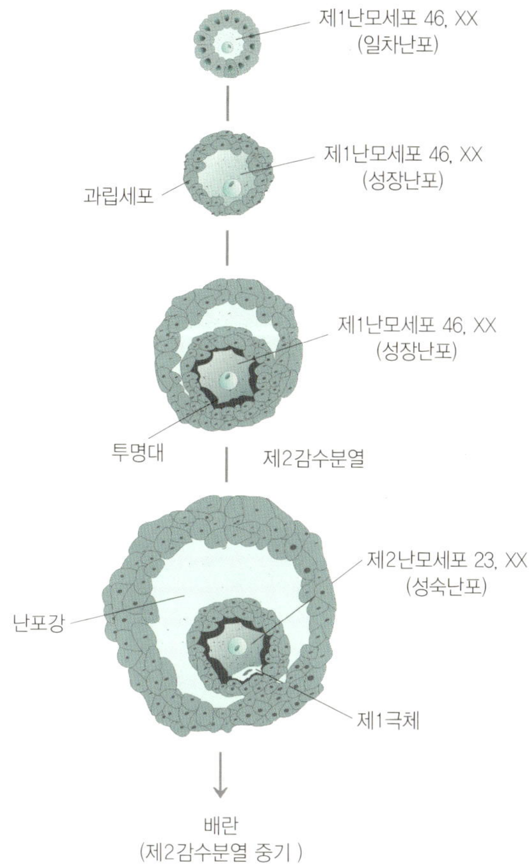

그림 8-11 사춘기 이후 배란주기에 따른 난자발생

비정상적인 난자

난자발생에서 가장 흔하게 관찰되는 비정상적인 현상은 염색체의 비분리현상(nondisjunction)이다. 비분리현상이란 세포분열 과정에서 염색체가 제대로 분리되지 못하고 서로 붙어서 움직이기 때문에 생기는 현상이다. 특히 35세 이후에 그 빈도가 높아지는데 이는 상동염색체의 두 염색체가 감수분열 중에 제대로 분리되지 않아 일어나는 현상이다.

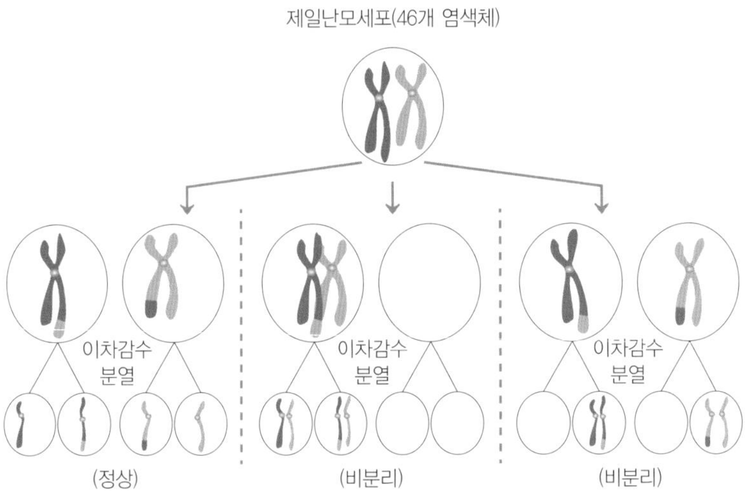

그림 8-12 **염색체의 비분리현상**

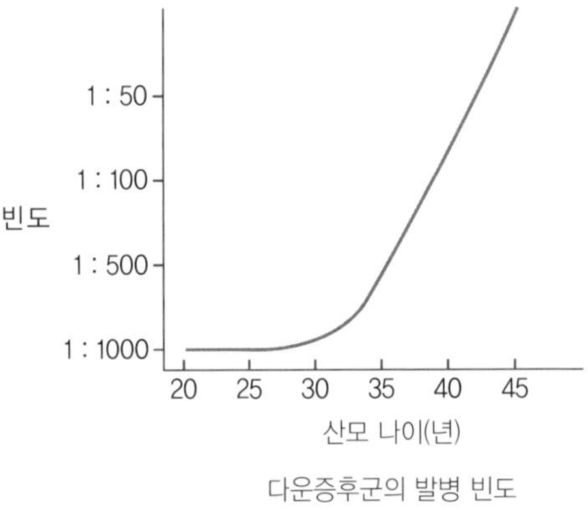

그림 8-13 **산모가 35세 이후일 때 증가하는 비분리현상의 빈도**

정상적이라면 감수분열 결과 23개의 염색체를 가진 난자가 만들어져야 하지만 염색체의 비분리가 일어나면 24개 또는 22개의 염색체를 가진 생식세포가 만들어지게 되고 이들이 정자와 수정이 되면 염색체가 47개 또는 45개인 비정상적인 접합자가 만들어진다. 이런 경우 흔히 다운증후군(Down syndrome)이나 터너증후군(Turner syndrome)의 원인이 된다. 염색체의 비분리현상은 남성보다 여성에서 흔히 일어나는데 그 이유가 남성은 항상 새롭게 정자를 만들어내는 반면 여성은 세포분열을 재개하기까지 너무 오랜 망기를 거치기 때문인 것으로 추정된다.

그밖에도 형태적 이상이 여럿 관찰된다. 하나의 난포 안에 2~3개의 제일난모세포가 들어 있는 경우가 있는데 이 경우 대개는 퇴화되지만 때로 쌍태아(쌍생아, 쌍둥이)의 원인이 될 수도 있다. 드물게 2~3개의 핵이 하나의 세포 안에 들어있는 제일난모세포 역시 발견되지만 이 역시 염색체 수의 불균형으로 성숙하기 전에 퇴화되기 마련이다.

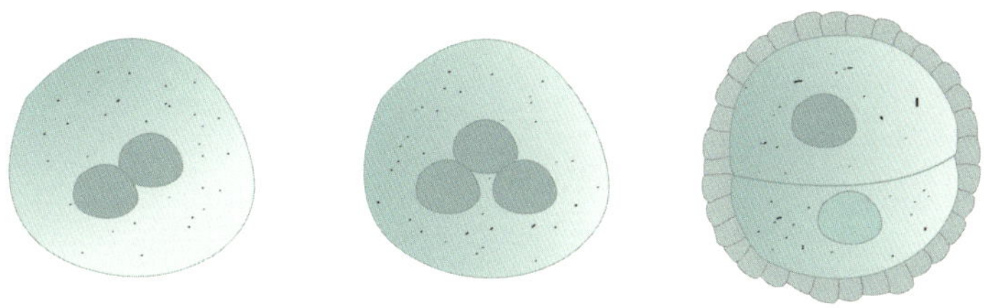

그림 8-14 비정상적인 난자들

정자와 난자의 비교

정자와 난자는 상이한 기능과 목적을 가진 세포이기에 여러 가지 면에서 차이가 있다. 물론 공통점을 들자면 둘 다 성세포라는 점과 감수분열 결과로 염색체를 절반만 가지고 있다는 점이다. 근본적으로 정자가 꼬리 운동을 해서 난자를 찾아내야하는 공격적인 세포인 반면 난자는 정자에 의해 수정된 다음 발생과 출생을 담당할 수동적인 세포라는 점이 다르다. 다음의 표에서 정자와 난자의 차이점을 간단히 요약하였다.

	난 자	정 자
크 기	크 다	작 다
모 양	구 형	길 다
수	적 다	많 다
운동성	없 다	활발하다
세포질	많 다	적 다
난 황	적거나(많다)	없 다

참고문헌

Dean J. Reassessing the molecular biology of sperm-egg recognition with mouse genetics. BioEssays. 26. 29-38. 2003.

Epel D. Activation of sperm and egg during fertilization. In Handbook of physiology. (ed) JF Hoffman and JJK Jamieson. Oxford University Press, New York. 1977.

Jaffe LA. Gould M. Polyspermy preventing mechanisms. Biol. Fert. 3. 223-250. 1985.

Metz C. Palumbi S. Positive selection and sequence rearrangements generate extensive polymorphisms in the gamete recognition protein, bindin. Mo. Biol Evol. 13. 397-406. 1996.

Patrat C. Serres C. Jouannet P. The acrosome reaction in human spermatozoa. Biol Cell. 92. 255-266. 2000.

Snell WJ. White JM. The molecules of mammalian fertilization. Cell. 85. 629-637. 1996.

Talbot P. Oocyte pickup by the mammalian oviduct. Mol Biol Cell. 10. 5-8. 1999.

Vacquier VD. Swanson WJ. Hellberg ME. What we have learned about seaurchin bindin. Dev Growth Differ. 37. 1-10. 1995

Wassarman PM. Mammalian fertilization: molecular aspects of gamete adhesion, exocytosis, and fusion. Cell. 96. 175-183. 1999.

제 9 장

여성의 생식주기

햄스터와 같은 장일동물은 햇볕에 오래 노출되면 발정기가 오면서 배란을 시작한다. 그러나 사람은 동물과 달리 소위 발정기가 따로 없다. 특히 남성은 사춘기 이후에 정자를 만들기 시작하면서 일정한 주기가 없이 항상 사정(ejaculation)할 준비를 갖추고 있다. 여성도 사춘기 이후 정기적으로 배란을 하고 또 배란된 난자를 착상하기 위한 생식주기(reproductive cycle)가 시작되지만 발정기가 특별히 따로 정해져 있지는 않다. 여성의 생식주기는 대체로 12~13세에 시작하는데 약 35년간 지속되다가 폐경기(menopause)를 맞으면서 멈추게 된다. 그러나 이 기간도 개인별 차이가 있는 편이다. 생식주기는 뇌와 난소, 자궁의 기능이 호르몬에 의해 조화롭게 조절되는 아주 정교한 생화학적 반응이다. 생식주기는 건강한 젊은 여성에서 약 28일 주기로 이루어진다.

FSH와 LH

사춘기가 되면 뇌에서 두 종류의 호르몬이 분비되기 시작한다. 뇌하수체 전엽에서 분비되는 난포자극호르몬(FSH; follicular stimulating hormone)이 그 첫 번째 신호탄격인 호르몬이다. FSH는 뇌에서 분비되어 혈액을 타고 난소로 전해져 난포들을 자극해 성장시키는 호르몬이다. 이 호르몬이 어떤 이유로 사춘기를 정확히 파악해 분비되기 시작하는지는 아직도 연구 중이다. FSH의 영향으로 난소에서는 매달 약 50여 개의 난포가 성장하기 시작하는데 이때 난포들에서 에스트로겐(estrogen)이 대량으로 만들어지게 된다. 사춘기 이후 여성의 유방이 발달하고 피하지방이 축적되는 등 이차성징(secondary sexual characteristics)이 뚜렷해지는 이유가 바로 이 에스토로겐 때문이다. 난포가 계속 발달하여 배란 하루 전인 약 13일째에 이르면 뇌하수체 전엽에서는 또 다른 호르몬인 배란촉진호르몬(LH; leuteinizing hormone)를 분비해준다. LH의 별명은 황체형성호르몬이다. 배란 직후 LH가 황체를 형성하게 해주기 때문이다. 즉, LH는 배란을 촉진하는 동시에 배란직후 붕괴된 난포를 황체(corpus luteum)로 변화시켜 주는 호르몬이다. LH의 양은 배란 직전에 갑자기 증가하는데 이 현상을 LH 충격파(LH surge)라고 부른다. 배란 자체는 불과 1~2초만에 이루어지는데 이때 배란된 난자는 투명대와 방사관세포(corona radiata)로 싸여서 나오게 된다. 실제 배란은 14일째 일어나게 된다. 배란이 끝난 난포에는 임신호르몬인 프로게스테론(progesterone)이 가득 들어차게 되는데 그 색깔이 노란색이기 때문에 난포 전체가 황체로 보이게 된다. 황체에서는 주로 프로게스테론을 분비하지만 약간의 에스트로겐도 지속적으로 분비한다.

에스트로겐의 역할이 세포분열과 조직 수축인 반면 프로게스테론은 조직을 안정시키는 역할을 한다. 난소에서 분비된 에스트로겐은 혈류를 타고 자궁으로 이동해 자궁내막을 증식시켜서 수정란이 착상할 수 있도록 준비시켜 준다. 임신이 이루어지면 자궁내막은 프로게스테론에 의해 이후 안정적으로 유지되지만 임신에 실패했을 경우 약 2주 후에 자동적으로 떨어져나가면서 월경이 시작된다. 임신이 되면 난소의 황체는 더욱 커져서 임신황체(pregnant luteum)로 발달하는 반면, 수정되지 않으면 백체(albino)로 퇴화되게 된다. 매주기마다 50여 개의 난자가 성장하지만 이중 하나만이 배란이 되고 나머지는 백체로 퇴화되기 때문에 여성의 난소를 관찰하면 앞서 말한대로 그 사람의 생물학적 나이를 대략 측정할 수 있다.

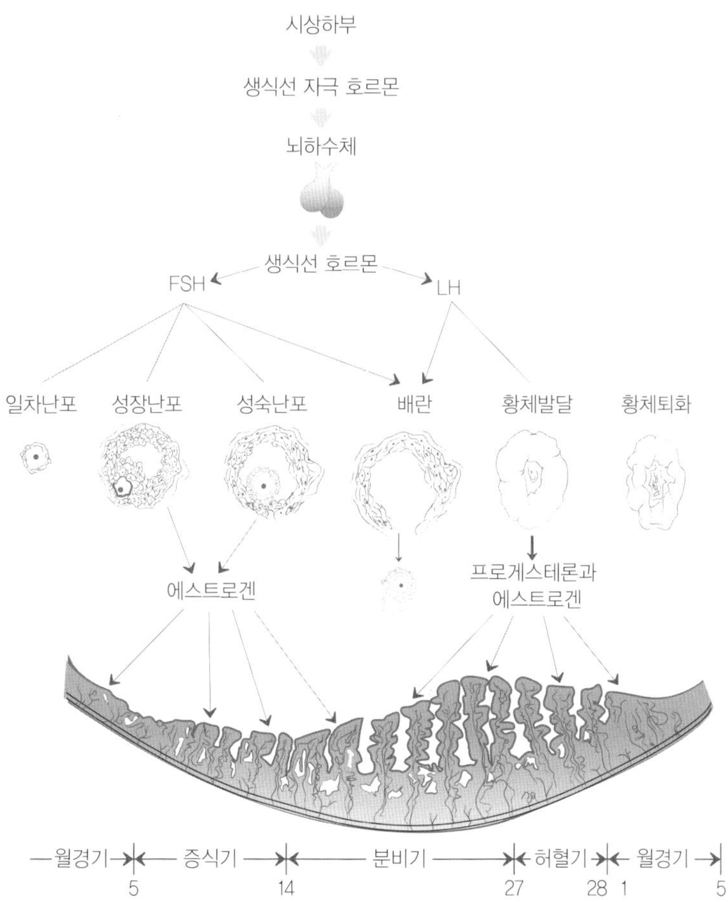

그림 9-1 여성의 생식주기

난소에서 배란 이전의 시기를 "배란전기", 배란 이후의 시기를 "배란후기"라고 하는데 이는 각각 자궁에서의 "월경후기"와 "월경전기"에 해당하는 시기이다. 때로 여성의 생식주기가 길어지거나 짧아지는 경우가 있는데 보통 배란전기에서 변화가 있기 때문에 생겨나는 현상이다.

생식주기의 조절

배란을 앞두고 FSH는 난포에서 만들어진 에스트로겐에 의해 음성적 억제(negative feedback)를 받는다. 동시에 에스트로겐이 LH의 분비를 촉진시켜(positive feedback) 배란을 유도해준다. 배란이 일어났음에도 불구하고 임신되지 않으면 황체에서 만들어진 프로게스테론이 LH를 억제하여 더 이상의 배란이 일어나지 않게 하는 동시에 새로운 난포의 발달을 위해 FSH 분비를 촉진시킨다.

월경주기

월경주기(uterine cycle, endometrial cycle, menstrual cycle)는 자궁내막이 주기적으로 증식했다가 떨어져나가는 반복적인 주기를 말한다. 주로 난소에서 분비되는 에스트로겐과 프로게스테론의 영향을 받는데 이는 차례로 뇌하수체에서 분비되는 FSH와 LH의 영향을 받게 된다. 월경주기는 매 28일 주기로 이루어지는데 월경이 시작된 날을 1일로 계산하여 14일째에 난소에서는 배란이 일어난다. 배란을 중심으로 이야기할 때 제1일부터 제14일까지를 배란전기라 하고, 제15일 부터 제28일 까지를 배란후기라 한다. 월경을 중심으로 보면 제1일부터 제 14일까지는 월경후기이고, 제15일부터 제28일까지는 월경전기이다. 때문에 용어를 주의할 필요가 있다. 자궁내에서 일어나는 변화를 시기별로 다음과 같이 나눌 수 있다.

① 월경기(menstrual phase)는 주기의 처음 1일부터 5일까지를 말한다. 월경주기의 첫 단계로서 자궁벽의 기능층이 떨어져 나가고 이후 4~5일에 걸쳐서 월경(menstruation) 형태로 배출되는 기간이다. 기저층은 이때 보호가 된다. 난소에서는 난포의 성장이 시작되는 시기로 에스트로겐의 분비가 조금씩 시작되는 시기이다.

② 증식기(proliferative phase)는 6일부터 14일에 해당하는 기간으로 약 9일간 계속된다. 이 기간은 난소에서 난포가 성장하는 것과 일치되는 시기이기에 난포기(follicular phage)라고도 부른다. 이 기간 중 난포에서 분비되는 에스트로겐의 영향을 심하게 받기 때문에 세포분열이 왕성해지고 그 결과 자궁내막의 두께가 거의 2~3배까지 증가한다. 상피세포들은 재형성되어 내막의 표면을 덮게 되고, 분비선과 나선동맥도 길이와 수가 증가한다.

③ 황체기(luteal phase)는 분비기(secretory phase)라고도 부르는데 15일에서 27일까지 약 13일간에 해당한다. 난소에서 배란 직후 황체가 형성되는 시기로서 프로게스테론의 영향을 심하게 받는 시기이다. 황체에 의해 형성된 프로게스테론은 글리코겐(glycogen)이 풍부한 물질을 분비선의 상피세포에서 분비하도록 자극한다. 분비가 증가하면서 분비선은 점차 넓어지고 꼬이며 분비낭의 구조도 확실해진다. 황체에서는 약간의 에스트로겐도 함께 분비하므로 자궁내막은 계속해서 두꺼워지고 나선동맥 역시 더욱 자라며 꼬이게 된다. 자궁내막이 최대로 두꺼워지면 약 1㎜까지 자라게 된다. 만일 배란된 난자가 수정되면 수정란은 황체기의 약 6일째에 자궁내막에 착상을 하게 된다.

④ 허혈기(ischemic phase)는 27~28일에 해당하는 월경주기의 마지막 1~2일이다. 임신이 일어나지 않으면 자궁내막은 이때부터 퇴화되기 시작한다. 허혈기는 황체기의 마지막 부분으로 생각할 수도 있는데 "허혈"이라는 말은 "부분적인 혈액감소(localized deficiency of blood)"를 의미한다. 자궁내막은 이 기간 중에 혈액 고갈로 말미암아 창백해지며 간간이 나선동맥의 위축이 일어난다. 나선동맥의

위축은 차례로 황체로의 혈액 공급을 약화시키고 결국 황체가 퇴화되면서 호르몬의 분비가 감소하게 된다. 호르몬이 감소하면 분비선의 분비도 감소하고 동시에 자궁내막이 퇴화되기 시작한다. 허혈기의 마지막에는 나선동맥의 수축이 심해지면서 혈액이 파열된 내막을 통해 전체적으로 퍼지게 되고 이쪽 저쪽에 고이면서 내막의 벽을 부수어 혈액 누출과 함께 새로운 월경주기가 시작된다. 월경 기간 중 여성이 잃게 되는 혈액은 약 50~60*ml* 정도이다.

여성의 생식주기는 늘 정상적으로 일어나는 것이 아니다. 그 이유는 난소에서 성숙난포가 만들어지지 않아 배란이 일어나지 않을 수도 있기 때문이다. 이런 경우를 무배란주기(anovulatory cycle)라 하며 호르몬의 영향이 적기 때문에 자궁내막에서의 변화는 최소이다. 보통 증식기까지는 진행이 되지만 배란이 없어서 황체가 만들어지지 않고 따라서 자궁내막이 분비기로 이어지지 못하게 된다. 즉 다음 월경기까지 자궁내막은 그냥 증식기에 머물러 있게 된다. 경구피임약을 복용하면 억제 효과 때문에 배란이 되지 않게 되어 인위적인 무배란주기 상태가 되게 된다. 피임약의 복용을 멈추고 다시 임신이 가능할 때까지는 약 1년 정도가 소요된다.

배란일의 측정

정확한 배란일을 확인하는 것은 임신을 조절하기 위해 대단히 중요하다. 제일 좋은 방법은 복강경을 이용해 배란된 난자를 직접 관찰하거나 난소에서 황체를 관찰하는 것이지만 여러 가지 불편함 때문에 간접적인 방법들을 주로 사용한다. 개인이 스스로 진단할 수 있는 방법 중 가장 간단한 것은 기초체온(basal body temperature)을 확인하는 것이다. 기초체온 측정이란 매일 체온을 확인해 그래프로 그리는 것인데 배란 시에는 프로게스테론의 대사 효과로 인해 약 0.5℃ 정도 체온이 저하되었다가 다시 상승하는 것을 관찰하는 것이다. 또 배란 직후 혈중 프로게스테론의 양을 측정하는 것도 한 가지 방법이다. 흔하지는 않지만 여성에 따라 배란 시 약간의 출혈이 있고 통증을 느끼기도 한다. 원인은 다양하지만 무배란으로 인해 임신이 안 되는 여성의 경우 FSH와 LH의 분비를 촉진하는 클로미펜 시트레이트(clomiphene citrate)라는 약을 보통 처방한다. 그러나 이 경우 다배란(multiple ovulation)이 일어나서 복수임신(multiple pregnancy)이 될 가능성이 높다. FSH의 정확한 양이 조절되지 못하기 때문이다.

경구피임약

과배란을 막기 위해서 여성은 정확하게 호르몬 레벨을 조절해야만 한다. 에스트로겐은 배란 준비를 위해 필요한 50여 개의 난포들을 적절하게 성장시키는 동시에 또 다른 한편으로는 난포들의 지나친 성장을 막기 위해서 FSH를 음성적으로 제어해주어야 한다. 프로게스테론 역시 일단 하나의 난자가 배란되면 더 이상의 배란을 막기 위해서 LH를 음성적으로 제어해 주어야 한다. 이 두 가지 여성호르몬의 음성적 제어 효과를 이용한 것이 바로 경구피임약(oral contraceptive pill)이다. 경구피임약은 에스트로겐, 또는 에스트로겐과 프로게스테론의 혼합물이다. 조금 더 구체적으로 설명하자면 에스트로겐은 뇌에서의 FSH의 분비를 억제하며 프로게스테론은 LH의 분비를 억제한다. 이것은 에스트로겐과 프로게스테론이 시상하부(hypothalamus)에 작용하여 GnRH(Gonadotropin-Releasing Hormone)라는 생식선자극호르몬의 분비를 억제하기 때문이다. GnRH는 시상하부에서 분비되어 뇌하수체 전엽을 자극해 FSH와 LH가 분비되도록 해주는 호르몬이다.

사후피임약

사후피임약은 성관계가 있은 후 먹는 피임약이기에 "모닝 필(morning pill)"이라고도 부른다. 약물의 정확한 화학명은 Ru486이다. 몇몇 나라에서는 처방없이 구할 수도 있지만 우리나라는 아직 의사의 처방이 있어야 구입할 수 있다. Ru486은 그 구조가 프로게스테론과 유사하다. 프로게스테론은 자궁내막에 달라붙어서 임신 중 자궁을 안정시키고 지나친 수축을 막아 임신이 가능하도록 도와주는 호르몬이다. Ru486은 구조가 프로게스테론하고 유사하기에 역시 자궁내막에 달라붙을 수 있지만 프로게스테론처럼 수축을 막아주는 기능은 없다. Ru486을 과량 섭취하면 Ru486이 자궁내막을 전체적으로 뒤덮어 버리고 프로게스테론의 접근을 막아 버리는데 그럼으로써 수정란의 착상을 막아 피임 효과를 나타내게 된다. 이 경우는 성관계 후의 피임을 목표로 하기에 일종의 사후낙태약이라 할 수 있다. 때문에 문란한 성 풍속을 조장할 수 있다는 사회적 문제와 함께 윤리적 문제를 야기할 수 있지만 원하지 않는 임신 가능성을 배제하기 위해 꼭 필요하다는 찬성론 또한 만만치 않다.

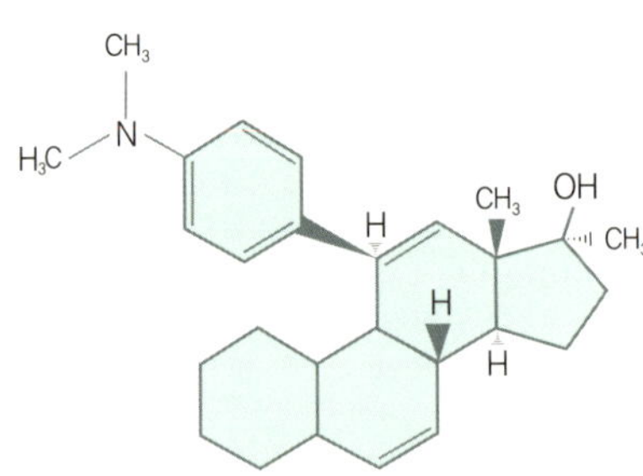

그림 9-2 Ru486

자궁외 임신

한마디로 말해 자궁외 임신은 수정란이 자궁 이외의 장소에 착상되는 현상이다. 여성 생식기는 난소, 자궁관, 자궁, 질 등이 그 주요 부위들인데 정상적인 경우라면 난관에서 수정이 일어나고, 수정란은 자궁으로 이동해 착상한 다음 그 곳에서 안전하게 10여 개월을 보내게 되어 있다. 그러나 사람의 몸은 기계가 아니기 때문에 때로 예상치 못한 형태의 임신도 가능하다. 난자는 배란되자마자 난관채에 이끌리어 난관 안으로 들어와야 하는데 이 과정은 에스트로겐의 영향을 받는다. 만약 난관채가 배란된 난자를 잡아끌지 못한다면 난자는 그냥 복강 안에 둥둥 떠 있게 되고 반대편에서 질과 자궁, 그리고 난관을 거쳐 복강까지 빠져나온 정자가 그 자리에서 수정을 시킨다면 이 수정란은 급한대로 자궁 바깥벽에 착상을 할 수밖에 없을 것이다. 이것이 대표적인 자궁외 임신이다. 자궁외 임신은 자궁 안에서 일어나지 않는 모든 임신을 통칭하는 것인데 자궁 밖에서 임신이 일어나면 그만큼 아기나 임산부 모두 위험할 수밖에 없다. 자궁외 임신은 수정란의 착상 위치에 따라 다양하게 나뉘어진다.

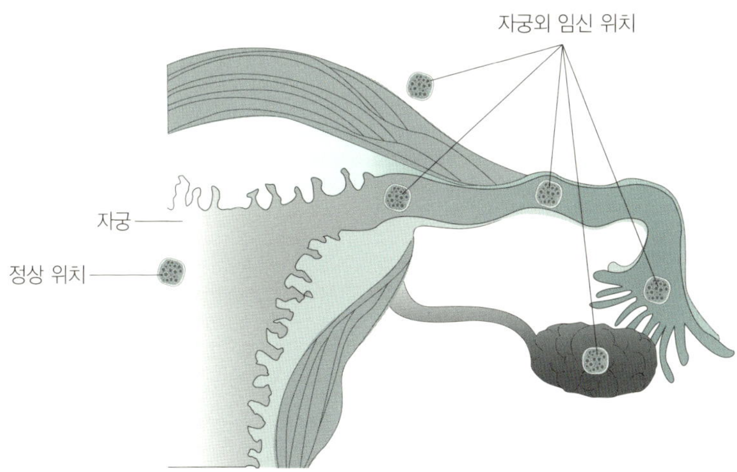

그림 9-3 자궁외 임신

질주기

사람은 전형적인 발정기가 없어서 질의 변화가 그다지 크지는 않다. 그러나 배란 시 상피세포층에 글리코겐이 많이 포함되어 있어 받아들여진 정자에 영양을 공급하며, 세균에 의해 글리코겐이 발효되어 유산을 형성함으로써 질 내 환경을 세균으로부터 적당히 보호해 준다. 질 도말 검사를 해보면 배란 날짜를 정확히 알 수가 있다. 질 주기는 에스트로겐의 영향을 많이 받는다. 남성의 정액이 알칼리성이기 때문에 질내의 산성 환경은 이를 중화시키는 역할을 한다.

참고문헌

Beers WH. Strickland S. Reich E. Ovarian plasminogen activator: Relationship to ovulation and hormonal regulation. Cell. 6. 387-394. 1975.

Brock ML. Shpiro DL. Estrogen stabilizes vitellogenin mRNA against cytoplasmic degradation. Cell. 34. 207-214. 1983.

Dym M. Fawcett DW. Further observations on the number of spermatogonia, spermatocytes, and spermatids connected by intercellular bridges in the mammalian testis. Biol Reprod. 4. 195-215. 1971.

Eppig JJ. FSH stimulates hyaluronic acid synthesis by oocyte-cumulus cell complexes from mouse preovulatory follicles. Nature. 281. 483-484. 1979.

Garcia JE. Jones GS. Wright GL. Prediction of the time of ovulation. Fertil Steril. 36. 308-315. 1981.

Kammerman S. Ross J. Increase in numbers of gonadotropin receptors on granulosa cells during follicle maturation. J Clin Endocrinol. 41. 546-550. 1975.

Kimble J. Barton MK. Schedl TB. Rosenquist TA. Austin J. Controls of postembryonic germ line development in Caenorhabditis elegans. In J. Gall (ed.), Gametogenesis and the Early Embryo. Alan R. Liss, New York. 1986.

Langman J. Medical Embryology. 4th Ed. Williams & Wilkins. Baltimore. 1981.

Laskey RA. Biochemical processes in early development. In A. T. Bull, J. R. Lagnado, J. O. Thomas and K. F. Tipton (eds.), Companion to Biochemistry. Vol. 2. Longman, London. 1974.

Pincus G. Enzmann EV. The comparative behavior of mammalian eggs in vivo and in vitro. I. The activation of ovarian eggs. J Exp Med. 62. 665-675. 1935.

Pinkerton JHM. McKay DG. Adams EC. Hertig AT. Development of the human ovary: A study using histochemical techniques. Obstet Gynecol. 18. 152-181. 1961.

Subtelny S. Penkala JE. Experimental evidence for a morphogenetic role in the emergence of primordial germ cells from the endoderm of Ranapipiens. Differentiation. 26. 211-219. 1984.

Zust B. Dixon KE. Events in the germ cell lineage after entry of the primordial germ cell into the genital ridges in normal and UV-irradiated Xenopus laevis. J Embryol Exp Morphol. 41. 33-46. 1977.

제10장

수정과 발생

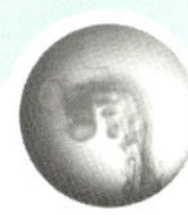

제이난모세포인 난자는 난포액과 함께 터지듯이 배란되어 나온다. 난소 표면은 손가락 모양을 하고 있는 난관채가 항상 전후로 움직이면서 훑고 있다가 배란된 난자를 난관으로 잡아끌어 받아들인다. 난관으로 들어간 난자는 스스로 이동할 수 없지만 난관의 두꺼운 근육이 운동을 해 정자와 만나 수정이 일어날 팽대부로 서서히 이동해 간다. 난자가 팽대부까지 이동하는 데에는 약 25분 정도가 소요된다. 일단 팽대부에서 정자를 만난 난자는 그로부터 3~4일 이내에 자궁으로 들어가게 된다. 난자의 수명은 배란된 지 24시간 이내이기에 이 시기가 난자에게는 아주 중요한 시점인 셈이다. 난자가 자궁으로 이동한다는 의미는 스스로 영양분을 취할 수 없기 때문에 빨리 자궁에 착상되어 모체로부터 영양공급을 받기 위한 노력인 것이다.

정자의 이동

정자는 정액(semen)의 형태로 여성 생식기에 주입된다. 경우에 따라 다르지만 보통 한 번의 사정으로 약 3억 마리의 정자가 여성에게 전달된다. 여성생식기로 들어간 정자는 스스로 꼬리 운동을 해서 자궁 입구를 통과한다. 정액은 전립선액과 정낭이 분비물 때문에 알칼리성을 띠는데 이것이 여성생식기로 들어가면 산성 환경과 맞물려 전체적으로 중성이 되게 된다. 정자는 한 마리씩 따로 움직이는 것이 아니고 수백 마리 이상 함께 다발을 지어 움직인다. 여성 생식기는 외부 세균의 침입을 막기 위해 산성을 유지하고 있기 때문에 정자 역시 들어가자마자 절반 가까이 죽어 버린다. 정자가 무리를 지어 이동하는 이유도 보다 안쪽의 정자를 보호하려는 수단 중 하나이다. 자궁입구를 통과한 정자가 계속해서 자궁과 난관을 통과할 때는 이들 기관의 근육 운동에 의해 도움을 받는다.

사정 직후 잠시 응고되었던 정액은 약 15분이 지나면 다시 액화되게 된다. 정액에 포함되어 있는 과당(fructose)은 운동에너지를 제공하며, 정낭에서 분비된 프로스타글란딘(prostaglandin)은 자궁의 운동력을 증가시켜서 정자 이동을 돕는다. 프로스타글란딘은 참치와 같은 등푸른 생선에 많이 들어있는 호르몬이다. 정자가 팽대부까지 다달하는데 걸리는 시간은 정확히 알려져 있지 않으나 대략 5분에서 45분 정도 걸린다고 보고되어 있다. 이로부터 계산된 정자의 평균 이동속도는 약 2~3㎜/분이다. 약 3억 마리의 정자 중에서 수정 장소까지 도달할 수 있는 것은 몇백 마리에 불과하고 대부분은 중도에서 죽거나 퇴화되어 버린다.

일부 연구에 의하면 Y 염색체를 가진 정자가 X 염색체를 가진 것보다 운동성이 높다고 보고되어 있다. 이 점을 이용하여 Y 염색체만을 따로 분리해 아들을 낳으려는 노력도 일부 있었지만 성공 사례는 아직 없다.

정액 1㎖에 들어있는 정자는 약 1억 마리 정도이다. 그러나 이는 개인에 따라 다르며 같은 사람에서도 상황과 몸 상태에 따라 변할 수 있다. 대체적으로 총 정자의 수가 2,000만 마리보다 적은 경우, 특히 운동력이 적고 비정상적인 정자가 많으면 불임이 초래된다. 수정에 실패한 정자들은 자궁에서 식작용(phagocytosis)에 의해 소화되어 버린다.

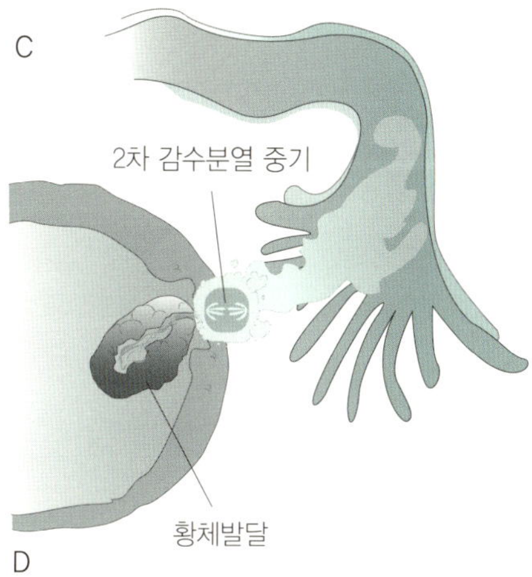

그림 10-1 배란된 난자와 난관채(배란의 모습)

수정

수정이 일어나는 곳은 난관 중 가장 길고도 넓은 팽대부(ampulla)이다. 만일 수정이 되지 않으면 난자는 자궁으로 천천히 이동해서 24시간 이내에 퇴화되어 버린다. 보통은 난자와 정자가 12시간 이내에 수정이 된다. 정자는 난자에 접근하면서 끊임없이 난관 벽에 머리를 부딪히게 되는데 이때부터 조금씩 첨체를 둘러싼 막이 벗겨지면서 효소들이 방출될 준비를 한다. 정자가 뚫어야 할 두 가지 장벽은 난자를 둘러싼 방사관세포들과 난자의 세포막이다. 정자는 첨체로부터 히알루로니다아제(hyaluronidase)와 같은 효소를 계속 방출하면서 방사관에 붙어 있는 과립성의 난포세포들을 제거하는 동시에 꼬리의 추진력으로 방사관을 통과한다. 이때 첨체로부터 방출되는 또 다른 효소들은 아크로신(acrosin)과 뉴라미니다아제

(neuraminidase)이다. 일단 첫 번째 정자가 투명대를 통과하면 투명대반응(zona reaction) 일어나서 다른 정자들을 통과할 수 없게 만든다. 투명대를 통과하는 정자는 때때로 여러 마리일 수도 있지만 보통 하나의 정자만이 수정을 시키는 것이 가능하다.

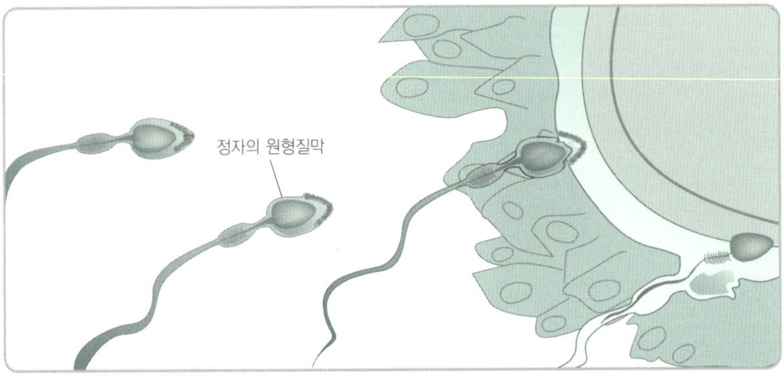

그림 10-2 단계적으로 난자로 들어가는 정자

정자가 투명대를 통과하면 머리가 제이난모세포의 표면과 접촉하여 정자와 난자의 원형질막끼리 융합을 하게 된다. 두 세포의 원형질막은 동일한 성분 - 즉 인지질의 이중막이기 때문에 둘이 마주치면서 자연스럽게 합쳐지게 되는 것이다. 그런 다음 정자의 내용물들이 난자의 세포질 안으로 들어가게 된다. 흔히 정자의 꼬리도 난자 속으로 들어가는지 혼동하는 경우가 있는데 그 이유는 정자의 꼬리를 감싸고 있던 원형질막이 난자의 원형질막과 융합되어 얼뜻 보면 꼬리 형태를 유지한 채로 뒤에 남기 때문이다. 그러나 실제로는 꼬리까지 난자 속으로 들어가고 일단 들어간 다음에 꼬리와 미토콘드리아 등 정자의 성분들이 모두 신속하게 분해되어 버리는 것이다. 수정이 되면 제이정모세포는 곧 두 번째 감수분열을 완성하여 성숙한 난자(성숙란)가 되고 이제 난자의 핵과 정자의 핵이 마치 빵처럼 부풀어 올라 각각 자성전핵(female pronucleus)과 웅성전핵(male pronucleus)이 된다. 계속해서 이 두 개의 전핵이 난자의 중앙에서 합쳐지게 되고 그럼으로써 염색체가 수적으로 회복된 온전한 세포, 즉 접합자(zygote)가 만들어진다. 수정은 배란 직후 24시간 내에 완성되는데 수정 직후에 면역억제단백질인 초기임신요소(EPF; early pregnancy fector)가 모체의 혈장에 나타나므로 이를 활용하면 이론상 발생 1주만에도 임신 여부를 진단할 수 있다. 초기임신요소가 만들어지는 이유는 모체가 수정란을 이물질로 인식하여 면역작용을 발휘하는 것을 막아 원활한 착상(implantation)을 도모하려는 신체반응이다.

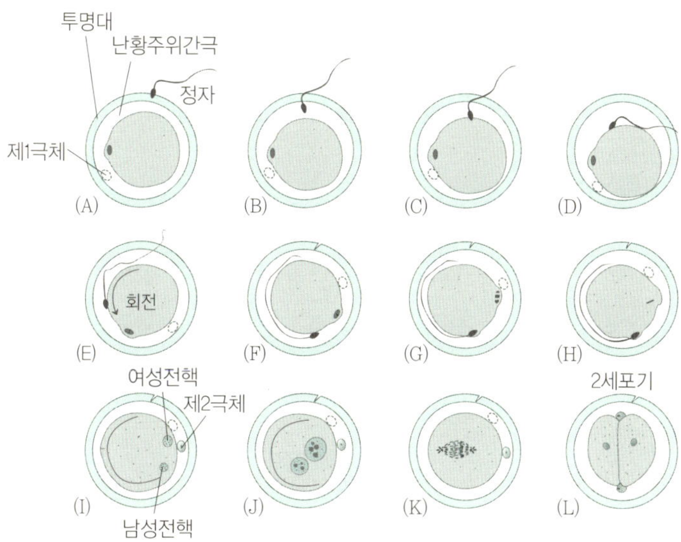

그림 10-3 수정의 과정

재미있는 것은 미토콘드리아의 존재이다. 정자의 미토콘드리아는 에너지를 공급하는 중요한 세포소기관이지만 막상 수정이 일어나면 모두 사라지고 난자 안에는 여성의 미토콘드리아만 남게된다. 즉 자손에게 전달되는 미토콘드리아는 모두 어머니로부터 전해져 온 모계유전의 결과인 것이다. 이를 이용하여 인류의 기원을 역추정하려는 시도가 최근에 흥미를 끌고 있다.

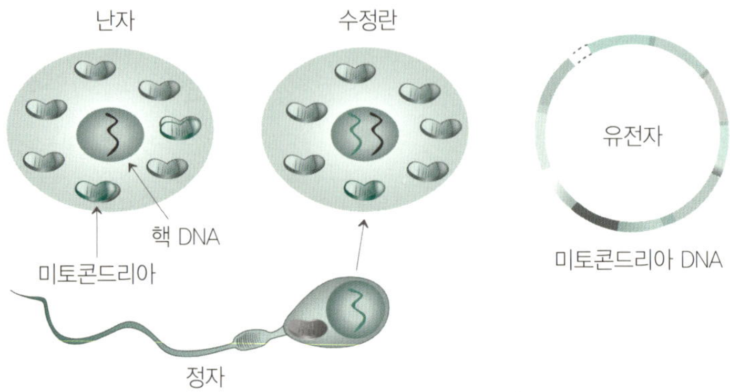

그림 10-4 미토콘드리아의 모계 유전

미토콘드리아 이브

화석학적 기록과 탐험에 의하면 아주 오랜 옛날, 호모 에렉투스(Homo erectus)라고 불리는 직립인들이 아프리카로부터 걸어 나와, 아직 아무도 살고 있지 않던 지구 전체로 퍼져나갔다고 한다. 이렇게 퍼진 원시 인류들이 바로 유럽의 네안데르탈인(Neanderthal), 중국의 북경인(Beijing Man), 인도네시아의 자바인(Java Man)들이라 믿어지는데, 그러면 정말 이들이 우리 현대인의 조상이고 우리가 그들의 자손일까? 화석이나 진화학적 증거 이외에 발생유전학적 차원에서 현대인의 출현 시기를 거꾸로 추정할 수 있는 방법은 과연 없을까? 정자가 난자를 수정시킬 때 정자의 미토콘드리아는 모두 분해되어 버리고 난자의 것만 남는다는 발생학적 이론을 응용한 최근의 연구가 매우 흥미롭다.

유전자 분석 기술이 아무리 발달하더라도 사람의 게놈(genome)은 워낙 복잡하기때문에 많은 시료를 동시에 분석하기란 여간 어려운 일이 아닐 수 없다. 때문에 사람의 생물학적 기원을 밝히기 위해서는 주로 미토콘드리아(mitochondria)에 들어있는 유전자를 대상으로 한다. 세포는 핵(nucleus)과 세포질(cytosol)로 되어 있다. 핵이 대부분의 유전자를 저장하는 역할을 하는 반면에 세포질에는 미토콘드리아라는 작은 기관이 있고 여기에서 세포 활동을 위한 에너지가 만들어진다. 흥미로운 것은 미토콘드리아 역시 약간의 자체 유전자를 가지고 있다는 사실이다. 유전자의 화학적 실체는 DNA인데 핵의 DNA가 긴 실 모양으로 되어 있는 것과는 달리 미토콘드리아의 DNA는 고리 모양인 것이 특징적이다. 그리고 핵의 DNA가 약 30,000개의 유전자를 가지고 있어 생명활동에 필요한 정보를 거의 모두 담고 있는 반면에 미토콘드리아 DNA는 겨우 37개의 유전자만을 가지고 있다.

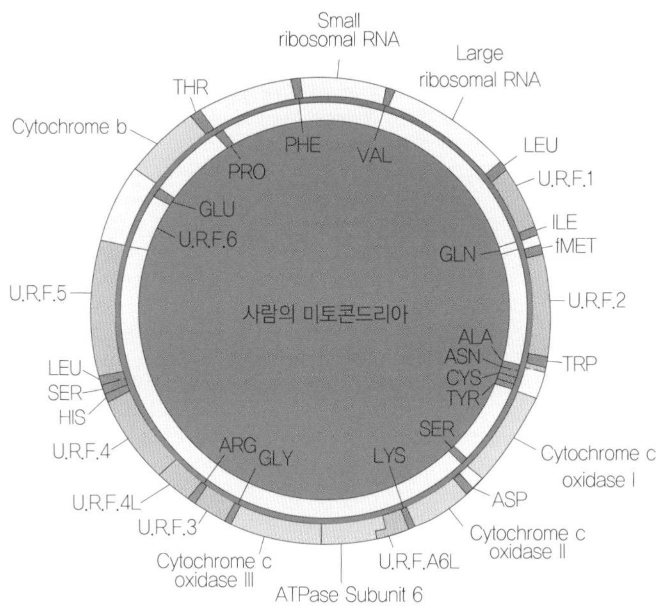

그림 10-5 사람의 미토콘드리아 유전자

미토콘드리아 DNA를 분석하는 장점은 크게 세 가지이다. 첫째는 돌연변이(mutation)가 빠르고 많이 일어난다는 것이다. 때문에 인류가 살아 온 과정에서 미토콘드리아 DNA는 개체별로 충분한 유전적 차이를 보이게 되었다는 것이다. 특히 미토콘드리아 DNA의 변이는 일정한 시간 간격으로 일어나기 때문에 개체 간에 변이 수가 다르다면 이들이 분기한 시점을 역추정할 수 있다는 것이다. 둘째는 핵 DNA에서 일어난 돌연변이가 대개는 개체에 치명적이기에 개체 사멸과 함께 집단 속에서 사라져 버리는 것과 달리, 미토콘드리아의 돌연변이는 개체의 생사에 아무런 영향을 미치지 않기 때문에 끊어지지 않고 계속하여 후세에까지 전해질 수 있다는 점이다. 따라서 우리가 가지고 있는 미토콘드리아는 아주 먼 옛날 인류의 공통 조상으로 부터 전해 내려온 것일 수밖에 없으며, 그때부터 지금까지 일어난 변이의 수를 조사하면 인류가 지구상에 나타난 연대를 역추정할 수 있다는 것이다. 셋째로 미토콘드리아 DNA는 모계쪽으로만 전해진다는 점이다. 핵의 DNA는 아버지도 영향을 미치기 때문에 매 세대마다 교배를 통해서 무한정 가지를 치는 반면 모계 유전인 미토콘드리아 DNA는 같은 어머니로 부터 온 형제지간이 가장 가깝고, 세대가 멀수록 변이 때문에 조금씩 차이를 보이게 되는 것이다. 이론적으로 모든 사람의 미토콘드리아 DNA는 공통조상인 한 여성으로 부터 나온 것이므로 거꾸로 거슬러 올라가면 최초의 여성 즉, 이브(Eve)를 찾을 수 있다는 것이다. 이를 다시 거꾸로 표현하면 이브의 자손들이 지금까지 끊이지 않고 딸을 낳아 오늘날에 이르렀다는 뜻이다. 미토콘드리아 DNA가 모계 유전인 이유는 수정란에 여성의 미토콘드리아만 남기 때문이다.

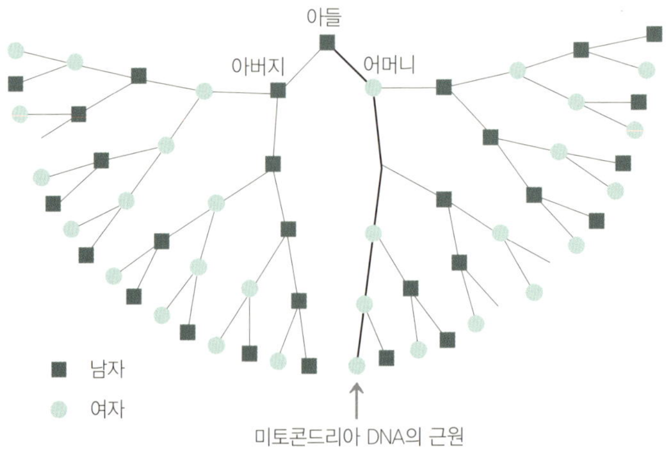

그림 10-6 공통 조상(미토콘드리아 이브)을 역추적하는 과정

물론 이미 과거에 죽은 조상들의 미토콘드리아 DNA를 조사할 수는 없는 일이다. 그럼에도 불구하고 다행스러운 것은 생존해 있는 여러 인종들을 조사해서 서로 간의 차이를 밝히게 되면 공통된 구조가 나오게 되고 이로부터 각 인종간의 거리를 조사하여 인류의 기원이 어느 지역에서 시작되었는지 계산할 수 있다는 것이다.

이 이론을 토대로 1988년에 전 세계적으로 본격적인 조사가 이루어졌고 그 결과 아프리카가 인간의 궁극적인 고향임이 밝혀졌다. 그리고 다른 지역의 사람들은 아프리카로부터 3번에 걸친 대륙간 이동으로 퍼져 나왔음이 확인되었다. 즉 아시아인의 조상은 아프리카에서 걸어 나와 동쪽으로 이동한 사람이며 나중에 유럽으로 다시 이주하였다는 것이다. 돌연변이를 계산한 결과에 따르면 이 아프리카 조상은 약 20만 년 전에 지구상에 나타나 살았던 것으로 추정되었다. 미토콘드리아를 이용해 추정한 인류의 조상이기에 이를 "미토콘드리아 EVE"라고 학자들은 이름을 붙였다.

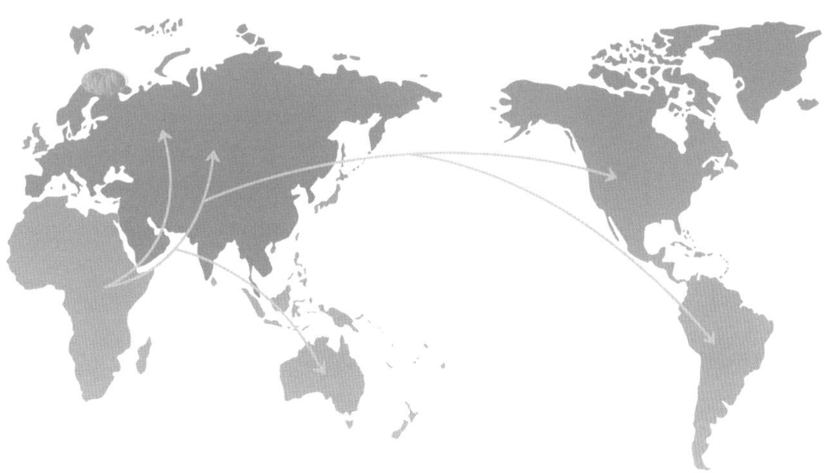

그림 10-7 인류의 이동

다정현상

두 마리 이상의 정자가 동시에 난자를 수정시키는 다정현상(polyspermy)이 간혹 발견되기도 하지만 이 경우 염색체의 수가 맞지 않아 퇴화되어 버린다. 다정현상은 여성이 자신도 모르게 자연 유산하는 원인으로 가장 흔한 것이다.

예를 들어 두 마리의 정자가 수정된 경우를 성게에서 살펴보자. 성게는 염색체가 36개이다. 즉 난자와 정자에 들어있는 염색체 수는 각각 18개이다. 만약 2개의 정자가 수정이 된다면 수정란의 염색체는 모두 54개가 될 것이다. 그러나 각 정자로부터 전해진 중심소체는 2개이기 때문에 이것이 세포분열할 때 4개로 복제되고 전체 수정란을 4개의 세포를 나누려 할 것이다. 결국 염색체 54개는 18, 16, 12, 8개 등으로 불균형하게 나누어지고 이중 어느 것도 정상일 수가 없어 수정란은 몇 번의 난할 끝에 자연스럽게 퇴화되어 버린다. 이러한 다정현상을 막기 위해 난자가 개발한 방법이 바로 투명대 반응(zona reaction)이다.

그림 10-8 다정현상에서 염색체의 불균형적인 배분

다정현상의 방지

앞에서 설명한 것처럼 다정현상은 정상적인 임신을 저해하는 요인 중 하나이다. 따라서 대부분의 동물들은 난자에 정자가 하나만 들어가는 것을 확실히 하기 위한 보호 기작을 마련하고 있는데 투명대 반응이 그 대표적인 예이다. 투명대 반응이란 첫 번째 정자가 난자의 원형질막을 통과하자마자 막의 변화를 일으켜 다른 정자들이 추가로 진입하지 못하게 하는 반응이다. 그럼으로써 다정현상을 막아주고 정상적인 임신이 이루어질 수 있도록 보호하는 기작이다. 성게처럼 체외수정을 하는 동물의 경우는 많은 정자들이 한꺼번에 성게알에 달라붙기에 빠르게 투명대 반응을 일으킬 필요가 있지만 사람처럼 체내수정을 하는 경우에는 반응이 상대적으로 다소 느리게 일어난다. 성게에서는 빠른 반응과 느린 반응이 모두 관찰되므로 성게알을 예로 설명하기로 한다.

빠른 반응은 성게처럼 체외 수정을 하는 해양성 동물에서 주로 발견된다. 난자의 원형질막이 정자의 원형질막과 융합을 함으로써 수정이 이루어지는데 순간적으로 첫 번째 정자가 통과한 후 막전위(membrane potential)를 변화시킴으로써 다정현상을 막는 방법이다. 바닷물은 Na^+ 이온의 양이 상대적으로 높은데 비해 성게알의 내부는 Na^+의 양이 상대적으로 낮다. 만약 성게알의 원형질막을 경계로 전위차를 측정한다면 평상시(resting membrane potential)의 막전위는 -70㎷(세포 밖이 + 전위, 세포 안이 - 전위) 정도이다. 그러나 첫 번째 정자가 결합한 0.1초 직후 Na^+ 이온이 안으로 한꺼번에 몰려 들어오면서 막전위는 +20㎷까지 순식간에 올라가게 된다. 정자는 막전위가 -10㎷ 이상이면 난자와의 융합이 불가능하기 때문에 달라붙어 있던 것들도 모두 떨어져 나가게 되고 이로써 다정현상이 방지될 수 있다. 이처럼 전기적 보호 반응이기 때문에 속도가 빠른 것이 그 특징이다.

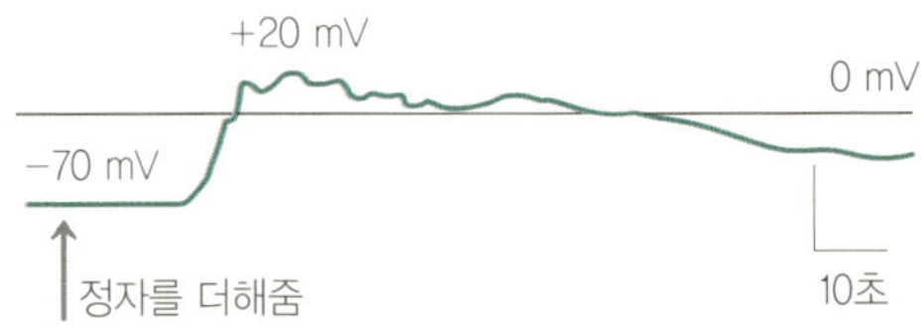

그림 10–9 다정현상 방지를 위한 빠른 반응

느린 반응은 효소에 의해 상대적으로 서서히 진행되는 화학적 보호반응으로 역시 성게에서 발견되지만 체내수정을 하는 고등동물에서 주로 볼 수 있는 반응이다. 난자의 원형질막 바로 밑에는 약 15,000개나 되는 많은 과립들이 있는데 이들을 피질과립(cortical granule)이라고 한다. 첫 번째 정자가 난자를 통과하자마자 그 주변에 있던 피질과립들이 원형질막과 결합을 하여 터지게 되고 내용물인 효소를 난황 간극(vitelline space)과 원형질막 사이 공간에 방출하게 된다. 결과적으로 이곳에 있던 단백질들이 분해되고 점액성다당류(mucopolysaccharida)가 그 공간에 분비되면서 삼투압이 높아져 주변의 액체가 이곳으로 흘러 들어와 가득 차게 된다. 게다가 피질과립이 히알린(hyalin)을 분비해 처음 난자가 통과한 부분이 더욱 두꺼워지고 이것이 점차 난자 전체를 빙 둘러싸면서 수정막(fertilization envelope)이 형성되게 된다. 수정막이 형성되는데 걸리는 시간은 첫 번째 정자가 수정을 이룬지 약 1분 이내이다. 수정막이 형성되면 난자에 붙어 있던 정자들이 모두 떨어져 나가게 된다. 히알린은 원형질막 주위를 둘러싸서 난할시에 할구들을 지지하는 역할도 겸한다. 한편 포유류에서는 수정막이 형성되지 않고 빈딘(bindin) 단백질을 변형시켜 정자와 난자의 결합 반응을 막아준다는 주장도 있다. 빈딘은 종과 종 사이에 특이적 인식이 가능하도록 도와주는 단백질이다. 같은 종의 난자에는 빈딘 수용체가 있어 정자의 첨체에 붙어있는 빈딘을 마치 열쇠와 자물쇠 관계처럼 특이적으로 인식한다고 알려져 있다. 따라서 빈딘이 변형되면 정자는 난자에 달라붙을 수가 없다는 것이다. 어떤 경로를 통하든지 상관없이 결과는 다정현상을 방지하는 것이다.

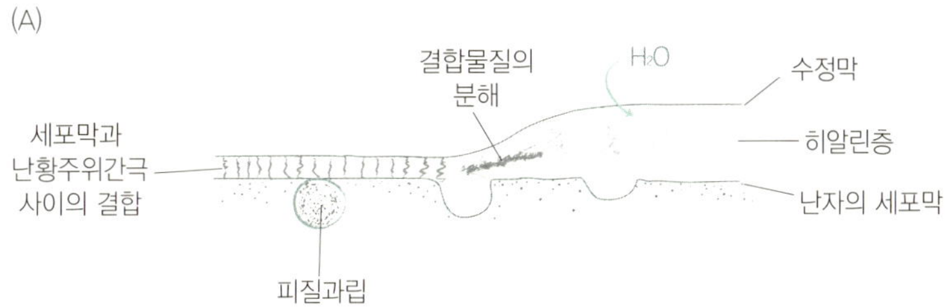

그림 10-10 다정현상 방지를 위한 느린 반응

수정의 결과

정자와 난자가 수정이 되면 몇 가지 의미있는 변화가 생기게 된다. 첫째, 염색체 수의 복원이다. 생식세포의 융합으로 말미암아 사람은 46개의 염색체, 즉 체세포의 염색체 수를 가진 접합자가 만들어진다. 이것이야말로 진정한 의미에서 사람(human being)의 시작이라 할 수 있다. 그러나 사람의 시작이 수정되는 그 순간부터인지 아니면 발생 14일이 지나 어느 정도 세포분열이 이루어진 후인지에 대한 의견은 학자들마다 분분하다. 두 번째 변화는 한 종(species)내에서의 다양한 유전자 변화이다. 접합자의 염색체 중 절반은 어머니로부터, 또 다른 절반은 아버지로부터 오기 때문에 접합자의 유전자는 이들 염색체가 새롭게 조합된 형태이다. 이로 말미암아 사람은 양쪽 부모로 부터의 유전(biparental inheritance)이 가능하며 같은 형제라 할지라도 사람마다 다양한 변화를 가질 수 있게 된다. 여기에 정자와 난자가 만들어질 때 감수분열의 전기에서 일어나는 염색체의 교차(cross over)도 유전물질의 재조합을 야기하여 사람간의 독특한 유전적 차이를 가능하게 한다.

염색체에 의해 결정되는 성을 일차적 성(primary sex)이라 한다. 일단 염색체적인 성이 결정되고 나면 호르몬에 의해 외부생식기가 발달하는데 이를 이차적 성(secondary sex)이라 한다. 수정란은 난할을 거듭하면서 배자 또는 배아(embryo)

로 발달한다. 초기의 배자는 세포덩어리에 불과하지만 점차 각 세포별로 분화하면서 조직과 기관이 발달해 나간다. 일차적 성은 어떤 정자가 난자를 수정시키느냐에 따라 결정된다. 난자는 항상 X 염색체를 가지고 있는 반면 정자는 X 염색체를 가지거나 Y 염색체를 가지기 때문이다. 따라서 배자의 일차적 성을 결정하는 것은 어머니가 아니라 아버지이다. X 염색체를 가진 정자는 XX 접합자를 만들어 여성으로 발생시키며, Y 염색체를 가진 정자는 XY 접합자를 만들어 남성으로 발생시킨다. 일차적 성은 또 다른 용어로 염색체적 성(chromosomal sex)이라고도 한다. 보통은 일차적 성과 이차적 성의 표현형(phenotype)이 일치하지만 여러 원인으로 병리학적 문제가 생기면 일치하지 않을 수도 있다.

성 결정의 조절

성은 정자가 X 염색체를 부여하느냐, Y 염색체를 부여하느냐에 따라 결정되기 때문에, 그리고 X 정자와 Y 정자는 이론상 동량으로 만들어지기 때문에 수정 순간의 남 : 여 비율(일차성비)은 1.0, 즉 100명의 남자아기 대 100명의 여자아기를 상식적으로 예상하게 된다. 그러나 실제로는 모든 나라에서 남자가 조금 더 많이 태어나는데 예를 들어 북아메리카의 경우 이 수치가 약 1.05(105명의 남자아기 대 100명의 여자아기)이다. 이는 아마도 남자아기가 환경에 적응하는 능력이 우월하기 때문이 아닌가 생각된다. X 정자와 Y 정자를 분리하기 위해서 이들의 수영 능력 차이, 전기장을 거슬러 이동하는 능력, 현미경적인 구조의 차이를 이용하고자 하는 시도가 오래전부터 있어 왔다. 만일 이것이 100% 성공한다면 인공수정에 의하여 원하는 성의 아기를 얻을 수 있기 때문이다. 가축에서는 원심분리를 이용해 두 종류의 정자를 분리한 선택적 인공수정이 실제로 상용화되어 있다. 심지어 어떤 사람은 남녀의 성교 시간 등이 아기의 성을 선택할 수 있다고 주장하기도 하지만 아직 상기한 어떤 방법도 사람의 성을 일관성 있게 조절하지 못하고 있다

정자가 난자 안으로 들어가는 것 자체가 난자에게 큰 자극을 주는 것은 분명하다. 정확하게 알려져 있지는 않지만 난자의 막전위를 변화시킨다고 추정된다. 어떠한 경로를 통해서든지 수정이 되면 접합자에 자극을 주어 난할(cleavage)이 시작된다. 난할은 엄밀히 말해 세포질의 증가가 없는 세포분열이기에 체세포적인 분열(mitotic division)이라고 표현하는 것이 오히려 정확하다.

처녀생식

하등동물에서는 때로 처녀생식(parthenogenesis)이라고 불리는, 수정되지 않은 난자가 분열하는 것이 관찰되는데 이런 과정은 자연스럽게 일어날 수도 있고 인위적으로 유도될 수도 있다. 예를 들면 여왕벌의 알은 수정되지 않고 발생하며 토끼의 난자 등도 실험적으로 자극을 주면 처녀생식을 할 수 있다는 보고가 있다. 그러나 사람에게서는 이러한 처녀 생식이 인증된 바 없다.

난자의 영양공급

착상 이전의 수정란은 자궁유상액(uterine milk)에 의해 영양분을 공급받는다. 사람의 난자는 난황이 거의 없기 때문에 자궁유상액의 글리코겐이 주요한 에너지원이다. 처음 1주일 때 자궁벽에 착상이 이루어지면서 자궁내막조직을 부수어 조직영양에 의지하다가 2주가 되면 혈영양이 시작되게 된다. 혈영양이란 수정란이 나선동맥을 건드려 터지면서 흘러나온 혈액이 이쪽 저쪽에 모이면서 열공(lacunae)을 이루다가 결국 합쳐지면서 혈액 속에 수정란이 푸욱 잠겨 영양공급을 받는 것을 말한다. 주의할 점은 임신 기간 내내 아기의 혈액과 모체의 혈액이 직접 섞이는 일은 없다는 것이다.

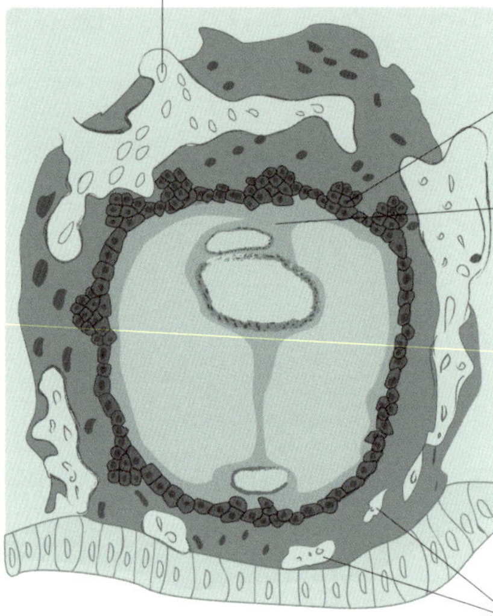

그림 10-11 열공과 혈영양

시험관 수정

난자와 정자를 시험관에서 인공 수정시키고 분열하는 접합자를 얻어서 현미경으로 확인한 후 난관이 막혀 불임이 된 여성의 자궁으로 이식시켜 임신 기회를 제공하는 최초의 시험관 시술(*in vitro fertilization*)이 성공한 것은 1973년의 일이다. 이렇게 탄생한 아기를 시험관 아기(test-tube baby)라 부르며, 지금은 전 세계적으로 일반화된 불임시술이다. 그럼에도 불구하고 아직도 시험관 수정의 확률 높이기, 자궁으로의 착상률 높이기 등 해결해야 할 문제가 산적해 있다. 시험관 수정의 주요 과정은 다음과 같다.

먼저 여성에게 생식선자극호르몬(gonadotropin)을 투여하여 난소의 난포들이 성장, 성숙하도록 하고 배란 직전에 이렇게 성숙된 난포들로부터 제이난모세포를 채취한다. 채취는 복강경(laparoscope)이라 불리는 기구로 난소를 직접 관찰하면서 흡입기(aspirator)로 빨아들인다. 채취한 난자를 배양접시(petri dish)에 위치시키고(여기에 미리 신선한 배양액을 적절히 만들어 담아 놓는다), 남성으로부터 채취한 신선한 정자를 즉시 그 위에 부어준다. 이후 수정이 제대로 되었는지, 난할이 시작되었는지를 현미경으로 관찰하면서 8~16 세포기가 될 때까지 기다렸다가 자궁경을 통해 배자를 자궁에 이식시킨다. 인공수정시 다중임신(multiple pregnancy)으로 쌍둥이가 태어날 확률이 높은데 그 원인은 임신 확률을 높이기 위하여 2~4개의 배자를 동시에 착상시키기 때문이다. 다중임신의 걱정에도 불구하고 여러 개의 배자를 착상시키는 이유는 인공수정에서 자연 유산될 확률이 정상 임신의 경우보다 당연히 높기 때문이다. 불임부부의 경우 아기를 원하기 때문에 다중임신은 오히려 축복으로 받아들여지는 것이 보통이다. 지금은 수정란을 액체질소(liquid nitrogen)에 냉동보관(cryopreservation)하였다가 차후에 이를 녹여서 자궁에 착상시킬 수도 있다. 그러나 이러한 시술은 윤리적, 법적으로 문제를 일으킬 수 있기에 주의가 필요하다.

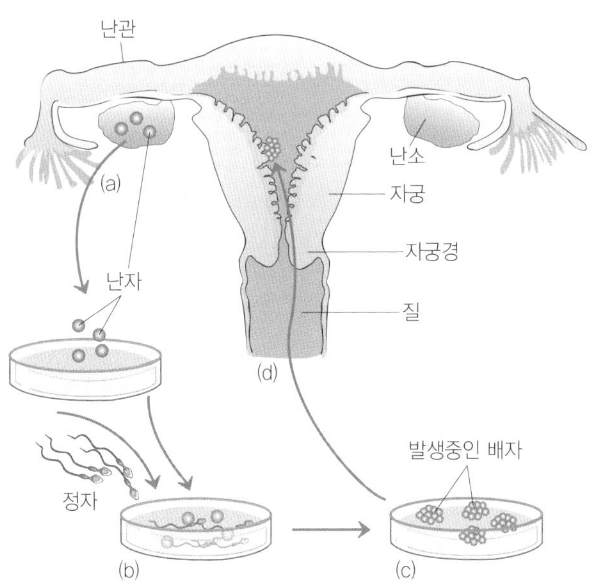

그림 10-12 시험관 수정

난할과 발생 1주

난할은 세포의 수를 늘이기 위하여 계속적으로 반복되는 세포분열이다. 보통 난관내에서 자궁쪽으로 이동하며 일어나는데 투명대에 쌓여 있는 채로 일어나므로 세포의 수는 증가하지만 세포질의 증가는 없게 마련이다. 난할이 거듭될수록 각각의 세포는 점차 작아지다가 최종적으로 성인의 체세포 크기를 유지하게 된다. 난할의 결과 생기는 각각의 세포를 할구(blastomere)라 부른다. 수정 후 약 30시간 정도 지나면 2개 세포로 분할되며, 3일 후에는 12~16개의 할구로 된 상실기(morula)에 도달한다. 이후 포배기(blastula)를 거쳐 자궁으로 들어가게 된다. 이때까지를 착상전기(preimplantation period)라 부른다. 난할의 결과 접합자내의 원형질이 구획되는데 이는 발생에서 대단히 중요한 사건이다. 원형질의 부분마다 조금씩 다른 구성의 mRNA와 세포소기관을 가지고 있기 때문이다. 따라서 원형질이 구획되고 재배열된다는 것은 각 할구세포가 장차 어떤 조직과 기관으로 분화될 지를 결정짓는 요인이 된다. 수정란은 8개 세포로 나뉠 때까지는 각 세포의 운명이 결정되지 않는다. 즉 각 세포는 완전히 미분화된 상태라서 만약에 하나를 떼어나 자궁에 다시 착상시키면 마치 수정란처럼 처음부터 다시 시작할 수 있다는 이론이다. 이것은 복제아기의 실험적 근거이기도 하다. 그러나 일단 8세포기를 넘어서면 세포는 분화를 시작하고 비가역적인 운명이 결정되게 된다.

수정 후 4일이 지나면 상실기 배자 내부에 공간이 생기기 시작한다. 이 공간에 액체가 들어차는데 이 액체는 자궁유상액이 투명대를 통해 유입된 것이다. 공간들은 곧 합쳐져서 하나의 커다란 포배강(blastocyst cavity)이 되며 이 상태가 되면 배자를 포낭(blastocyst)이라 부른다. 포낭은 착상을 준비하면서 자궁 내에 2일 정도 떠있게 되는데 이때 세포가 두 종류로 나뉘게 된다. 하나는 영양막세포(trophoblast)라 불리는 바깥쪽 세포(outer cell mass)들이고, 다른 하나는 배자막(embryoblast)이라 불리는 내부세포덩어리(inner cell mass)이다. 배자막은 나중에 아기로 발생하는 부분이고, 영양막세포는 태반의 일부가 될 부분이다. 이처럼 태반은 태아의 영양막과 모체의 자궁내막이 합쳐져서 만들어지는 조직이다.

5일째가 되면 투명대가 점차 소실되면서 착상을 본격적으로 준비하기 시작한다. 포낭이 자궁에 떠있는 동안에는 영양분을 자궁내막선에서 분비되는 유상액으로부터 공급받는다. 수정 6일째가 되면 포낭은 배자극(embryonic pole)쪽으로부터 시작해 자궁의 내막 상피에 착상을 시작한다. 일단 착상이 이루어지면 세포분열이 더욱 왕성해져서 영양막이 안쪽의 세포영양막(inner cellular trophoblast)과 바깥쪽의 합포영양막(outer syncytiotrophoblast)으로 분리되어진다. 합포영양막은 영양막세포들이 워낙 빠르게 분열하면서 자궁내막을 파고 들어가기 때문에 핵만 분열하고 미처 세포질이 나누어지지 못한 상태(multinucleated protoplasmic mass with no cell boundaries)이다. 이렇게 영양막이 빠르게 발달하는 이유는 착상을 통해 모체의 자궁으로부터 더욱 많은 영양분을 빠르게 공급받아 성장하기 위한 태아의 전략이다. 발생 7일이 되면 포낭은 이제 자궁 내막의 치밀층 표면까

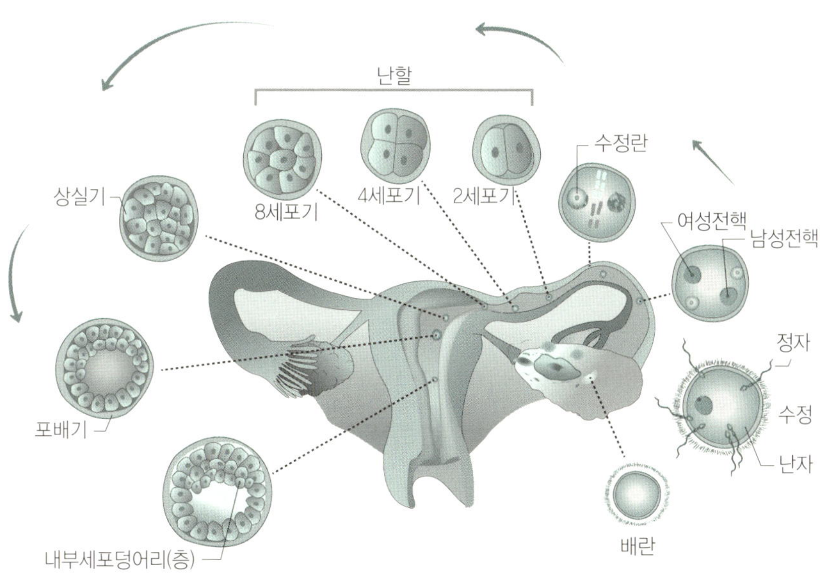

그림 10-13 발생 1주의 배자

지 파고 들어간다. 포낭이 어떻게 자궁내막을 파고 들어가는지 구체적으로 알려진 바는 없지만 아메바 운동과 비슷한 방법으로 단단히 착상되어 들어갈 것으로 추정하고 있다. 합포영양막은 계속 발달하면서 자궁 조직을 부수어 나간다. 이때부터 포낭은 파괴된 모체의 조직 부스러기로부터 영양분을 얻는다. 즉 발생 1주 말에는 포낭 상태로 자궁에 단단히 착상이 되고, 합포영양막을 통한 조직영양이 이루어진다. 포낭 안쪽에서 발달하고 있는 배자막도 세포 재배열이 일어나 원시내배엽(hypoblast) 층이 형성된다.

자연 유산의 원인

착상 실패로 인한 자연유산은 통계 수치상 15% 정도에 달한다. 자연유산의 원인은 여러 가지가 있지만 착상 실패는 주로 호르몬의 불균형, 즉 황체가 만들어내는 프로게스테론과 에스트로겐이 적절하지 못하기 때문이다. 초기 자연 유산율을 정확히 측정하기가 매우 어려운데 이는 여성들이 자신의 임신 사실을 모르는 상태에서 그냥 유산되는 경우가 많기 때문이다. 이외에도 다정현상, 염색체 이상 등이 초기 유산의 원인이 된다. 초기 유산은 반드시 나쁜 현상만은 아니다. 모체가 이상이 있는 배아, 비정상적인 배아를 미리 선별하는 과정이기 때문이다. 자연 유산이 있음으로서 비정상적인 어린이가 태어날 확률이 통계상 12%에서 실제로는 2~3%로 낮아질 수 있다.

각 단계별로 발생 1주에 진행되는 내용들을 정리하면, 1단계는 발생 1일로서 수정에 의해 접합자가 만들어지는 시기이고, 2단계는 발생 2~3일로서 상실기에 해당하는 시기이다. 상실기에는 세포수가 약 12~16개에 달한다. 3단계는 발생 4~5일에 해당하는 자궁내에 자유롭게 떠있는 포낭 상태이다. 발생 1주의 마지막 단계인 4단계에서 본격적인 착상(implantation)이 시작된다

발생 2주와 배자기

배자기(embryonic stage)는 발생 3주~8주에 해당하는 시기이다. 배자기의 뚜렷한 특징은 주요 내장기관과 신체 각부의 기초가 완성된다는 것이다. 그렇기 때문에 약물에 접촉되면 선천성기형이 발생할 빈도가 높은 시기이기도 하다. 내부세포덩어리(inner cell mass)는 점차 편평하여져서 배자반(embryonic disc)을 형성하는데 발생 2주 때 바깥쪽의 외배엽(ectoderm)과 안쪽의 내배엽(endoderm)으로 나뉘어졌다가(2층배자반), 발생 3주 때 두 개층 사이에 중배엽(mesoderm)이 발달하면서 최종 3개 층으로(3층배자반) 다시 정렬이 된다. 이때까지 걸리는 시간이 약 3주이다. 중배엽은 외배엽에서 유래가 된다. 각 배엽은 점차 신체 각 부분으로 분화하게 된다.

외배엽에서는 주로 신경계통(nervous system), 피부(epidermis), 털(hair), 손톱과 발톱(nails), 피부의 땀샘(glands), 입과 내장기관의 안쪽을 덮는 상피층(linings) 등이 발달하고, 중배엽에서는 근육(muscle), 뼈(bone), 골수(marrow), 혈액(blood), 혈관(blood vessel), 결합조직(connective tissue), 내부 생식기관(reproductive system), 신장(kidney) 등이 발달한다. 내배엽에서는 소화기관을 덮는 장간막과 호흡계(respiratory tract), 방광(urinary bladder), 요도(urethra) 등이 형성된다. 한편 태반(placenta)이 형성되기 시작하면서 배자에 공급되는 영양분이 급속하게 증가하고, 배자의 성장도 그만큼 빨라지게 된다.

발생 4주에 다다르면 편평하던 배자반이 원통형(cylindrical)으로 바뀌면서 제대(connecting stalk)가 발달하기 시작한다. 제대는 원시적인 탯줄로서 발생 중에 있는 태반에 연결된다. 체절이 형성되고 심장의 융기가 비교적 뚜렷해진다. 원시적인 모습의 머리와 턱이 나타나며, 심장은 벌써 박동(beating)을 시작하기에 혈액 순환이 일어난다. 식도, 위, 간 및 췌장 등 조직들도 발달하게 된다. 팔과 다리가 될 작은 원시적인 싹(bud)이 각 해당 부위에서 나타나기 시작한다.

발생 5~7주에 사이에는 머리의 성장 속도가 신체 다른 부위의 성장 속도보다 유난히 빠르다. 따라서 머리가 몸의 거의 1/3 정도에 해당할 정도로까지 크게 된다. 머리의 성장 속도는 발생 3개월이 지나면서 상대적으로 느려져 궁극적으로 정상 비율로 돌아온다. 머리 모양은 점차 둥글어지며, 곧추 서게 된다. 얼굴에는 눈, 코, 입이 나타나서 차차 사람의 형상을 갖추게 되고, 팔과 다리가 길어지며, 손가락과 발가락도 발달한다. 망막에는 색소가 나타나기 때문에 눈이 분명해진다. 7주 말까지는 주요한 내장기관이 모두 만들어지고 거의 온전한 사람의 형상을 이루게 된다.

배자기는 8주 말에 완성되며 발생과정에서 가장 중요한 시기이다. 이 기간 중에 배자는 자궁벽에 단단히 착상되며 중요한 외부, 내부 기관들이 완성되는 시기이다. 눈은 아직 열려있지만 곧 닫히게 된다. 이 기간 중에 발생을 저해하는 요인이 어떠한 것이라도 일어난다면 태아가 형태이상(malformation)과 기능이상(malfunction)을 일으킬 확률이 높다. 8주 말에 배자는 길이가 30㎜ 정도이며 무게는 5g 이하이다. 비록 신체적으로 아직 완성되지 못했을 지라도 눈, 귀, 코 등의 이부구조가 발달하고 사지가 분명하기에 인간으로서 손색이 없다. 간의 성장도 현저해지며 생식융기가 발달하기에 전문가라면 성을 구별할 수도 있는 시기이다. 8주는 2번째 월경이 일어나지 않고 2주가 지난 시점이므로, 여성이 “이번 생리는 늦는구나”라고 무심결에 간과할 수도 있는 시기이다. 그러나 이때가 가장 발생에서 중요한 시기라는 것을 인식한다면 가임여성은 임신의 의심이 있으면 즉시 의사를 찾아야 한다.

태아기

발생 9주부터 출생까지를 태아기(fetal stage)라 부른다. 태아기에서는 1개월을 4주, 즉 28일을 기준으로 한다. 태아기 때는 더 이상의 분화가 일어나지 않는 대신 배자기에 형성된 기본 조직들이 성장하고 성숙되어 출생 준비를 마치는 기간이다. 따라서 선천성기형의 위험성은 상대적으로 낮다. 이 시기에 새로운 기관들이 생길 수도 있다. 태아기에는 전반적으로 성장률이 굉장히 빠르며 신체 각 부분의 성장 비율이 바뀐다. 예를 들면 배자기 때는 머리가 신체보다 상대적으로 빠르게 성장했지만 그 속도는 점차 느려지고 대신 신체 길이 성장이 가속화된다.

3개월째 접어들면서 팔이 정상적인 비율로 자라나고 이 비율은 이후 계속 유지된다. 신체 전반에 걸쳐 뼈(bone)가 단단해지고 12주에 이르면 외부생식기가 남·여로서 구별이 뚜렷해진다. 아직은 골수가 완전하지 않아서 간에서 조혈작용이 주로 일어난다. 소변이 만들어지면서 양수로 배설된다. 3개월 말에는 미미하지만 입술을 건드리면 흡인반응이 나타난다. 4개월째에는 몸길이가 13~17㎝에 달하고 다리가 점차 길어지며 뼈는 계속해서 단단해진다. 여성에게서는 난소의 분화가 시작된다. 5개월째에는 이제 다리가 정상적인 비율로 자리 잡으며 근육 운동이 활발해진다. 이때부터 어머니가 태동을 느낄 수 있다. 태아의 심박동은 산모의 복부를 통해 들을 수 있다. 머리카락이 나타나고 피부에는 태모와 태지가 덮이게 된다. 피하지방에는 갈색지방이 축적되어 출생 시 체온이 저하되는 것으로부터 몸을 보호할 준비를 한다. 갈색지방은 열(heat)을 생산하는 주요 에너지원이다. 6개월째에는 체중의 증가가 현저하고, 눈썹이 나타난다. 피부는 주름지고 아직 반투명하다. 때문에 혈관이 들여다 보이고 전반적으로 피부가 빨갛게 보인다. 6개월 말에 폐포벽에는 계면활성제(surfactant)가 형성된다. 7개월에 다다르면 피부에 지방이 많이 축적되어 몸이 부드러워지고 태아는 눈을 뜨게 된다. 태아의 키는 약 37㎝ 정도이다. 이때까지는 간에서 조혈작용을 해왔지만 7개월째부터 골수가 이 기능을 떠맡게 된다. 동공반사 또한 나타나며 손톱도 손가락 끝에 도달해있다. 7개월은 대단히 중요한 시기이다. 왜냐하면 모든 장기와 신체조직의 기능이 완성되는 시기이기 때문이다. 가장 늦게 기능이 완성되는 조직은 폐(lung)다. 조기 출산의 생물학적 정의는 28주 이후 만삭 전에 임신이 중단되는 것이다. 28주를 기준으로 하는 이유는 이때가 지나야 비로소 마지막 장기인 폐가 완성되어 살아남을 확률이 증가하기 때문이다. 7개월 이후에 출산하면 700g 이하의 태아도 살아남을 확률이 그만큼 높다. 그러나 아직 외부적으로 미완성된 조직들이 많기 때문에 자궁내에서의 시간이 더 필요하다. 8개월이 되기까지 남자아기의 고환은 신장과 비슷한 위치에 있지만 이제 자기 위치로 이동해 음낭 속에 자리잡는다. 9개월이 되면 태아의 키는 거의 47㎝ 정도로 크며, 피부도 피하지방이 쌓여 부드러워진다. 태아의 몸은 전체적으로 오동통해진다. 이제 피부가 불투명하므로 분홍색으로 나타나게 된다. 흑인의 태아도 빛에 노출되기 전에는 멜라닌(melanin) 색소가 만들어지지 않아 동일한 색을 띠게 된다. 이 시기의 태아는 물체를 꽉 움켜잡을 수 있으며 빛에 대해 자연스럽게 방향을 잡는다. 만삭(full term) 시 백색지방은 약 16%를 차지한다. 이때의 아기는 키가 약 50㎝이고, 몸무게는 2.7~3.6㎏ 정도이다. 피부는 태지와 죽은 상피세포로 덮여있고 머리털과 손톱, 발톱 역시 잘 자라 있다. 두개골 역시 뼈가 잘 자라있고 머리가 점차 자궁경(cervix)을 향해 거꾸로 자리잡게 된다. 태아의 성장은 모체의 자궁의 모습과 크기와 관련이 있다. 임신 중 자궁이 성장 부진하면 태아 역시 발육이 부진할 것이며 반면에 성장이 갑작스럽게 증가하면 쌍둥이의 가능성과 지나친 양수의 생성 등이 원인일 수가 있다. 각 시기별 특징을 간단히 요약하면 다음의 표와 같다.

〈요약〉

난할기	2주	• 수정란이 계속 분열하여 포낭(blastocyst)을 형성한다. • 세포들이 재배열되어 내부세포덩어리(inner cell mass)가 나타나고 포낭은 자궁벽에 착상된다.
배자기	3~8주	• 내부세포덩어리가 점차 배자반(embryonic disk)을 형성한다. • 배자(embryo)가 점차 원통 모양이 되고, 주요 내부 기관들과 외부 신체구조들이 나타나기 시작한다. • 태반과 탯줄이 형성된다. 배자는 양수에 떠 있게 된다.
태아기	9주~출생	• 배자기에 형성된 구조들이 계속 성장한다. • 뼈가 단단해지는 골화현상이 진행된다. • 생식기관이 분화되고 발달한다. • 팔, 다리가 정상적인 길이로 성장한다. • 근육 운동이 활발해지고 피부가 지방과 죽은 상피세포로 점차 덮인다. • 머리가 자궁경(cervix)을 향해 위치하여 출산을 준비한다.

참고문헌

Boronow RC. McElin TW. West RH. Buckingham JC. Ovarian pregnancy. Am J Obstet Gynecol. 91. 1095. 1965.

Carr DH. Chromosome studies in selected spontaneous abortions. III. Early pregnancy loss. Obstet Gynecol. 37. 750. 1971.

Hertig AT. Rock J. Two human ova of the pre-villous stage, having a developmental age of about eleven and twelve days respectively. Contrib Embryol Carnegie Inst. 29. 127. 1941.

Hertig AT. Rock J. Two human ova of the pre-villous stage, having a developmental age of about seven and nine days respectively. Contrib Embryol Carnegie Inst. 31. 65. 1945.

Hertig AT. Rock J. Adams EC. A description of 34 human ova within the first seventeen days of development. Am J Anat. 98. 35. 1956.

Hertig AT. Rock J. Adams EC. Menkin MC. Thirty-four fertilized human ova, good, bad an indifferent, recovered from 210 women of known fertility. Pediatrics. 23. 202. 1959.

Lala PK. Kearns M. Colavincenzo V. Cells of the fetomaternal interface: their role in the maintenance of viviparous pregnancy. Am J Anat. 170. 501. 1984.

Luckett WP. The origin of extraembryonic mesoderm in the early human and rhesus monkey embryos. Anat Rec. 169. 369. 1971.

O'Rahilly R. Developmental Stages in Human Embryos. Part A: Embryos of the First Three Weeks (Stages 1 to 9).

Reid DE. Obstetric hemorrhage in late pregnancy and post partum. In Reid, D. E., Ryan, K. J., and Benirschke, K.: Principles and Management of Human Reproduction. Philadelphia, W. B. Saunders Co., 1972.

Stander RW. Abdominal pregnancy. Cln Obstet Gynecol. 5. 1065. 1962.

Tuchmann-Duplessis H. The effects of teratogenic drugs. In Philipp, E. E. Barnes, J. and Newton, M. (eds.): Scientific Foundations of Obstetrics and Gynecology. London, William Heinemann, Ltd., 1970.

제 11 장

태반과 양수

착상 직후 영양막(trophoblast)으로부터 뻗어져 나온 작은 돌기들이 마치 자궁내막을 침입해 들어가듯 더욱 가지를 치고, 발생 4주째가 되면 융모(chorionic villi)를 형성한다. 이렇게 발생하는 융모 내부에 혈관들이 점차 나타나고 이 혈관들은 제대(conecting stalk)를 통해 배자까지 연결된다. 자궁내막의 침식이 더욱 진행됨에 따라 모체의 혈관이 터져 열공(lacunae)에 가득 차게 되고 융모 주위에 모체 혈액이 가득 차게 된다. 이때부터 배자와 모체 사이의 영양분 교환이 태반막을 경계로 일어나게 된다. 그러나 실제 배자와 모체 사이에 직접적인 혈액 교환은 없다.

산소와 영양분은 모체에서 배자쪽으로, 그리고 CO_2와 노폐물은 배자에서 모체로 교환이 일어난다. 대부분의 약물들도 분자량이 작기 때문에 자유롭게 태반막을 통과할 수 있어 이 시기에 모체가 잘못 섭취할 경우 태아를 영향을 줄 수도 한다. 8주 말에는 전체 융모 중에서 자궁내막에 직접 연하고 있는 부분만이 계속 성장하고 기타 부분들은 점차 퇴화되어 편평해진다. 이때부터 영양막을 융모막(chorion)

이라 부른다. 계속 발달하는 부분을 번생융모막이라 한다. 종합하자면 태반은 태아부와 모체부의 혼합으로 구성되는데 태아부는 융모막이고, 모체부는 자궁내막의 치밀층과 해면층이 된다. 자궁내막의 기저층은 해산 후에도 남아 있어서 임신이 끝나고 새로 시작될 월경주기의 자궁내막 재생에 관계한다. 태반은 완전히 발생했을 때 길이 약 20㎝ 정도이다. 두께는 2.5㎝ 정도이고 무게가 약 0.5㎏ 정도 된다.

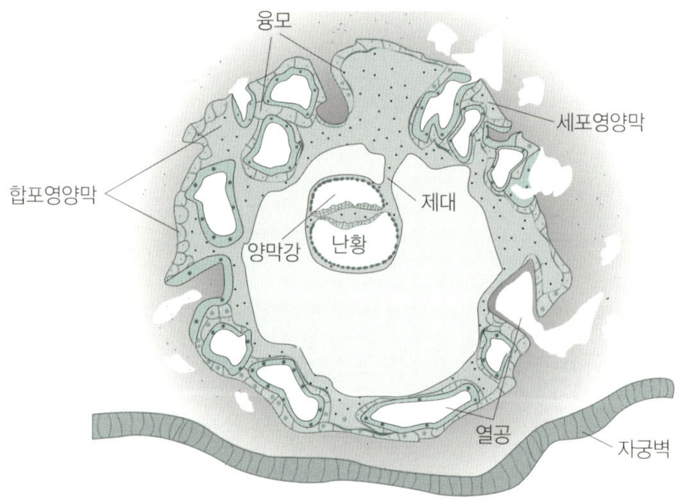

그림 11-1 융모와 열공

태반이 발생하는 동안 배자에는 발생 2주째부터 내부에 양막(amnion)이 형성되고 여기에 양수(amniotic fluid)가 들어차게 된다. 제대는 더욱 발달하여 탯줄(umbilical cord)이 된다. 탯줄은 완전히 발달했을 때 직경 약 1㎝, 길이 약 55㎝ 정도이다. 탯줄 안에는 정맥과 동맥이 있어 배자와 태반 사이의 물질 및 가스 교환이 가능하도록 해준다. 탯줄은 우주인이 우주 공간에서 유영하듯이 배자가 양수에 떠 있도록 유지시켜 준다.

태반의 기능

태반은 태아의 모든 물질대사를 책임지고 있어 태아가 자궁 내에 있는 동안 실질적인 장기 역할을 한다. 태반은 태아의 호흡에서 순환, 비뇨, 내분비에 이르기까지 생명유지에 필수적인 장치이다. 동시에 태반은 사람의 조직 중에서는 가장 짧은 수명(10개월)을 가지고 있어 사람의 발생 전반에 걸친 생리적 연구에 좋은 재료가 되기도 한다.

태반의 기능 중 대사와 운반, 내분비에 대해 살펴보기로 한다. ① 대사란 물질의 합성을 의미하며 임신 초에 글리코겐, 콜레스테롤, 지방산 등을 합성하는 것이 대표적인 예이다. 태반에서 합성한 여러 영양소들은 배자의 에너지원으로 사용된다. ② 한편 태반은 산소, 이산화탄소, 일산화탄소 등을 운반하기 때문에 태아의 폐와 같은 기능을 한다. 이외에도 다양한 물질들이 교환되는데 수분, 아미노산, 비타민 등은 비교적 자유롭게 태반을 통과한다. 포도당은 태반에서 글리코겐으로 전환된다. 콜레스테롤은 태반을 거의 통과하지 못하지만 테스토스테론(testosterone) 등의 스테로이드(steroid)계 호르몬은 비교적 자유로이 통과한다. 하지만 단백질 호르몬은 거의 통과하지 못한다. Na^{+}, K^{+}, Mg^{++} Ca^{++}, P 등의 전해질도 비교적 자유로이 교환된다. 특히 중요한 것은 산모가 살아가면서 몸에 축적해 놓은 여러 가지 항체들이 태반을 통해 태아에게 운반됨으로써 수동면역이 이루어진다는 점이다. 태반은 신장 기능을 대신하기 때문에 요소와 요산 같은 노폐물도 배출해 주지만 반대로 페니실린, 알코올, 마약 등이 태반을 통과해 태아를 위협할 수도 있다. 이밖에도 풍진, 수두, 홍역, 뇌염, 소아마비균들이 태반을 쉽게 통과하여 태아를 감염시킨다. ③ 태반은 인융모막성 성선자극 호르몬(HCG, human chorinic gonadotrophin)을 만들어낸다. 이 호르몬은 모체가 만드는 황체형성호르몬인 LH와 유사한 역할을 하여 임신 중 황체가 퇴화하는 것을 막아주는 호르몬이다. 임신 약 4개월째가 되면 황체의 역할을 HCG가 완전히 대신하게 된다. HCG로 인해 임신기간 내내 황체가 유지될 수 있고 이로부터 프로게스테론과 에스트로겐이 분비된다. HCG는 산모의 혈액 및 소변에서 임신 3주경부터 검출되기에 임신 진단에 주요 지표가 된다. 태반은 또 다른 호르몬인 인태반성 유선자극 호르몬(HPL, human chorionic somatomammotropin or human placental lactogen)을 만들어낸다. 이 호르몬은 임신 5주경 분비되기 시작하는데 성장호르몬과 유사한 기능을 한다. 즉 탄수화물 및 지방대사에 관여하여 더 많은 포도당과 지방산을 태아에게 제공해준다. HPL은 또한 유선을 성장 자극하여 모체로 하여금 수유를 준비하게 해준다. 태반의 부신에서는 에스트로겐의 전구체(precursor)를 만들어 태반으로 보내고 태반은 이를 에스트로겐으로 전환시킨다. 에스트로겐은 자궁을 계속 성장하게 하고, 유선의 관을 성장시키며, 자궁벽 평활근의 수축력을 높여 분만에 도움을 준다. 에스트로겐의 양은 임신 중에 계속 증가하는데 출산 바로 전에 갑자기 그 생산양이 감소된다. 임신호르몬인 프로게스테론은 임신 전반에 걸쳐 만들어지며, 4개월에 들어서면서 황체가 분비 기능을 다하지 못하더라도 태반에서 이 기능을 이어받는다. 기능은 임신 중에 자궁내막을 유지시켜 주며, 유선의 발달을 돕는 것이다. 프로게스테론은 자연 유산을 방지하며 임신 말에 그 양이 감소하게 된다.

양수

양수는 짚(straw)색의 맑은 액체로서 발생 초기에는 양막세포에서 분비되거나 모체의 혈액을 양막이 여과하여 만들어지다가 점차 태아의 소변이 주성분이 된다. 태아의 신장이 기능을 시작하면 소변이 양수로서 배설되는데 만삭 때에 그 양이 약 1리터 정도나 된다. 태아는 자궁에 떠있으면서 계속해서 양수를 삼키고 또 뱉는다. 양수내의 수분은 약 3시간마다 교체가 된다.

양수는 98~99%가 순수한 수분이나 그 안에 탈락된 태아의 상피세포가 떠 있기에 중요하다. 상피세포로부터 태아의 염색체를 추출하여 유전질환 여부를 미리 검사할 수 있기 때문이다. 양수를 추출하여 각종 생리 검사를 하는 의료기술을 양수천자(amniocentesis)라 한다. 양수에는 또 각종 유기물질(단백질, 탄수화물, 지방, 호르몬, 색소 등)과 태아의 효소, 아미노산, 호르몬 등이 섞여 있으므로 생화학적 산전진단에 이용될 수 있다. 양수는 균일한 압력에 의해 배자의 성장을 고르게 하고, 배자가 양막에 유착되는 것을 방지하며, 출산 시 자궁 수축에 의한 국소적인 압력으로부터 태아를 보호해 준다. 또한 임신 중 외부로부터 충격을 흡수하고, 배자의 체온을 조절하는 역할을 하며, 출산 시 자궁의 수축으로 수압이 상승하여 산도에 압력을 가함으로써 자궁경관의 확장을 도와 출산을 도와준다. 양수에 떠있기 때문에 태아는 자유로이 움직일 수 있어 근육과 골격이 고르게 발달할 수 있다.

태아의 성장 이상을 일으키는 요소

태아에게서 선천성기형을 유발하는 요인을 최기형물질이라고 한다. 선천성기형이 일어날 수 있는 확률은 발생 초기, 특히 발생 3주부터 8주까지 약 2개월에 걸친 시기에 특별히 높다. 이보다 빠른 착상전기에는 혹시나 문제가 생기면 아예 착상이 이루어지지 않기 때문에 자궁내 사망률은 높을지라도 선천성기형의 출생률은 오히려 낮다. 또한 9주 이후에는 이미 대부분의 원시적인 장기들이 형성된 뒤이기 때문에 선천성기형의 비율이 또다시 낮아진다. 그럼에도 불구하고 임신기간 내내 모체와 아기는 서로 긴밀히 연락하면서 여러 가지 측면에서 정교하게 조절되어야 하기 때문에 항상 주의가 필요하다. 아기의 정상적인 발생을 저해하는 요인들 몇 가지를 다음과 같이 나열하였다.

① 산모의 영양실조는 아기의 성장을 저해하는 가장 직접적인 요인이다. 현대 생활에서 산모가 영양실조를 겪는 경우는 거의 없지만 심한 다이어트로 인한 영양실조가 문제가 된다. 간혹 산모가 몸매 관리를 위해 다이어트를 시도하거나 흡연을 하는 경우가 있는데 흡연자는 식사를 잘 하지 않기 때문에 영양실조 효과를 동

반한다. ② 흡연은 또한 산소 공급을 저해해서 자궁 내 성장을 저해한다. ③ 다임신 즉 쌍둥이를 임신한 경우에도 영양분의 요구가 급증하기 때문에 각각의 아기는 작아질 가능성이 높다. 이럴 때는 미리 초음파 등으로 검사하여 쌍둥이 출산에 대비하여야 한다. ④ 약물 또한 태아의 성장을 저해한다. 단순 마약류뿐 아니라 알코올, 니코틴(nicotine) 등도 모두 이에 속한다. 1960년대에 유행했던 최기형 약물인 탈리도마이드(thalidomide)는 당시 임신부들이 입덧을 막아주는 항구토제로 사용했던 약물이다. 처음에는 그 심각성을 인지하지 못하였으나 일년 뒤부터 계속적으로 기형아 출산이 늘어나면서 문제성을 조사하기 시작하였고 지금은 항구토제로서의 사용이 금지된 약물이다. 탈리도마이드의 폐해는 28일~42일 사이에 복용했을 때 가장 크며 팔다리의 불균형적 발생과 함께 심장, 눈, 귀에서 기형을 초래한다고 알려져 있다. 니코틴은 태아에게 선천성 기형보다는 태아 성장에 영향을 미치는데 이는 자궁으로 가는 혈류를 감소시켜 산소공급을 감소시키기 때문이다. 알코올은 정신 발육 지연, 관절 이상, 선천성 심장 기형 등을 일으킨다. ⑤ 일상 생활에서 방사선에 노출되는 경우는 많지 않지만 일본, 러시아 등지에서 원폭 및 방사성물질 누출에 의한 피해 사례가 보고되어 있다. ⑥ 항암제는 세포분열에 영향을 미치기 때문에 선천성 기형을 초래할 수 있다. 의료방사선이나 항암제에 산모가 노출될 경우 의사와의 신중한 상담이 반드시 필요하다. ⑦ 산모의 당뇨병과 고혈압도 문제될 수 있다. 어머니가 당뇨병일 경우 혈액내의 당분이 증가하고 이것이 그대로 태반을 통해 태아에게 전해지기 때문이다. 이럴 경우 태아는 정상 체중보다 비만이 될 가능성이 높다. 반대로 모체의 보상성 인슐린 분비가 태아의 성장을 억제할 수도 있다. ⑧ 어떠한 이유에서든지 자궁내 태반 순환이 손상되는 경우에도 태아에게 전해지는 혈류가 장기적으로 감소해 기형 및 성장 장애를 초래할 수 있다. ⑨ 유전적 요인이나 염색체 이상, 세균에 의한 감염 등도 태아에게 선천성기형을 일으키는 주요 요인이다. 특히 풍진과 매독은 태아의 눈, 귀, 심장, 뇌에 심각한 장애를 초래함으로 어머니가 감염되지 않도록 주의해야 한다.

참고문헌

Allen MS. Turner UG. Twin birth-identical or fraternal twins? Obstet Gynecol 37. 538. 1971.

Beaconsfield P. Villee C. (eds.): Placenta: A Neglected Experimental Animal. Elmsford, New York, Pergamon Press. 1979.

Benirschke K. Implantation, placental development, uteroplacental blood flow. In Reid, D. E., Ryan, K. J., and Benirschke, K. (eds.): Principles and Management of Human Reproduction. Philadelphhia, W. B. Saunders Co. 1972.

Brock DJH. Prenatal diagnosis-chemical methods. In Berry, C. L. (ed.): Human Malformations. Br Med Bull. 32. 16. 1976.

Dallenbach-Hellweg G. Nette G. Morphological and histochemical observations on trophoblast and decidua of the basal plate of the human placenta at term. Am J Anat. 115. 309. 1964.

Gill S. Davis JA. The pharmacology of the fetus, baby, and growing child. In Davis, J. A., and Dobbing, J. (eds.): Scientific Foundations of Paediatrics. Philadelphia, W. B. Saunders Co. 1974.

Johnson MH. Everitt B. Essential Reproduction. Oxford, Blackwell Scientific Publications. 1985.

Reid DE. Ryan KJ. Benirschke K. (eds.). Principles and Management of Human Reproduction. Philadelphia, W. B. Saunders Co. 1972.

Ryan KJ. Endocrine organs of reproduction. In Reid, D. E., Ryan, K. J., and Benirschke K. (eds.): Principles and Management of Human Reproduction. Philadelphia,

W. B. Saunders Co. 1972.

Stevenson RE. The Fetus and Newly Born Infant. St. Louis, The C. V. Mosby Company. 1973.

Villee CA. (ed.): The Placenta and Fetal Membranes. Baltimore, The Williams & Wilkins Co. 1960.

Werler MM. Prober BR. Holmes LB. Smoking and pregnancy. In Sever, J. L., and Brent, R. L. (eds.): Teratogen Update. Environmentally Induced Birth Defect Risks. New York, Alan R. Liss, Inc. 1986.

제 12 장

사람의 발생

사람도 다른 포유동물과 마찬가지로 3층배자반(외배엽, 중배엽, 내배엽)이 먼저 형성되고 나서 이로부터 신체 각 부분이 분화되어 나간다. 각각의 조직과 기관이 어떻게 만들어지는지는 다음 그림에 요약하였다.

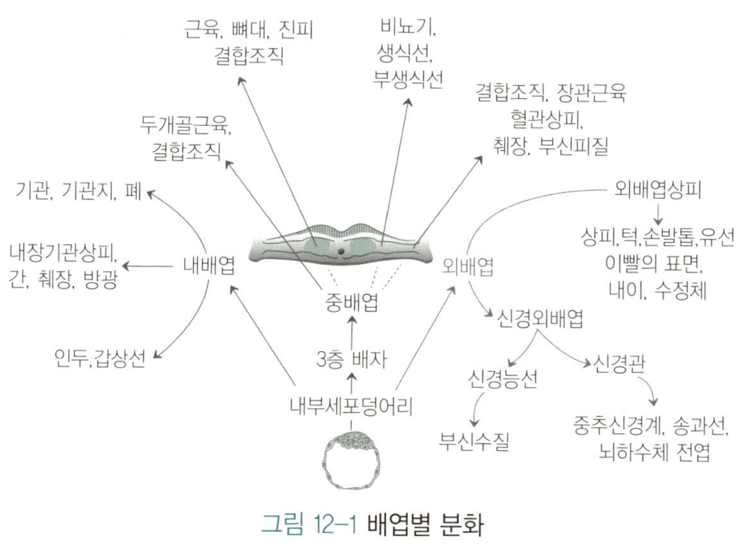

그림 12-1 배엽별 분화

골격

골격(skeletal system)은 중배엽(mesoderm)으로부터 유래된다. 발생 3주~4주에 걸쳐 배자내 중배엽(embryonic mesoderm)이 분화하여 체절(somite)을 이루며, 각 체절은 피부분절(dermatome)과 근육분절(myotome)로 발달한다. 결합조직, 연골, 뼈 등도 중배엽에서 유래된다. 이 때 인접한 세포의 돌기들이 서로 접촉하면서 마치 스펀지 모양의 망을 형성하는데 사이사이의 빈 공간에 무형의 물질(amorphous material)이 가득 들어차게 된다. 세포들은 점차 섬유모세포(fibroblast)와 골모세포(osteoblast)로 분화가 된다.

뼈와 연골

골격은 연골(cartilage)과 뼈(bone)로 이루어진다. 뼈는 막내골형태(intramembranous bone)로 발생을 하거나 연골성의 뼈 모델로 바뀐 후 점차 단단하게 골화되면서 만들어진다.

연골은 발생 5주 초에 처음으로 나타난다. 연골이 발생될 부위에는 세포가 증식하고 커져서 치밀한 연골전구체(precartilage)로 분화한다. 이들 세포는 점차 크고 둥근 연골모세포(chondroblast)로 되며 세포 사이마다 기질을 분비하면서 세포간 거리가 떨어져 연골이 된다. 연골은 세 종류로 나뉘는데 가장 많은 것이 유리연골(hyaline cartilage)이다. 유리연골은 단단하며 미세한 아교질의 섬유망으로 되어있다. 섬유연골(fibrous cartilage)에는 굵은 아교섬유의 형태가 뚜렷하다. 탄력연골(elastic cartilage)은 탄성섬유를 많이 포함하고 있다.

뼈는 세포외 기질이라 불리는 세포간질로 이루어져 있다. 뼈의 세포간질은 아주 강하게 석회화가 이루어져 있다. 뼈는 발생과 경화(단단해지는 것)의 두 단계를 거쳐 만들어지는데 이를 각각 골발생(osteogenesis), 그리고 골화(ossification)라

한다. 골화는 일어나는 장소에 따라 막내골화(intramembranous ossification)와 연골내골화(endochondral ossification)로 구분할 수 있다. 막내골화에 의해 형성되는 뼈의 예는 두개골의 편평골이다. 대부분의 뼈는 이 두 가지 골화 과정의 복합으로 만들어진다.

두개골

두개골(skull)은 발생 중인 뇌에서 따로 만들어진다. 두개골은 뇌 자체를 보호하는 뇌두개골(neurocranium)과 얼굴의 골격을 형성해주는 내장두개골(viscerocranium)의 두 종류가 있다. 두개골은 발생 5~6주에 처음 나타나는데 점차 코 부위로까지 연장되다가 궁극적으로 뇌를 둘러싸는 머리의 중배엽과 연결이 된다.

신생아의 두개골은 흔히 출생 시 압력으로 인해 변형되어 있다. 그러나 뼈 자체가 얇기 때문에 시간이 흐르면서 점차 회복이 된다. 출생 시에는 턱이 작고 안면의 뼈도 채 발달해 있지 않기 때문에 얼굴에서 안면이 차지하는 비율이 상당히 작게 보일 수 있다. 젖니가 나면서 안면과 턱은 빠르게 성장한다. 이러한 성장 변화는 영구치가 나면 더욱 현저해진다. 안면의 형태 변화는 목소리의 공명을 결정하기 때문에 음색 결정에 영향을 준다.

사지골격

발생 5주면 사지의 골격들이 만들어지기 시작한다. 발생 6주경에 유리연골모델이 형성되어 쇄골이 제일 먼저 발생한 다음 이어서 기타 연골들이 만들어진다. 상지와 하지가 하나씩 나타나기 시작하는데 이들의 순서는 가까운 곳에서부터 먼 곳으로까지이다. 뼈가 단단해지는 골화는 사지에서는 8주경에 시작된다. 골화가 제일 먼저 일어나는 부위도 쇄골이며 그다음이 대퇴골이다. 골화는 출생 시까지 계속해서 진행이 된다.

골격의 나이를 골격령(skeletal age)이라 하는데 이는 사람의 성숙 정도를 나타내는 좋은 지표이다. 골격을 검사할 때 골화의 진행 정도(뼈의 크기와 융합 정도)를 종합하여 골격령을 정하게 된다. 대체로 뼈 끝 부분의 특징적인 석회화의 출현, 연골판의 성장 정도를 관찰하는 것이 기준이다. 여자가 남자에 비해 더 빨리 골격이 발달하기 때문에 골격령에 대한 기준은 성별에 따라 다르게 적용될 수밖에 없다.

근육

근육계(muscular system)는 대부분 중배엽으로부터 발생한다. 예외적인 경우는 홍채, 유선 등으로 이는 외배엽에서 발생한다. 일단은 원시근육세포인 근모세포(myoblast)로 발생을 시작하는데 근모세포에서는 단백질 합성이 활발하게 일어나며 세포증식이 활발해서 세포핵이 뚜렷하고 인이 크다. 또한 세포질에 리보좀이 많고 미토콘드리아가 균일하게 퍼져 있는 것이 특징이다.

몸통의 골격근(skeletal muscle)은 중배엽의 근모세포에서 발달한다. 팔다리의 근육, 혀의 근육, 안면과 턱, 목과 어깨의 근육들 역시 중배엽에서 발생한다. 근육 발달의 첫 신호는 근모세포의 분화이다. 발생 3개월 말에는 골격근의 특징인 횡문근이 먼저 출현한다. Actin과 myosin은 수축과 이완의 기본 단위인 근원섬유절(sarcomere)을 형성하는데 이때 세포내 소기관인 미토콘드리아가 가로축으로 평행하게 배열하는 것이 특징이다.

세포성인 근세포는 길고 가늘기 때문에 때로 근육섬유라고도 불린다. 근세포가 근육섬유로 분화하면 다발을 이루면서 근육을 형성한다. 인대라고도 부르는 건(tendon)은 이와 별도로 형성되며 근육을 골격에 부착시키는 기능을 담당한다.

대부분의 골격근은 출생 전에 발달하며 나머지 근육도 대부분 생후 12개월경까지 는 형성된다. 근모세포는 계속해서 형성되고 발달하며 근모세포가 계속 분열해서 근육이 성장한다. 출생후 근육의 크기는 운동 양에 달려 있다. 성인에서 발견되는 근육은 600여 종류 이상이다.

평활근은 내장기관을 둘러싼 근육으로 내장의 중배엽으로부터 분화된다. 혈관 및 림프관의 벽을 구성하는 평활근 역시 중배엽에서 발생된다. 평활근 분화의 첫 신호는 방추체 모양의 근모세포 속에 긴 핵이 나타나는 것이다. 새로 만들어진 근모세포는 계속 분화하면서 다발을 형성하는데 이 세포들이 탄력성이 높은 교질들을 합성하고 분비한다.

심장근은 발생 중인 심장을 싸고 있는 내장의 중배엽에서 발생한다. 심근 모세포들은 발생 4주경이 되면 형태상 구별이 가능하다. 골격 근섬유와 달리 심근섬유들은 단일 세포가 분화하고 성장함으로써 형성되는 것이다. 발생 후기로 갈수록 폭이 큰 특이한 근세포 다발들이 나타나면서 심전도 근섬유가 만들어진다. 심전도 근섬유로부터 심장의 자극전도계가 형성된다.

사지

팔과 다리를 포함한 사지(limb)는 싹(bud)을 먼저 형성한 다음 필요없는 세포를 사멸시키는 방식으로 분화해 나간다. 발생 4주경 배자에서 사지가 작은 융기로 처음 나타나는데 주로 중배엽으로부터 유래하거나 이를 둘러싼 표면의 외배엽으로부터 만들어진다. 사지는 발생 4~8주 사이의 배자기에서 빠르게 분화하는데 이때 형성되는 사지의 모양이 배자 전체의 발생을 쉽게 확인할 수 있는 지표가 된다. 초기에는 상지와 하지가 비슷하게 나타나지만 발생 기원은 서로 독립적이다.

호흡기

호흡기는 기능상 공기를 운반하는 전도부와 기체교환이 일어나는 호흡부의 두 개로 나누어진다. 전도부(conducting portion)는 비강(nasal cavity), 인두(naso-pharynx), 후두(larynx), 기관(trachea), 기관지(bronchus) 및 말단세기관지(terminal bronchiole)로 이루어진다. 호흡부(respiratory portion)는 호흡세기관지(respiratory bronchiole), 폐포관(alveolar duct) 및 폐포(alveolus)로 이루어진다. 폐포는 기체 교환이 가능한 상피로 둘러싸여 있다. 후두(larynx)는 내배엽에서 발생한다.

폐

발생 4주 말에 폐를 대신하는 작은 싹이 나타나는데 이것이 곧 2개의 기관지싹(bronchial bud)으로 발달해 나간다. 내배엽성인 기관지싹은 점차 기관지 및 폐 속의 분지로 분화해 나간다. 발생 28주의 태아의 폐는 가스교환이 가능할 만큼 충분히 발달해있다. 그러나 실제로는 출생할 때까지 호흡하지 않는다. 다만 출생 시 호흡이 가능할 정도로 잘 발달해 미리 준비를 하는 것으로 보인다. 신생아가 출생하기 이전 사망의 주된 원인이 호흡기 계통의 기능 실패라는 점으로 미루어 볼 때 폐의 완전한 발달은 생명유지에 대단히 중요하다.

태아가 마치 호흡하는 듯한 모습을 보이면서 양수를 삼키는 운동이 때때로 일어나는데, 이때 양수가 폐로 들어가기 때문에 폐 발달에 아주 중요한 현상이다. 아마도 이런 반응을 보이는 이유는 산소 부족이 일어나기 때문인 것으로 보고 있다. 그러나 출생 전까지는 폐가 제 기능을 수행하기에 아직 상대적으로 너무 작다. 태아의 호흡운동 양상은 임신진단에 종종 사용되는데 만삭 이전에 태아 출산이 가능한지를 판단하기 위해서이다.

표면활성제

발생 23~24주가 되면 폐를 둘러싼 상피세포에서 표면활성제(surfactant) 또는 계면활성제라 불리는 물질이 분비되기 시작한다. 표면활성제는 인지질 중에서도 lecithin이 풍부한 지질단백질이다. 이 물질은 공기와 폐포의 접촉면에서 표면장력을 낮추어주는 기능을 한다. 임상적으로 볼 때 표면활성제는 폐의 성숙 정도를 나타내는 아주 중요한 지표이다. 출생 후 첫 번째 호흡이 일어날 때 표면활성제가 충분해야 공기와 수분 사이에 생기는 표면장력을 방지하기 때문이다. 이렇게 함으로써 폐포는 붕괴하지 않으며 이후 상당량의 공기를 담아 호흡을 가능하게 해준다.

비뇨생식기

비뇨생식계(urogenital system)는 비뇨기계통과 생식기계통으로 나뉘어진다. 성인 여성에서는 이 두 계통이 분리되어 있는 것처럼 보이지만 실제로는 요도와 질이 함께 붙어서 모여 있다. 비뇨생식계는 중배엽이 분화하여 형성되며 둘 중에서는 비뇨기가 먼저 발생된다. 남성에서는 이 두 기관이 서로 중복되어 있어서 요도를 통해 소변(비뇨기계통)과 정액(생식기계통)이 함께 배출된다.

비뇨기계통(urinary system)은 혈액에서 걸러진 각종 노폐물과 과잉으로 만들어진 수분을 소변으로 배출시킨다. 소변(urine)은 신장에서 만들어져 방광으로 운반되며 이곳에서 일시적으로 저장되었다가 요도에 의해 외부로 배출된다. 비뇨계통은 소변을 만드는 신장(kidney), 소변을 방광까지 운반하는 요관(ureter), 소변을 일시적으로 저장하는 방광(urinary bladder), 그리고 소변을 외부로 배출하는 요도(urethra)로 나뉘어진다.

신장은 발생과정이 복잡하기 때문에 비정상적으로 발생할 확률이 상대적으로 높은 기관이다. 대체로 신장이 기능을 발휘하는 시기는 발생 3개월 말경이다.

남성 요도의 대부분 및 여성 요도는 내배엽에서 유래한다. 여성의 요도는 골반의 상부에서 유래하며 골반부의 하부 및 음경부는 따로 합쳐져서 질전정으로 발달된다. 질전정에서는 비뇨기와 생식기가 따로 열리기 때문에 여기에서 영구적인 비뇨생식 역할을 담당한다. 골반부에서는 질의 일부 부위도 형성이 된다.

남성의 요도는 여성보다 훨씬 길기에 발생과정이 더욱 복잡하다. 음경은 요도의 해면체로부터 발달하며 길게 연장되면서 형태를 만들어간다. 전립선은 처음에는 중배엽성이지만 차후 내배엽으로 대치가 된다. 요도의 말단은 귀두 끝에서 안쪽으로 자라듯이 들어가는데 이의 유래는 외배엽이다.

부생식선

전립선, 요도구선, 정낭 등의 부생식선들은 남성에서 더욱 뚜렷하게 발달된다. 전립선(prostate gland)은 발생 10주에 발달하기 시작한다. 신생아의 전립선은 모체 호르몬에 의해 일시적으로 활성화되기는 하지만 궁극적으로는 사춘기가 되어야 제대로 기능을 시작한다. 정낭(seminal vesicle) 역시 남성에게만 존재하며 발생 10주경에 형성되어 이후 사춘기까지 서서히 발달한다.

난소

Y 염색체가 없으면 배자의 성선은 상당히 느리게 분화가 된다. 때문에 발생 10주가 되어야 여성으로서의 형태가 나타나기 시작한다. 발생 16주가 되면 난조세포들이 주머니로 둘러싸이게 되며 이를 난포세포(follicular cell)라고 부른다. 결국 모든 난조세포는 하나의 원시성세포(primordial germ cell)에서 유래하는 것이

다. 난조세포는 체세포분열에 의해 계속 증식하며 일부는 제일난모세포로 계속 분화한다.

제일난모세포는 발생 중 편평한 단층의 난포세포로 둘러싸이며 이를 원시난포(primordial follicle)라고 부른다. 제일난모세포는 활발히 분열하여 발생 5개월에 그 수가 약 700만개까지 늘어난다. 이후 상당수의 난포와 제일난모세포가 퇴화하기 때문에 발생 7개월이 되면 피질 근처를 제외한 나머지 부분에서 대부분의 원시난포가 퇴화하고 만다. 이때 살아남은 제일난모세포는 일차감수분열을 계속한다.

이렇게 형성된 원시난포는 사춘기에 이르러 배란될 때까지 휴지기 상태로 있게 된다. 이 긴 시기를 망기(dictyotene stage)라고 하는데 사춘기가 되어 배란 준비를 시작해야만 비로소 감수분열을 계속하게 된다. 난포세포는 남성의 간질세포와 상동한 구조로 생각된다.

생식관

생식관은 성에 따라 특징적으로 분화한다. 여성에서는 모체, 태반 및 태아 난소에서 만들어지는 에스트로겐이 생식관 분화에 영향을 미친다. 남성의 성호르몬이 없으면 미분화 상태의 외부 생식기가 에스트로겐에 의해 자극을 받아 대음순, 소음순, 음핵 및 질의 일부로 분화된다.

난관

난관(oviduct) 또는 자궁관(uterine tube)이라 부르는 부생식선은 난소를 향해 깔때기 모양의 난관채(fimbria)를 형성한다. 임신 중반에 난관 속에서 수정을 위한 팽대부(ampulla)가 따로 형성된다. 난관은 자궁과 달라서 출생 후에 크기가 변화하지 않는다.

자궁

사람을 포함한 대부분의 영장류에서는 자궁(uterus)이 비교적 일찍 형성되지만 자궁 본연의 특징적 구조는 시간이 지나면서 서서히 나타난다. 이를 단순형 자궁이라고 한다. 자궁체(body) 및 자궁경부(cervix)는 태아초기부터 구별된다. 처음에는 자궁과 질의 경계가 확실하지 않지만 발생 3개월 말에 다다르면 더욱 확연하게 구분된다. 질(vagina)은 발생 3개월 말에 질원개가 형성되면서 발생을 한다. 처녀막(hymen)은 질의 입구에 놓인다. 이 막은 대개 출생 직후 자연스럽게 파열되어서 질 입구 주위에 얇은 점막 주름으로 남게 된다.

성선의 하강

고환과 난소의 위치는 발생과정을 통해 계속 변화한다. 발생 초에 성선은 횡경막부위에 위치하지만 곧 급강하하여 발생 10주경에는 복부와 골반의 경계쯤 위치하게 된다. 하강의 원인은 뚜렷하지 않은데 성선자극호르몬에 의해 태아의 고환에서 분비되는 남성 성호르몬이 이 과정을 조절하는 것으로 알려져 있다. 신생아의 97% 이상에서 고환의 하강이 일어나 있으며 혹시 하강하지 않은 경우에도 대부분 생후 3개월 정도면 하강이 완료된다. 난소는 발생 3개월에 골반 입구에 놓이게 된다. 여성에서의 하강은 남성처럼 명백하지는 않다.

심혈관계

접합자(zygote)가 난할하여 배엽층(germ layer)이 형성되기까지 일련의 과정은 세포분열과 함께 분화를 수반하는 복잡한 절차이다. 따라서 세포가 분열하기 위해 필요로 하는 영양공급이 대단히 중요하다. 수정란의 영양분은 조직영양 및 혈영양을 통한 단순 확산(diffusion)만으로도 충분하지만 점차 배자가 성장하면서 모체를 통해 산소와 영양물을 대량 섭취하고 노폐물과 이산화탄소를 대량 제거하기 위한 수단이 필요하게 된다. 이러한 요구를 충족시켜 주는 것이 심혈관계통(cardiovascular system)이다. 심혈관은 배자에서 처음으로 형태가 발달하는 기관은 아니지만 기능은 가장 먼저 시작하는 기관이다. 발생 3주 말이면 혈액이 순환되기 시작한다.

대동맥은 일찌감치 배자의 중간 부위에 자리잡으면서 한 쌍의 원시동맥 상태로 발생한다. 이후 각 가지들이 뻗어나와서 필요한 부위들에 적절하게 배치가 된다.

정맥(vein)은 초기에는 복잡한 형태의 혈관망을 이루지만 점차 융합 및 팽대를 거쳐 몇 개의 큰 정맥으로 통합이 된다. 이러한 큰 정맥의 발생은 복잡한 단계를 거치기 때문에 상대적으로 기형이 나타날 확률이 높다. 물론 단순 변이나 기형은 기능적으로 손상을 주지 않기 때문에 무시해도 좋을 정도이지만 진단 과정 중에 혼란을 일으킬 수 있다는 문제가 있다. 정맥의 발생은 보통 동맥의 발생보다 그 과정이나 형태가 훨씬 뚜렷하다.

혈관의 기형

대정맥의 기형은 그리 흔하지 않지만 혈관은 워낙 변화가 많기 때문에 얼마든지 일어날 수 있는 변이이다. 종종 발생과정에서 퇴화되어야 할 정맥가지들이 그대로 남아 있는 경우가 관찰되곤 한다. 대동맥이 협착되는 경우도 있는데 이는 대동맥이 다양한 위치에서 좁아진 것으로서 선천적 심장질환을 갖는 소아나 성인의 약 10%에서 관찰이 되곤 한다. 또한 여자에서 그 빈도가 남자보다 2배 가량 더 많이 나타난다.

심장

사람의 심장(heart)은 2개의 단순한 원시 심관 형태로 발생을 시작해 이후 복잡한 과정을 통해 기능 수행에 적합하도록 잘 구획된 4개의 방으로 발달한다. 포유류의 심장은 4개의 방으로 완전히 구획되어서 산화된 혈액과 정맥피가 서로 섞이지 않는 것이 특징이다. 전신에서 순환해 들어오는 정맥피는 우심방으로 들어가며 계속해서 우심실로 이동해간 후 폐로 운반되고 모세혈관에서 최종 산소화(oxygenation)된다. 이렇게 산소화된 혈액은 폐정맥을 통해 좌심방으로 운반되며 좌심실에 이어 대동맥을 통해 전신에 공급된다.

심장 원기는 중배엽에서 발생 3주쯤 구별되어 나타난다. 심장 원기가 발생하는 부위를 심장 발생 부위(cardiogenic area)라고 한다. 심장은 처음에 체절 머리 부위에 위치하지만 발생 4주가 되면 목 높이 부분으로 이동해 위치하게 된다. 이후 점차 인두가 길어지면서 발생 8주에는 흉추 높이까지 자리를 옮긴다.

심장은 발생 4주 초에 처음으로 수축을 시작한다. 태아의 심상은 배자 자체의 순환 이외에도 태반 순환을 동시에 유지해 주어야 하기 때문에 발생 6주경 관찰되는 배자의 심장은 비율로 보아 성인에 비해 9배나 크다.

신경

신경계는 발생 3주에 신경판(neural plate)로부터 발생한다. 그리고 며칠 뒤 신경구(neural groove)가 형성된 뒤 이어서 신경주름(neural fold)으로 발달한다. 신경계는 점차 말초신경계와 자율신경계로 분화해 나간다.

뇌

신경관의 4개 체절은 점차 뇌(brain)로 발달한다. 머리 쪽의 신경주름은 융합되고 신경관이 닫히면서 뇌포가 발생하여 이것이 차후 뇌로 발달한다. 발생 4주 말경 신경관은 전뇌, 중뇌 및 능형뇌로 나뉘어진다. 발생 초기에는 뇌와 척수의 기본구조가 같지만 점차 회백질과 백질의 배치가 달라지면서 구조 자체가 판이해진다. 태아기에는 소뇌반구가 융합되고 대뇌반구는 계속 성장을 이어간다. 태아기초의 뇌는 성장이 빠르다. 출생 후 첫 9개월 동안에는 뇌의 무게가 거의 2배로까지 성장한다. 6세가 되면 성인 뇌 무게의 약 90%에 도달하는데 뇌의 성장과 무게 증가는 세포의 수가 많아지고 수상돌기가 형성되면서 수초화되는 것이 주원인이라고 생각된다.

소뇌(cerebellum)는 운동 중추이며 발생 5주 초에 발달한다. 발생 12주에는 마치 양끝이 뭉툭한 막대 모양이며 4개월이면 성인의 소뇌와 비슷한 구조를 갖추게 된다. 그러나 최종적인 형태를 갖추려면 발생 7개월까지 기다려야 한다. 중뇌는 발생 3개월부터 본격적으로 분화가 시작되며, 전뇌는 발생 5주 말에 분화가 시작되어 이후 서서히 모습을 갖추어간다. 간뇌는 발생 2개월에 이미 모습이 뚜렷하지만 실제 기능을 하려면 주위의 다른 구조들과 조화있는 관계가 필요하다. 후각을 제외한 대뇌피질로 가는 모든 신경자극들이 간뇌를 지나게 된다.

시상하부(hypothalamus)는 자율신경계의 중추부분이다. 여기에서 소화, 체온조절, 감정 등과 관계된 여러가지 신경 핵들이 발달한다.

말초신경

말초신경계(peripheral nervous system)는 뇌신경(cranial nerve), 척수신경(spinal nerve) 및 신경절(ganglia)의 3개 부위로 구성된다. 구심성 신경섬유와 원

심성 신경섬유의 두 가지가 존재하는데 구심성 섬유는 감각성 자극을 중추신경계로 전달하는 반면 운동성 섬유는 운동성 자극을 효과기(effector organ)로 전달한다. 사람의 뇌신경은 후각신경, 시각신경, 동안신경, 활차신경, 삼차신경, 외전신경, 안면신경, 전정와우신경, 설인신경, 미주신경, 부신경, 설하신경 등 모두 12쌍이 있으며 체절성이 없다

자율신경계

자율신경계(autonomic nervous system)는 수의적 조절이 불가능하고 의식으로 통제할 수 없는 신경계이다. 기능상 교감신경계(sympathetic system)와 부교감신경계(parasympathetic system)로 나눌 수 있다.

피부

피부는 상피와 부속구조의 두 부분으로 구성된다. 부속기관이란 손톱과 발톱, 모발, 피지선, 유선 등을 일컫는 말이다. 상피는 소화기, 호흡기 및 비뇨생식기 등에서 점막과 연속되는 내부 표면이다. 피부는 외배엽과 중배엽으로부터 유래한 두 개 층으로 이루어진다. 겉의 표피는 상피조직이며, 그 속에 두꺼운 진피가 존재한다. 진피는 중배엽성으로서 주로 결합조직으로 이루어진다.

표피(epidermis)는 외배엽에서 유래된다. 발생 7주경 배자의 표피는 기저층(basal layer)과 태아표피로 이루어진다. 태아표피는 향후 21주까지 계속 탈락되며 없어지고 만다. 이렇게 탈락된 태아표피 세포들은 양수로 떨어져 나오기 때문에 유전자 검사의 좋은 재료가 된다. 표피에는 태지라 부르는 지질 성분이 덮여있는데 이는 피부를 보호하는 동시에 출생 시 태아를 보호한다. 진피층(dermis)에서는 굴곡이 생기게 되는데 이 때문에 손바닥과 발바닥에 지문(fingerprint)이 형성

된다. 지문은 발생 17주경 완성되며 일단 만들어지면 평생토록 변하지 않는다. 표피의 기저층에 멜라닌세포가 분포하는데 이 세포는 출생 전부터 색소를 만들어낼 수 있다.

진피(dermis)는 중배엽에서 유래한다. 피부가 성장하면서 모세혈관이 새롭게 신장되는데 그 주변에 근육층이 분화되어 만들어지면 동맥과 정맥 계통으로 점차 발달한다. 피부 부속지로는 피지선, 모발, 손톱과 발톱 등이 있다. 이들은 모두 외배엽에서 유래한다. 피지선(sebaceous gland)에서는 피지(sebum)를 형성하는데 탈락된 태아표피세포와 합쳐지면 태지가 형성된다. 발생 9주경에는 눈썹이 만들어진다. 손톱과 발톱(nail)은 발생 10주경 손가락과 발가락 끝에서 발달하는데 손톱이 발톱보다 한 달쯤 먼저 발생한다.

유선(mammary gland)은 수유를 위해서 고도로 분화된 분비선이다. 발생 6주경에 만들어지는데 흉부에만 형성된다. 여성이 사춘기에 다다르면 에스트로겐의 분비가 증가하면서 유선이 빠르게 성장한다. 유선의 성장에는 에스트로겐 외에도 프로게스테론(progesterone), 프로락틴(prolactin) 등 호르몬이 관여한다. 일단 임신이 되면 유선은 더욱 발달하여 수유 준비를 마치게 된다.

눈

눈은 시각중추로서 부위에 따라 기원이 매우 다양하다. 외배엽 기원에서 망막과 홍채가 만들어지고, 중배엽 기원에서는 맥관과 섬유층이, 그리고 표면의 외배엽에서는 각막이 만들어진다. 눈은 발생 4주 초에 처음 나타나기 시작한다. 이때는 작은 안구 형태이다. 망막(retina)은 발생 5주 말에 작은 색소과립으로 나타나 점차 색소상피(pigment epithelium)로 분화된다. 발생 8주가 되면 시신경 섬유가 뇌에까지 도달한다. 출생 때 까지도 시신경섬유는 불완전한 상태이다. 따라서 신생아의 시력은 정상 시력과 비교하여 현저하게 떨어져있다. 연령에 따라 다르지만 이

차이가 극복되기 까지 수년이 소요된다.

홍채의 근육들은 신경외배엽에서 유래한다. 홍채에는 멜라닌 색소가 들어있는데 이 색소의 정도가 눈의 색깔을 결정한다. 색소가 많으면 갈색으로 보이고 그 반대라면 파랗게 보인다. 수정체는 출생 후 첫 수년간은 빨리 성장하지만, 이후에는 느리게 성장한다.

눈물샘은 표면의 외배엽으로부터 발생한다. 누선은 출생 시에 이미 만들어지기는 하지만 워낙 작아서 6주 동안은 기능을 하지 않는다. 따라서 신생아는 울더라도 눈물이 나오지 않는다. 또한 신생아는 출생 직후 수주일 동안은 제대로 사물을 구별할 수 없다. 안구도 서서히 성장을 한다. 이 때문에 5~6세 경 일시적인 근시가 나타날 수 있다. 안구는 사춘기까지 성장하고 그 이후에는 거의 자라지 않는다.

귀

성인의 귀(ear)는 청각 뿐 아니라 평형을 유지하고 회전감각을 감지하는 기능까지 동시에 갖추고 있다. 외이, 중이 및 내이로 이루어져 있는데 이들은 서로 다른 부위에서 유래한다. 외이는 외부의 소리를 모아 안쪽으로 전달하는 부위이다. 중이는 외이와 내이 사이에서 소리를 전달하는 역할을 한다. 내이는 전해온 음파를 신경의 전도 자극으로 전환시키면서 동시에 평형 상태를 감지하는 기능을 한다. 귀에는 또한 고막(tympani membrane)이 있어 소리의 떨림을 감지할 수 있다.

소화기

소화기는 신체에 필요한 에너지를 음식물로부터 섭취하고 분해, 흡수, 공급하는 장기이다. 뿐만 아니라 흡수되지 않은 물질은 노폐물로서 체외로 배출한다. 소화기는 입에서 항문까지 이르는 약 9m의 긴 관인데, 여기에 몇 가지 부속기관이 부착되어 있다. 즉 소화관은 입, 식도, 위, 소장 및 대장으로 연결되며 간, 담낭 및 췌장 등이 부착되어 있다. 소화관은 원시장관(primitive gut)으로부터 만들어지는데 3주 말경 발생이 본격적으로 시작된다.

식도는 짧고 작지만 배자가 성장함에 따라 빠르게 길이가 늘어난다. 식도를 이루는 세포는 대부분 내배엽에서 유래한다. 그러나 식도의 근육층은 중배엽에서 형성된다. 식도에는 그 외에도 신경이 분포하는데 발생 9~10주경에 신경망이 분화된다.

위는 처음에는 단순한 관 모양으로 발생하지만 점차 불룩해지면서 그 형태가 분명해진다. 이때가 대체로 발생 4주 말 정도이다. 위는 형태 분화뿐 아니라 위치도 옆으로 눕게 되는데 발생 6주가 되면 시계방향으로 회전이 일어난다. 십이지장과의 연결이 분명해지는 것도 대체로 이 시기이다. 십이지장은 위가 회전하면서 "C"자 모양으로 굽게 된다.

간과 담낭은 발생 4주 초에 분화를 시작한다. 원기의 형태로 발달하는데 점차 판(plate)을 형성하면서 세포분열이 빠르게 진행된다. 간은 발생 초기에 조혈작용까지 담당하는 중요한 내장기관이다. 간의 상피가 증식하면서 담낭(gall bladder)과 담낭관(cystic duct)이 분리되게 된다. 간과 그 부속 계통이 형태적으로 완성되는 것은 대체로 발생 10주 말이다. 그리고 발생 12주가 되면 간세포에서 담즙(bile juice)을 형성하기 시작한다. 담즙은 담관을 통해 십이지장으로 들어가기 때문에 발생 13주 이후의 태변은 짙은 녹색을 띠게 된다.

태변

발생 초에는 장내에 고형물질이 없지만 발생 3개월 이후부터 조금씩 축적되기 시작한다. 이 고형물질을 태변이라 한다. 태변은 담즙 때문에 약간 녹색을 띠는데 출생 후 약 4일이면 배출이 된다.

참고문헌

Hertig AT. Angiogenesis in the early human chorion and in the primary placenta of the macaque monkey. Contrib Embryol Carnegie Inst. 25. 37. 1935.

Ramsey EM. The placenta and fetal membranes. In Greenhill, J. P. (ed.): Obstetrics. 14th ed. Philadelphia, W. B. Saunders Co. 1969.

Nieuwkoop PD. Johnen AG. Albers B. The Epigenetic Nature of Early Chordate Development. Inductive Interaction and Competence. London, Cambridge University Press. 1985.

O'Rahilly R. Guide to the staging of human embryos. Anat Anz 130. 556. 1972.

O'Rahilly R. Developmental Stages in Human Embryos. Part A: Embryos of the First Three Weeks (Stages 1 to 9). Washington, D. C. Carnegie Institution of Washington. 1973.

Saxen L. Interactive mechanisms in morphogenesis. In Tarin, D. (ed.): Tissue Interactions in Carcinogenesis. London, Academic Press. 1972.

Streeter GL. Developmental horizons in human embryos. Description of age grouup XI, 13 to 20 somites, and age group XII, 21 to 29 somites. Contrib Embryol Carnegie Inst. 30. 211. 1942.

Thompson MW. Genetics in Medicine. 4th ed. Philaelphia, W. B. Saunders Co. 1986.

Wessels NK. Tissue Interactions in Development. Menlo Park, California, W. B. Benjamin Inc. 1977.

제13장
출생 후 발생

출생 이후의 발생은 평생을 거쳐 사망에 이를 때까지 인생 전반에 걸쳐 일어나는 크고 작은 변화이다. 출생 후 발생은 자궁 내에서 일어나는 출생 전 변화만큼 드라마틱하지는 않지만 젖니가 나고 다시 빠지면서 새로운 이가 난다든지, 상처가 났을 때 치유되어 아문다든지, 나이가 들면 머리가 하얗게 센다든지, 병에 걸렸다가 낫는다든지 등등이 모두 출생 후 발생의 결과이다. 출생 후의 시기들은 신생아기(neonatal period), 유아기(infancy), 소아기(childhood) 청년기(adolescence), 성인기(adulthood), 노년기(senescence)로 나눌 수 있다.

신생아기

신생아기는 출생 후 처음 1개월로서 사망률이 가장 높은 시기이다. 신생아가 출생과 동시에 모체와 태반이 대신해주던 일들을 스스로 해야 하기 때문에 생리적 변화가 급하게 일어나야 하는 시기이다. 때문에 신체 어느 부분이라도 기능적으로 미성숙하면 신생아기를 넘기기 어렵다. 신생아의 키는 50*cm* 정도이며 몸무게는 평균 2.7~3.6*kg* 정도이다. 이보다 체중이 적으면 저체중아라고 하며, 반대로 체중이 초과하면 과체중아라고 한다. 저체중아와 미숙아는 근본적으로 다른 개념이다. 미숙아는 생리적 기능이 미완성되어 상당기간 인큐베이터 등 보조시설의 도움이 필요한 경우이고, 저체중아는 어머니의 자궁이 작아서 작게 태어났을 뿐 생존능력은 모두 정상인 아기이다. 흔히 착각하기 쉬운 것 중의 하나가 작게 태어난 아기는 평생 작고, 크게 태어난 아기는 평생 크다는 것인데 출생 시의 크기는 순전히 모체의 자궁 크기와 관계가 있을 뿐 이후 생장속도와 연관이 없다.

신생아기는 아기가 새로운 환경에 적응하면서 동시에 영양섭취, 호흡, 순환, 소화, 체온 조절, 배설 등 모든 일을 스스로 하기 시작해야 하는 대단히 어려운 시기이다. 또한 오염된 환경 속의 각종 병균과의 싸움에서 스스로 면역력을 발휘해야 하는 부담도 있다. 예전과 달리 의학이 발달된 현대에는 일단 신생아기를 잘 견디어내면 아기의 생존률이 거의 100% 이상이다. 신생아가 해야 될 일 중에서 제일 중요한 것은 O_2 흡수와 CO_2 배출을 하는 호흡이다(자궁 내의 태아는 부분적인 질식 상태이며 규칙적인 호흡 운동은 하지 않는다). 갓 태어나서는 아기가 외부적 충격을 줄 때까지 아직 호흡을 시작하지 않고 있는 것이 보통이다. 아기의 폐는 붕괴되어 있고, 물이 차 있으며 공기 통로가 좁은 관계로 탯줄을 자르자마자 서둘러 호흡을 확보해 주는 것은 임상적으로 대단히 중요하다. 호흡을 하지 않고 있으면 생리적으로 체내에 금방 CO_2가 증가하고 O_2가 감소한다. 이렇게 증가된 CO_2는 H_2O와 결합하여 H_2CO_3가 되고 이것이 해리되어 H^+가 쌓이면서 체내 pH는 점차 산성이 된다. 이렇게 체내 조건이 산성이고, 처음 외부환경과 접하면서 체온이 일시적으로 떨어졌을 때 엉덩이를 때려 자극을 주면 아기는 드디어 첫 번째 호흡을 시작하게 된다. 신생아의 호흡률은 분당 약 40번이며, 규칙적이다.

신생아는 에너지 대사가 비교적 높은 편이기는 하지만 아직 간(liver)이 충분히 성숙되지 않아서 필요한 만큼의 포도당을 스스로 확보할 수 없다. 게다가 모유도 처음 2~3일간은 아직 나오지 않는다. 따라서 처음 며칠 동안은 주로 저장해둔 지방(fat)을 에너지로 사용한다. 무엇보다도 스스로 젖을 빨아야 한다. 처음에는 간에서의 빌리루빈(bilirubin) 배출이 일시적으로 장애를 겪을 수 있기 때문에 황달을 일으킬 수도 있다. 그러나 이것은 자연스러운 현상으로 약 2주 후에는 정상적으로 회복된다.

출생 시 신생아의 피부는 약간 청색(cyanosis)을 띠지만 수분 이내에 진분홍색으로 회복된다. 신생아는 신장(kidney)도 아직 성숙되지 못해서 소변이라기보다는 묽은 희석액을 분비할 뿐이다. 처음에는 약간의 탈수 현상이 오기도 하지만 이 또한 정상적인 현상이다. 체온(body temperature) 조절 능력 역시 아직 미비해서 외부의 온도 변화에 따라 처음 2~3일간은 체온이 다소 떨어질 수도 있다. 때로는 3℃ 정도나 떨어지지만 8시간 이내에 안정되는 것이 보통이다.

신생아의 탯줄은 약 6~10일경 떨어지는데 오래갈 경우에는 3주 이상 붙어있는 경우도 있다. 그러나 이 또한 정상이며 탯줄 속으로 장의 일부가 들어가 있을 수도 있기에 억지로 탯줄을 잡아떼어서는 안된다. 신생아의 시력은 대단히 낮아서 물체의 윤곽을 간신히 구별할 정도이다. 물론 빛을 감지할 수는 있으나 초점이 맞지 않아 대부분 사시 현상을 보인다. 신생아는 소리에 반응할 수 있다. 빛과 소리에 반응한다는 것은 신생아의 감각기관이 잘 발달되어 있음을 나타내는 척도이다. 대부분의 신생아는 눈물샘이 완성되지 않아 배가 고프거나 배설한 후에는 격렬하게 울더라도 눈물이 나지 않는게 보통이다. 신생아는 처음 2개월간 주먹을 쥐고 있으며 하품도 하고, 코를 골고, 꿈도 꾸는 등 어른들이 하는 대부분의 행동을 할 수가 있다. 그러나 제일 중요한 것은 신생아가 주변 환경에 인간으로서 빨리 적응하는 일이다.

신경계의 발달은 특별히 중요한데 입 주변을 건드리면 두부를 양측으로 움직여 유두(nipple)를 찾으려고 한다든지, 물체를 손바닥에 놓으면 단단히 붙잡는 반응, 발바닥을 간질이면 발가락을 좌악 펴는 반응, 그리고 무릎 반사에 반응하는 것 등이 주요한 반응들이다. 무릎반사는 아직 반사회로가 완성되지 않아 반대쪽 다리를 움직일 수도 있다.

유아기

유아기는 태어나서 4주 이후 처음 1년간을 지칭하는 용어이다. 이때에 아기는 성장 속도가 빨라서 체중이 거의 3배까지 늘어나게 된다. 젖니가 생기는데 이는 나중에 영구치로 대치될 부분이다. 근육과 신경 계통이 성숙되며 따라서 조화 있는 근육 운동이 가능해 진다. 조화있는 근육운동이란 목을 가누고, 기고, 앉고, 서고, 물건을 잡고, 눈으로 움직이는 물체를 따라가는 것 등 체계적인 운동을 말하는 것이다. 일년이 지나면 약간의 대화가 가능해지는데 보통 2, 3개 정도의 단어를 말할 수 있게 된다. 유아는 웃고, 미소 짓는 등 보다 발전된 감정과 이성적 행동을 나타낼 수 있다. 유아기는 신생아기 때와 달리 안정되었고 성장이 빠른 시기이기 때문에 더욱 많은 영양분을 필요로 하는 시기이다. 이때에는 새로운 조직과 근육을 형성해야 하므로 단백질, Ca^{++}, Vitamin D가 풍부한 음식물의 공급이 필요하다.

소아기

소아기는 출생 1년부터 사춘기까지의 광범위한 기간을 말한다. 성장 속도는 계속해서 증가되고 젖니는 후에 영구치로 대치가 된다. 운동 능력이 발달하며, 특히 수의근이 잘 발달하여 걷고, 뛰고, 기어오르는 등 패기있는 활동이 가능해진다. 점차 배설 능력도 스스로 조절하게 되며 대화능력이 형성된다. 읽고 쓰는 등 학습력도 발전되고 합리적으로 사고하는 능력과 감정면에서 더욱 성숙하게 된다. 성장이 가속화되기 때문에 영양분의 요구가 증가되는 시기이다.

청년기

청년기는 사춘기(puberty)때부터 성인기(adulthood) 사이를 보통 지칭한다. 남녀의 차이는 있지만 대체적으로 사춘기는 12~14세 사이에 시작된다고 알려져 있다. 대개는 여성에게서 이 시기가 먼저 오는데 그 때문에 사춘기 초반에는 여성이 남성보다 전반적으로 클 수도 있다. 그러나 차차 변하여 나중에는 남성이 더 크게 된다. 사춘기는 해부학적으로 또는 생리학적으로 볼 때 생식 능력이 완성되는 시기이다. 이차성징이 나타나고 근육 및 조직에서 성장 가속(growth spurt)이라 불리는 갑작스러운 성장의 증폭이 있을 수 있다. 역시 성장속도가 빠르기 때문에 단백질, 비타민, 미네랄 등이 조화있게 포함된 음식물의 섭취가 중요한 시기이다. 청년기 때에 운동능력(motor skill), 지성(intelligence), 감정(emotion) 등이 모두 완성된다.

성인기

성인기는 발생학적으로 볼 때 더 이상의 심각한 변화가 없는, 그리고 조금씩 퇴행성 변화가 시작되는 시기이다. 시기적으로는 청년기와 노년기(senescence) 사이를 지칭한다. 성인기 초기인 30세를 전후해서 유전적, 환경적 요인에 의한 노화작용이 일어나기 시작하는데 매년 자기 능력의 0.8% 정도를 상실하게 된다. 이때부터 점차 근육이 점점 그 강도를 잃고 결합조직들이 근육 내에 쌓이게 되는 변화가 일어난다. 제일 심각한 변화는 순환기관과 신경계통의 변화이다. 혈관이 좁아지고 지방이 축적되면서 혈류의 감소가 일어나고 방치했을 경우 후에 동맥경화증 등 치명적인 병을 얻을 수도 있다. 피부도 탄력을 잃게 되고 점차 주름지게 되며 머리색갈도 멜라닌 색소가 적어져 회색으로 탈색된다. 성호르몬이 감소되고 성세포 생산조직의 기능 저하로 여성은 폐경기(menopause)를 이 기간 중 겪게 된다.

미각이 떨어지면서 영양 섭취가 줄어들어 영양실조가 올 수 있는 시기이다. 그럼에도 불구하고 운동량이 적어져 영양 요구성이 적어지는 시기이기 때문에 적은 칼로리(calory)만으로도 체중을 유지할 수 있다. 이 시기에는 필수 영양분의 섭취가 대단히 중요하다. 특히 철(iron), Mg^{++}, Ca^{++}, vitamin A, D, C 등의 영양분들이 결핍되지 않도록 주의가 필요하다.

노년기

노년기는 성인기의 마지막부터 사망에 이르기까지 인생의 마지막 단계로서 평생을 통해 계속 사용한 신체의 노화로 말미암아 다양한 퇴행성 변화가 나타나는 시기이다. 노화가 왜 오는지에 대해서는 다양한 가설이 있지만 아직은 정확한 원인이 밝혀지지 않고 있다. 현재 가장 유력한 설은 유전자 프로그램 가설과 산화작용에 의한 자유라디칼(free radical)의 증가라는 가설이다. 노년기에는 각 관절의 연골이 닳아서 고통스럽고 운동이 어려워지며 순환기계, 신경계, 면역계 등 다양한 부위에서 질병이 발생할 가능성이 높아진다. 세포분열 속도가 떨어지고, 회복능력도 약해서 일단 병에 걸리면 그만큼 낫기도 어려워지는 시기이다. 중추신경계(CNS, central nervous system)의 기능 감소로 지적능력 소실이 올 수 있고, 감각세포(sensory cell)의 기능 감소로 청력 감퇴(hearing loss), 시력 감퇴(visual loss), 미각 및 후각의 감퇴, 온도 변화에의 둔감 등 다양한 증상이 나타날 수 있다.

현대 사회는 전반적으로 평균 수명이 늘어나고 있는 추세이다. 더욱이 여성의 평균 수명은 남성보다 조금 더 길다고 알려져 있다. 이는 아마도 순환기 및 호흡기 계통, 그리고 간질환이 남성에게 더 많기 때문인 것으로 추정된다. 수명이 늘어나고 사망률이 감소하는 것은 대단히 반가운 일이 아닐 수 없다. 그러나 그보다 더욱 중요한 것은 건강한 노후를 유지하는 것이라 하겠다.

참고문헌

Arking R. Biology of Aging: Observations and Principles. Prentice Hall, Englewood Cliffs. New Jersey. 1991.

Christensen D. Weight matters, even in the womb: Status at birth can foreshadow illnesses decades later. Sci News. 158. 382-383. 2000.

Ellis R. Yuan J. Horvitz HR. Mechanisms and functions of cell death. Annu Rev Cell Biol. 7. 663-698. 1991.

Erwin PC. To use or not use combined hormonal oral contraceptives during lactation. Family Planning Perspect. 26. 26-30. 1994.

Fergusson D. Neonatal circumcision and penile problems: An 8-year longitudinal study. Pediatrics. 81. 537-540. 1988.

Finch CE. Longevity, Senescence, and the Genome. University of Chicago Press, Chicago and London. 1990.

Fogle S. Darwin takes on mainstream medicine. J NIH Res. 5. 64-66. 1993.

Hack M. Fanaroff A. Outcomes of extremely-low birth-weight infants between 1982 and 1988. N Engl J Med. 321. 1642-1647. 1989.

Hardy SB. “Mother Nature: A History of Mothers, Infants, and Natural Selection.” Pantheon Books, New York. 1999.

Lamb ME. Early mother-neonate contact and the mother-child relationship. J Child Psychol Psychiat. 24. 487-494. 1983.

Ostwald PF. Peltzman P. The cry of the human infant. Sci Am. 230. 84-90. 1974.

Sapolsky RM. The importance of a well-groomed child. Science. 277. 1620-1621. 1997.

제 14 장

산전검사

산전검사(prenatal diagnosis)는 출생 이전에 유전자를 검사하는 방법으로 크게 세 가지 종류가 있다. 이들은 각각 장점과 단점이 있기 때문에 검사 시기와 시술 방법에 따라 어느 것을 선택할지 부모가 결정해야 한다. 그러기 위해서는 검사의 목적과 방법 등에 대하여 정확한 지식을 습득하는 것이 최우선이다. 이들 검사를 통하면 개개의 유전자 질환도 검사할 수 있지만 가장 흔한 것은 염색체의 이상을 살펴보는 것이다. 그중에서도 다운증후군이 검사의 일차적 목표이다. 다운증후군은 임산부의 나이 35세를 전후하여 그 발병 빈도가 급격히 증가하며 최고점에 도달했을 때에는 거의 신생아 1%가 영향을 받을 정도이다. 1%라면 개념상 적다고 느낄 수 있지만 이는 사실 엄청나게 높은 빈도이다. 발병 빈도가 40세 이상으로 가면 다시 떨어지는 이유는 늦둥이가 안전하기 때문이 아니고 임신하는 여성의 숫자 자체가 줄어들기 때문이다.

최근에 젊은 사람들의 출산율은 떨어지는 반면 늦둥이를 낳는 풍조가 유행하고 있다. 그러나 발생학적인 측면에서 보면 다운증후군의 위험성을 높이는 사회적 문제를 안고 있다.

초음파 검사의 원리

초음파 검사(ultrasound examination)는 제일 간단한 검사 방법 중 하나이다. 그러면서도 움직이는 아기를 직접 관찰할 수 있기 때문에 가장 다이내믹한 검사이기도 하다. 초음파 검사는 사람이 들을 수 있는 파장보다 높은 음파를 이용해 아기의 영상을 관찰하는 방법이다. 가청 주파수가 초당 20~20,000 cycle인데 비해 검사에 사용되는 초음파는 대략 1,000,000~20,000,000 cycle이다. 초음파 검사의 원리는 산에서 "야호"하고 외치면 메아리가 되돌아오는 것과 같다. 메아리는 앞산에 부딪쳐 여운을 남기면서 여러 방향에서 본인에게로 되돌아오는데 이때 돌아오는 메아리의 방향들을 합쳐 영상으로 잡는다면 앞산의 모습을 재현해 그려낼 수 있을 것이다.

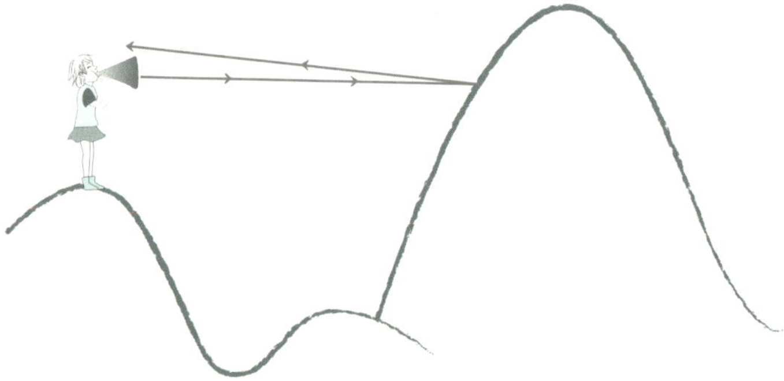

그림 14-1 초음파 검사의 원리

먼저 초음파 검사를 위해 여성의 배에 트랜스듀서(transducer)라고 하는 초음파 발생 장치를 올려놓는다. 트랜스듀서는 생김새가 컴퓨터 스캐너와 매우 유사하다. 트랜스듀서를 배 위 주변으로 이리저리 움직이면 초음파가 배를 뚫고 아기 신체 각 부분에 부딪친 후 다시 반사되어 연결된 컴퓨터에 모이게 되는데 이렇게 반사된 초음파를 영상으로 나타내면 아기의 모습을 있는 그대로 볼 수 있다.

그림 14-2 초음파 검사기

초음파 검사의 시기

초음파 검사는 아기의 성장과정을 추적할 수 있는 가장 안전한 방법이라는 점에서 그리고 태아의 여러 가지 기형적 발생을 직접 눈으로 추적할 수 있다는 점에서 대단히 유용한 방법이다. 초음파 검사를 시도하는 시기는 대체로 18주에서 20주 사이이다. 가청 주파수와 마찬가지로 초음파도 공기보다는 물에서 더 큰 반향을 일으키기 때문에 양수가 어느 정도 들어차야만 검사가 가능하기 때문이다. 그리고 양수는 최소 18주가 지나야 자궁에 충분한 양으로 들어차게 된다.

아기를 임신하면 부모들의 관심사는 사진에 있다. 옛날에는 사진이 귀했지만 요즘은 아예 초음파 사진부터 앨범에 간직하려는 부부가 많아진 것도 달라진 풍습이다. 그러다 보니 부모의 입장에서는 매달 아기가 자라나는 모습을 초음파로 찍고 싶어하지만 의학적 진단의 목적에서는 특별한 이유가 없는 한 임신 기간 중 두 번의 초음파 검사면 대체로 충분하다. 한번은 18~20주 사이이고 다른 한 번은 출생 바로 직전에 아기의 위치를 확인하기 위해서이다. 임신 4~5개월에 실시하는 초음파는 아기의 정상적인 발육 상태를 확인하고 정확한 임신 시점을 파악하기 위해서이다. 초음파로 아기의 크기를 확인하면 몇 주령된 아기인지를 이야기할 수 있기 때문이다.

간혹 10~13주경 또는 그 이전에 어쩔 수 없이 특별 초음파 검사를 하는 경우도 있다. 이런 경우는 임신 초기에 출혈이 심하거나 임신 시점이 부정확할 경우 또는 임산부의 나이가 많거나 가족력이 있어서 다운증후군이 심하게 우려될 경우이다.

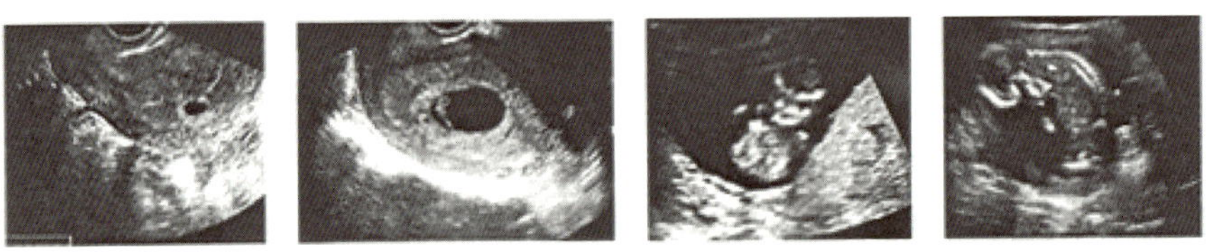

그림 14-3 태아의 대체적인 월별 초음파(왼쪽부터 1, 2, 3, 4개월임)

초음파를 이용한 성별 판독

아기의 생식기가 어느 정도 완성되는 시기는 3개월(12주)이므로 이 시기를 지나면 초음파로 성별을 확인할 수 있다. 남자아이의 경우는 음경을, 여자 아이의 경우는 음순을 직접 관찰한다. 그러나 때로 여자아이의 음순을 관찰하기가 어렵거나 남자아기가 두 다리로 음경을 감추고 있어 관찰이 어려울 수도 있다. 그리고 임신 말기에는 양수가 줄어들어 오히려 검사가 어려울 수도 있다. 성별 판독을 위한 검사는 일반적으로 98%의 정확도를 보이는데 이는 전적으로 의사의 숙련도와 태아의 위치, 그리고 임신 진행시기 등에 따라 달라진다.

초음파 검사와 관련하여 자주 질문하는 내용들은 다음과 같다. ① 초음파로 출혈의 흔적이 보이는데 출혈은 어디에서 유래한 것이며 태아에게 위험한 것인가?

답은 그렇지 않다는 것이다. 임신 초기에 출혈이 생기는 경우가 가끔 있지만 그 출혈이 오래 지속되지만 않는다면 별로 문제되지 않는다. 대개의 경우 자연유산이 되지 않는 한 태아도 정상적으로 발육하는데 다만 출혈이 어느 부분에서 유래되었는지 초음파로만 판단하기는 어렵다. ② 임신 시기를 정확히 기억하는데 초음파 검사 결과 의사 선생님이 전혀 다른 날짜를 이야기한다면 혼란이 있을 수 있다. 대개는 마지막 월경 날짜를 기준으로 계산을 하지만 때로 혼동되기 쉽다. 아기가 성장 발육하는 비율은 그 주령에 따라 거의 정해져 있기 때문에 일주일 이상 차이가 나지 않는다면 대개의 경우 초음파 검사 결과가 더욱 정확하다. ③ 아기가 유산되었다면 초음파 검사로 그 시기와 원인을 알 수 있을까라는 질문도 종종 일어난다. 임신 초기에 아기가 유산되면서 세포 덩어리로 남아 있다면 그 크기를 보고 대체적인 시기를 추정하는 것이 가능하지만 원인까지 파악하는 것은 쉽지가 않다. 그리고 부모의 입장에서는 당시 상황을 추적하여 무엇이 잘못 되었을까를 알고 싶어하지만 유산의 원인이 한 두가지가 아니기 때문에 잘못된 추정은 종종 부부간에 오해만 불러일으킬 수 있다. ④ 출산예정일을 정확히 알기 위해서 초음파 검사를 여러 번 실시하는 경우도 있다. 이럴 경우 임신 초기에 실시한 검사가 출산일을 결정하는데 더 정확하다. 나중에 실시하는 검사는 출산일을 결정하기 위해서보다 아기가 정상적으로 자라고 있는지를 말해주는데 유익한 정도일 뿐이다. ⑤ 초음파 검사로 일란성과 이란성 쌍둥이 여부를 구별할 수 있는 지도 자주 묻는 질문이다. 초음파로 들여다보면 쌍둥이일 경우 쉽게 관찰이 되지만 영상의 선명도 자체가 아기의 얼굴을 보고 구별할 수 있을 정도는 아니다. 따라서 일란성인지 이란성인지를 초음파 검사로 구별하는 것은 무리이다. 다만 태반이 한 개라면 일란성쌍둥이일 가능성이, 두 개라면 일란성 쌍둥이가 아닐 가능성이 높다. 그럼에도 불구하고 가끔 이란성 쌍둥이도 한 개 태반 안에 같이 들어있을 수 있기 때문에 초음파만으로 100% 정확한 결론을 내릴 수는 없다. ⑥ 초음파 검사로 아기의 성을 구별할 수 있다는 것은 앞서 말한 바와 같다. 다만 여기에는 의사의 숙련도가 결정적으로 작용한다. 아기의 생식기는 보통 3개월 이후에 발달하므로 초음파 검사로 성을 구별하려면 최소 13주 이상은 되어야 한다. 보통은 16주~20주 사이에 실시하는 정기 초음파 검사로 성별을 구별할 수 있지만 특별히 의사에게 미리 요구하지 않으면 일부러 검사하지는 않는다. 우리나라에서는 얼마 전까지 태아의 성을 감별하는 것이 불법이었지만 최근에 새로 법령이 개정되어서 이제는 원한다면 합법적으로 성을 미리 알 수 있게 되었다. ⑦ 초음파로 관찰할 때 태아의 머리가 몸통보다 크게 보이는데 그 이유는 태아의 초기 성장에서 머리가 몸통보다 훨씬 빠르게 발달하기 때문이다. 그리고 이 현상은 32주경까지 지속된다. 따라서 이때까지는 실제로 머리의 직경이 몸통의 직경보다 더 크게 마련이다. 32주가 지나면 머리는 상대적으로 성장 속도가 늦추어지고 또 몸통에 지방분이 축적되면서 머리보다 몸통이 더 크게 된다.

초음파 검사를 위해 간단히 아기 탄생의 순서를 정리하면 다음과 같다. 한 달만에 아기는 눈과 귀가 만들어지면서 사람의 형상을 갖추기 시작하고 10주째인 3개월이 되면 움직이기 시작하면서 심장도 완성된다. 3개월째에는 생식기 구별이 초음파로 가능해지고 대부분의 임산부들이 4~5개월이면 아기의 태동을 느낄 수 있다. 태동을 느낀다는 것은 유전자 검사 관점에서 중요한 의미가 있다. 일단 태동을 느끼면 아기를 향한 어머니의 마음은 더욱 강렬해지기 때문에 유전검사의 결과에 따른 상담이 어려울 수 있기 때문이다. 초음파 검사는 대체로 4개월 이후에 가능한데 보통은 4~5개월 사이에 한 번 실시하고 이때 이상이 없으면 태어날 때까지 더 이상 할 필요는 없다. 7개월 이후에는 태아가 너무 크기 때문에 초음파 검사 자체가 어려울 수도 있다. 필요하다면 출산 직전에 아기의 위치를 확인하기 위해 또 한 번 할 수도 있다. 아기는 7개월이면 눈을 뜨고 그 이후에는 조기 출산하더라도 생존 가능성이 대단히 높다. 아기의 출산 예정일은 보통 마지막 월경으로부터 9개월 뒤인 만 40주로 계산된다.

양수천자

양수천자(amniocentesis)는 태아의 염색체나 유전자를 직접 검사하기 위해 임신부의 자궁에서 양수를 채취하는 방법이다. 태아의 피부에서 떨어져 나온 몇 개의 상피세포가 이 양수에 떠있고 이 세포들은 태아의 유전자를 검사하기 위한 좋은 재료가 된다. 양수천자는 1930년대부터 실시되었는데 당시 목적은 양수에 X-ray 염색약을 풀어 넣어 태아를 X-ray로 관찰하려는 것이었다. 이후 1950년에 태아와 임산부의 혈액 부적합을 연구하기 위해 양수천자가 실시된 기록이 있고, 1967년에 유전자 검사를 위한 양수천자가 처음 이루어졌다.

양수천자는 이처럼 초음파 검사보다도 먼저 사용되기 시작한 검사 방법이다. 초음파로 태아를 들여다보면서 양수천자를 실시하면 위험도는 거의 제로(0)에 가까울 정도로 낮아진다. 양수천자를 시술하기 적합한 시기는 임신 약 15주~17주 사이이다. 그 이전에는 양수의 양이 너무 적어서 시술하기가 어렵기 때문이다. 실제로 10주경에는 양수가 20*ml*이 채 안되며 이때부터 불과 5~6주 만에 그 양이 200*ml*까지 빠르게 늘어난다.

모든 임산부가 양수천자를 반드시 실시할 필요는 없다. 양수천자로 모든 질환을 검사할 수도 없을 뿐 아니라 경비도 다소 비싸기 때문이다. 다만 다운증후군 등 특수 질환이 우려될 경우에만 실시하는데 특히 35세 이상 임산부에게는 적극 권장된다. 35세 이하일 경우에는 16주에 혈액검사를 통해 다운증후군 가능성이 높으면 양수천자를 실시한다. 여기서 혈액검사라는 것은 혈액의 AFP(α-fetoprotein) 수치를 측정하는 것이다.

18주가 넘어가면 양수천자는 사실상 의미가 없어진다. 물론 양수천자를 실시할 수는 있지만 대체로 검사 결과를 알기까지 3주 정도 걸리기 때문이다. 양수에서 채취된 상피세포는 그 수가 몇 개 안되기 때문에 일단 실험실에서 배양을 통해 숫자를 충분히 늘려야 검사가 가능한데 이에 걸리는 시간이 심할 경우 몇 주씩 소요가 된다. 그 다음에 염색체 수를 확인하는 작업이 필요한데 이 역시 몇 번 반복해서 정확성을 기해야 한다. 따라서 너무 늦게 양수천자를 하게 되면 최종 검사 결과가 나왔을 때는 20주가 넘어버리는데 이때는 통상 임산부가 태아의 태동을 이미 느낀 다음이다. 당연히 처음으로 아기와 대화가 시작된 만큼 엄마로서의 책임감과 모성애를 아주 강하게 느끼는 때이기에 검사 결과가 부정적으로 나오더라도 그에 대한 결정을 하기 힘들게 될 수밖에 없다. 때문에 양수천자는 아무리 늦어도 15~16주경에는 실시하는 것을 원칙으로 하고 있다. 요즈음은 기술이 발달했기 때문에 의학적 관점에서만 본다면 임신기간 내내 유산이 가능하다. 그럼에도 불구하고 생명체의 권리라는 차원에서는 법률적 판단 역시 중요하다. 20주는 엄마가 태동을 느끼는 시기이고 아기에 대한 욕망이 강했던 부모에게는 어려운 결정이 더욱 힘든 시기이다. 만약 유산을 결정했다면 임신부는 가족의 정신적 지원과 함께 지속적인 상담을 반드시 받아야 한다.

양수천자의 준비

양수천자를 실시하는 과정은 굉장히 단순해서 마치 TV를 보는 기분으로 부부가 함께 준비할 수 있다. 시술 시간도 15분 미만으로 마음을 안정시키고 편하게 누워있는 것 외에는 특별히 준비할 내용도 없다. 의사가 소독약으로 수술 부위를 간단히 소독한 뒤 초음파 트랜스듀서를 배에 올려놓고 이리저리 바늘을 찌르기 적합한 부위를 찾아 태아와 태반을 피해서 직접 주사기를 찔러 넣는다. 한 번에 채취하는 양수의 양은 15*ml* 정도인데 처음 2-3*ml*은 보통 버리게 마련이다. 임산부의 피부를 직접 찌르기 때문에 태아의 세포가 아닌 임산부의 세포가 섞였을 가능성이 있기 때문이다. 임산부가 원하면 간단히 국소 마취를 할 수도 있다. 양수천자가 완료되면 반드시 아기의 심장이 정상적으로 박동하고 있는 지를 확인할 필요가 있다.

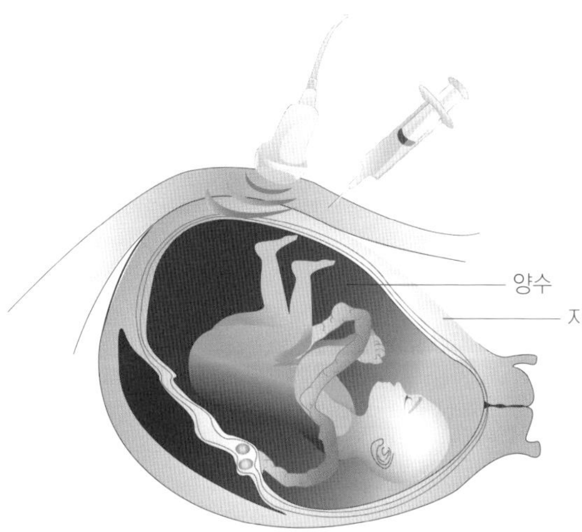

그림 14-4 양수천자

한 가지 문제가 될 수 있는 것은 적아세포증이다. 엄마와 아기의 Rh 혈액형이 서로 다를 경우, 특히 엄마가 Rh-이고 아기가 Rh+일 때에는 엄마의 항체 때문에 아기가 목숨을 잃을 수도 있기 때문이다. 이럴 경우 시술 도중 아기에게 상처가 생겨 혈액이 섞이지 않도록 각별히 주의해야 한다. 대개의 경우 시술 전에 미리 혈액형 검사를 하는 게 원칙이다. 양수천자에서 얻어진 양수는 먼저 AFP 수치를 확인하는데 사용된다. 다운증후군의 경우 이 수치가 낮은 것이 보통이기에 만일 이 수치가 낮으면 다음 단계로 유전자 검사를 들어가는 것이다. 양수천자 이후 특별한 문제가 없으면 하루 만에 일상적인 생활로 돌아갈 수 있다. 99%의 경우는 한 번의 시술로 끝나지만 채취된 상피세포의 수가 너무 적으면 간혹 재시술을 받아야 할 수도 있다.

양수천자에 대해서 중요한 몇 가지를 정리하면 다음과 같다. ① 양수천자에 걸리는 시간은 대단히 짧으며 자궁 내에 주사바늘이 실제 머무르는 시간은 불과 30여초도 안된다. 일단 양수에 바늘이 닿기만 하면 양수를 빨아들이고 곧 바늘을 제거하기 때문이다. 다만 임산부가 안정하고 또 편안한 마음을 가지게 하기 위해서 대화를 통해 설명하고 모니터 준비를 하는 등 전체적으로 15분 정도가 소요된다. ② 양수천자 시술 도중에 아기를 찌를 확률은 전적으로 의사의 숙련도에 달려 있다. 통계적으로 산부인과 의사는 연 30~100회 이상 양수천자를 실시한다고 알려져 있는데 최근에는 초음파를 들여다보면서 시술하기 때문에 위험율도 현격하게 줄어들었다. 가끔 태아가 바늘 쪽으로 접근하기도 하지만 이 역시 초음파로 감지되기 때문에 충분히 피해갈 수 있다. ③ 채취한 만큼의 양수가 다시 보충되는 데에는 2~3일 정도 소요되지만 전혀 문제되지 않는다. 양수는 태아의 소변이 주성분이기에 태아가 성장할수록 비뇨계도 발달하고 소변양은 점점 많아지게 마련이다. 양수가 노란 이유는 빌리루빈(bilirubin)이라는 성분이 양수에 쌓이기 때문이다. 임신이 진행될수록 양수는 점차 색이 엷어지면서 투명해지고 태아는 매일 새로운 소변을 만들어낸다. 양수천자로 빼내는 양수는 15*ml* 정도인데 이는 전체 양수의 1/10도 채 되지를 않는다. 따라서 보충되는데 걸리는 시간은 며칠 이내이다. ④ 물론 양수천자로도 아기의 성별을 알 수 있다. 양수 그 자체로는 어렵지만 양수에서 상피세포를 배양하여 염색체를 검사하면 간단히 성별을 알 수 있다. 현미경으로 Y 염색체 유무를 확인하면 된다.

융모막 검사

융모막 검사는 보통 CVS (chorionic villus sampling)라고 부른다. 융모란 초기상태의 태반을 말하는데 아기가 자궁내막에 착상된 직후에 발달하기 시작한다. 수정란은 세포분열을 하면서 계속 덩어리로 자라나게 되는데 안쪽에 위치한 세포들은 배아와 태아로 성장하는 반면 바깥쪽의 세포들은 영양막으로 번식하듯 자라나간다. 태아의 영양막과 모체의 자궁내막이 합쳐져서 나중에 태반을 형성한다. 영양막은 번식하면서 점점 표면적을 넓혀 나가고 더 많은 영양분을 주변의 자궁내막으로부터 받아들이기 위해 융모를 이루기 때문에 융모는 곧 태아의 세포로 되어 있다.

융모막 검사는 양수천자보다 훨씬 빠르게 태아의 세포를 얻을 수 있다는 것이 장점이다. 직접 융모막을 떼어내기 때문에 필요한 만큼의 세포를 충분히 확보할 수 있어 추가로 세포 배양을 할 필요가 없다는 것도 장점이다. 그만큼 검사 결과를 빨리 알 수 있다. 이 방법 역시 시도된 지는 오래되었는데 처음에는 아기의 성별을 감지하기 위해 개발되었던 것이 점차 유전자 검사의 목적으로 응용된 것이다.

융모막 검사 역시 35세 이상의 임신이나 이미 기형아를 출산한 경험이 있는 경우가 주된 검사 대상이다. 10주 이후에는 아무 때나 검사가 가능하지만 10~12주경에 실시하는 것이 보통이다. 융모막 검사는 엄마가 태동을 느끼기 이전인 15주 전후에 결과를 알 수 있기 때문에 유산에 따른 정신적 고통이 상대적으로 적다는 장점이 있다. 융모막 검사 역시 특별한 준비는 필요 없으나 Rh 혈액형 검사는 반드시 거쳐야 한다. 때로는 방광에 약간의 소변을 채우는 것이 검사에 도움이 될 수도 있다.

융모를 채취하는 방법은 2가지이다. 하나는 질과 자궁경부를 통해 바늘을 삽입하여 융모막의 일부를 직접 채취하는 방법이고, 다른 하나는 양수천자처럼 바늘을 배 쪽에서 찔러 넣어 채취하는 방법이다. 두 가지 모두 위험도나 정확도에서 차이가 없기 때문에 어느 쪽을 택할 지는 전적으로 의사의 선호도와 숙련도에 달려 있다. 어떤 의사는 전자의 방법을, 어떤 의사는 후자를 선호하여 한쪽으로만 숙련되어 있을 가능성이 높기 때문이다.

이처럼 융모막 검사는 양수천자와 비교할 때 검사 시기가 최소한 3~4주 이상 빠르다. 정확도 역시 동일하거나 더 우수하다는 장점이 있다. 필요하다면 양수천자를 병행 실시할 수도 있다. 최근에는 CVS를 선호하는 경향이 높다.

유전자 분석 방법

몇 개의 세포에서 추출한 DNA의 양은 정확한 검사를 하기에는 많이 부족하기 마련이다. 그래서 개발된 방법이 유전자증폭기술인 PCR (polymerase chain reaction)이다. PCR 기술을 이용하면 불과 서너 시간 만에 DNA를 100만 배 이상 증폭해낼 수 있다. 빠른 시간에 DNA를 증폭시킬 수 있고 또 적은 양의 DNA도 증폭시킬 수 있기 때문에 유전자 검사뿐 아니라 친자확인 내지는 범죄 용의자 확인에까지 널리 쓰이는 기술이다.

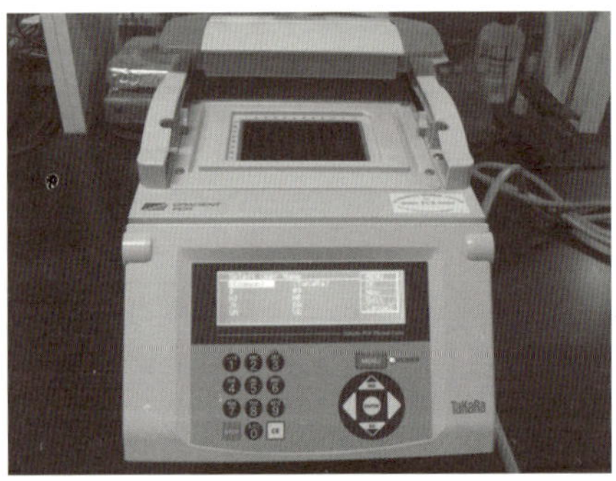

그림 14-5 PCR 기계

또 다른 기술은 DNA 염기서열결정법(DNA sequencing)이다. 염기서열을 결정하는데 사용되는 기계의 이름은 DNA 전기영동기(DNA sequencer)이다. 유전암호는 A, C, G, T라는 네 개의 알파벳으로 되어 있고 이 알파벳들은 DNA 구조의 염기를 나타낸다. 이들의 순서가 어떻게 되어있는지에 따라 서로 다른 유전자가 되는 것이다. 인간 게놈 프로젝트(Human Genome Project)는 바로 이 염기의 서열을 모두 파악해내려는 연구였다. 건강한 사람의 염기서열을 알아야 특정 질환에 걸린 사람의 유전자 서열과 비교하여 원인이 되는 변이를 찾아낼 수 있기 때문이다. 또 원인을 알아야 치료도 가능하기 때문이다.

이 프로젝트는 비록 어마어마한 경비와 시간이 투자되었지만 언젠가는 반드시

해야 할 프로젝트였고 결국 2004년에 완성되었다. 그래서 어떤 사람은 우리가 포스트 게놈(post-genome) 시대에 살고 있다고 말하기도 한다. 연구 결과 사람의 유전자는 모두 3×10^9개의 염기로 되어있다는 사실을 알게 되었는데 이는 글 프로그램 10 point로 A4 용지에 써 내려가면 약 250m 두께의 책이 될 분량이다. 그만큼 사람의 유전자는 방대하고 또 정교한 것이다. 실제로 생물학만 발달해서는 이런 프로젝트가 불가능하고 용량이 크고 빠른 컴퓨터가 병행되어 개발되어야 정보의 저장이 가능해진다. 이런 이유로 생물학과 정보통신을 합친 생물정보학(bio-informatics)이 21세기에 중요한 학문으로 부상하고 있다.

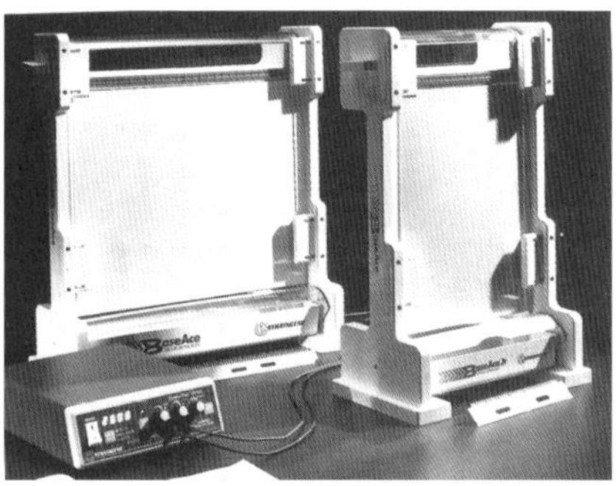

그림 14-6 DNA sequencer

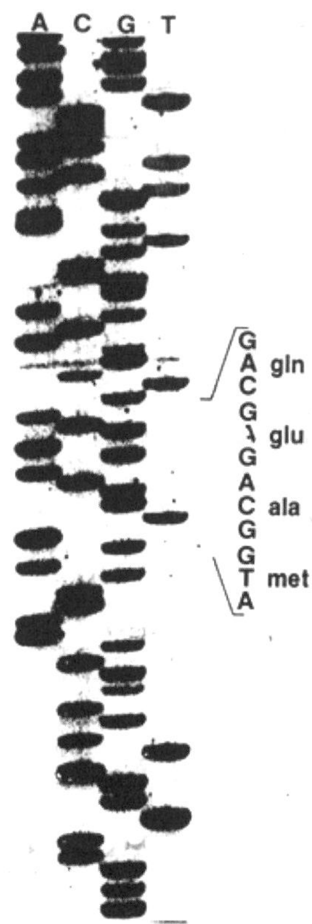

그림 14-7 DNA 염기서열 사진

윤리적 문제와 유전상담

유전자 검사가 비록 건강한 아기와 행복한 가정을 보장하는 과학적 발달의 산물이라 할지라도 다음과 같이 몇 가지 문제점을 안고 있다. ① 유전자 검사를 누구한테 적용하느냐의 문제이다. 35세 이상 임산부에게 적극 권장되는 양수천자라도 본인이 원하지 않으면 강제로 시술할 수 없기 때문이다. 어떤 사람은 35세가 안되었더라도 아기에 대해 지나치게 걱정하여 검사를 여러 번 되풀이해 받으려는 경우도 있다. 이런 것들을 종합해 볼 때 검사 자체가 강제적으로 이루어져서는 안된다는 것이 분명하다. 게다가 의료보험 등의 여건으로 인해 어떤 사람은 쉽게 검사를 받을 수 있는 반면 어떤 사람에게는 경제적으로 굉장히 어려울 수도 있다. 게다가 어떤 사람은 유전자 검사의 결과를 믿지 않으려는 경향을 보일 수도 있다. 심지어는 국가가 대부분의 비용을 지불한다 하더라도 검사를 원하지 않는다면 강요할 수 없기에 이는 전적으로 개인적 결정일 수밖에 없다. ② 검사결과가 부정적일 때 낙태를 결정하는 문제이다. 이것은 윤리적 문제이기도 하고 법적 문제이기도 하다. 그리고 전적으로 생명의 시작을 언제로 간주할 것인가와 관련되어 있다. 가톨릭에서는 수정과 동시에 생명이 시작된다고 보고 있다.

반면에 발생학자들은 14주까지는 아직 완전한 착상이 이루어지지 않았기에 세포덩어리로 간주하려는 경향이 짙다. 사람의 수정란을 실험실에서 14일까지 배양하도록 허용하는 이유도 이 기준에 의한 것이다. 초기 기독교 시절에는 태아에게 영혼이 들어가는 시기가 남자아이는 40일, 여자아이는 80일이라고 규정되어 있었다. 이것은 발생에 대한 지식이 부족했던 결과이기도 하지만 남자와 여자를 구별지은 것도 전혀 맞지가 않다. 중요한 것은 생명의 시작을 언제로 보느냐에 따라 낙태 시기의 합법적 기준이 달라진다는 것이다. 현대 의학에서는 대체로 24주 이후에 태아가 모체로부터 분리되어도 살아갈 수 있기에 그 이전에 임신 상태를 인위적으로 중단하는 것을 유산으로 본다. 이처럼 아직 통일된 의견이 없기 때문에 유산을 결정하는 것 역시 개인적 상황에 거의 달려 있다.

비록 낙태를 법으로 금지한 나라도 있지만 질환을 뻔히 가지고 태어날 아이를 생각한다면 그냥 출산하기도 쉬운 결정은 아니다. 정신적 준비뿐 아니라 경제적 준비도 함께 뒤따를 수 있어야 하기 때문이다. 법으로 낙태를 금지해놓고 막상 태어난 장애아에 대해서는 아무런 사회적 보호 장치가 없다면 그것은 오히려 태어남이 더 고통일 수도 있기 때문이다.

그러면 모든 선천성 질병이 문제가 되는 것일까? 물론 질병의 경중을 따지기는 무척 어렵지만 분명하게 치유할 수 있는 질환들도 있다. 예를 들어 언청이는 성형수술이 발달했기 때문에 거의 구별이 불가능할 정도로 치유할 수 있다. 손가락이나 발가락의 숫자 정도가 문제라면 살아가는데 아무런 지장이 없다. 성감별에 다른 낙태도 문제다. 원래 신생아의 성비는 1 : 1임에도 불구하고 보수적인 성향의 지역에서는 이 성비가 완전히 어긋나는 경향이 짙다. 이런 것은 검사 기술과 낙태 기술이 음성적으로 사용된 잘못된 예이다. 치유가 분명하거나 온전한 생명체임에도 불구하고 선택적 출산을 원하여 낙태를 결정한다면 그것은 생명의 소중함을 경시한 행위임에 틀림없다.

어쨌든 최종 낙태를 결정하는 당사자는 의사가 아니라 전적으로 부부 본인들이어야 한다. 의사는 결정을 내리는데 필요한 의학적 정보만 최대한으로 제공하고 낙태와 출산의 장단점을 설명해 주어야 한다. 절대로 강권하거나 어느 한쪽으로 몰고 가서는 안될 것이다. 의사는 부부에게 편안함 마음으로 천천히 시간을 두고 생각하되 확고히 결정할 수 있도록 도와주어야만 할 것이다. 예전 같으면 검사조차 되지 않았을 경미한 질병도 요즈음은 기술이 발달하여 미리 알 수 있게 되었다. 그러기에 결정을 내리기는 더욱 힘들어진게 사실이다. 생명을 존중하면서, 경제적 상황과 아기에 대한 확고한 의지 등 제반 여건을 충분히 고려하고, 필요한 사회적 지원과 제도 등도 함께 검토하여 어디까지나 부부의 의지로 현명한 판단을 할 필요가 있다. 이에 따라 생명 보호를 위한 법적 장치 역시 빠르게 마련해 나가야 할 것이다.

모자보건법

최근에 젊은 산부인과 의사들을 주축으로 낙태 근절운동이 일어나고 있다. 모자(母子)보건법에 따르면 임신부에 유전학적 정신 장애가 있거나, 전염성 질환이 있거나, 근친상간 또는 강간 등에 의한 임신이거나, 임신이 지속되면 산모의 건강이 위험해지는 경우만을 낙태의 법적 허용 범위에 넣고 있다. 즉 미혼 임신이나 터울 조절, 태아 기형 등으로 인한 낙태는 불법으로 간주하고 있다. 만약 불법 낙태가 이루어지면 원칙적으로 의사와 산모 모두 징역 2년 이하의 처벌을 받게 되어 있다.

참고문헌

Chou LS. Lyon E. Wittwer CT. A comparison of high-resolution melting analysis with denaturing high-performance liquid chromatography for mutation scanning: Cystic fibrosis transmembrane conductance regulator gene as a model. Am J Clin Pathol. 124. 330-338. 2005.

Cotton RGH. Slowly but surely towards better scanning for mutations. Trends in Genetics. 13. 45-48. 1997.

Gerhard W. Jung C. Nondirectiveness and genetic counseling. J Gene Couns. 4. 3-25. 1995.

Haverstick DM. Groszbach AR. Specimen collection and processing. in: D.E. Bruns, E.R. Ashwood, C.A. Burtis (eds.), Fundamentals of Molecular Diagnostics, Saunders Elsevier, St. Louis. 2007.

Krousel-Wood M. Andersson HC. Rice J. Physicians' perceived usefulness of and satisfaction with test reports for cystic fibrosis (DeltaF508) and factor V. Genet. 5. 166-171. 2003.

Lee SC. Bernhardt BA. Helzlsouer KJ. Utilization of BRCA1/2 genetic testing in the clinical setting. Cancer. 94. 1876-1885. 2002.

Mardis ER. The impact of next-generation sequencing technology on genetics. Trends Genet. 24. 133-141. 2008.

Pollitz K. Peshkin B. Bangit E. Genetic discrimination in health insurance: current legal protections and industry practices. Inquiry. 44. 350-368. 2007.

Reed S, Counseling in Medical Genetics. Saunders, Philadelphia. 1955.

Resta R, The crane's foot: The rise of the pedigree in human genetics. J Genet Couns. 2. 235-260. 1993.

Storhoff JJ. Lucas AD. Garimella V. Homogeneous detection of unamplified genomic DNA sequences based on colorimetric scatter of gold nanoparticle probes. Nat Biotechnol. 22. 883-887. 2004.

Venter JC. Adams MD. Myers EW. The sequence of the human genome. Science. 291. 1304-1351. 2001.

Wolford JK. Yeatts KA. Pyrosequencing in: G.P. Patrinos, W. Ansorge (eds.), Molecular Diagnostics, Elsevier Academic, Burlington. 2005.

제15장

발생생물학 동물모델

대장균(*E. coli*)이나 예쁜꼬마선충(*C. elegans*)에 비해서 덩치가 큰 동물들을 실험 모델로 삼기에는 어려움이 많다. 동물들은 일단 게놈(genome) 사이즈가 크고 세대 간 시간이 워낙 길기 때문이다. 게다가 배자(embryo)가 발생하는 데에도 훨씬 시간이 많이 소요된다. 대부분 체내에서 수정이 일어나고 또 발생이 진행되기 때문에 돌연변이 실험 등을 실시하기 위해 조작하기에도 쉽지 않다는 단점을 가지고 있다. 그럼에도 불구하고 사람의 선천성 기형이나 결함, 소아암 등을 연구하려면 동물모델에서의 실험이 필수적으로 필요하다 그동안의 노력으로 다양한 동물모델들이 개발되어 있는데 그중 특별히 관심을 끄는 것은 흰쥐, 생쥐, 닭, 토끼, 개구리, 햄스터 등이다. 이들은 사람과 주거 환경이 비슷한 데에다가 오랫동안 인류와 함께 생활하였기 때문에 비교적 안정되고 새로운 질환을 옮길 우려가 적기 때문이다. 이번 장에서는 이들에 대하여 간략하게 소개하기로 한다.

Mouse

생쥐는 european house mouse로서 *Mus musculus*, 그중에서도 BALB/c라고 불리는 종이 대표적인 모델이다. 염색체는 40개이고, 그 안에 약 50,000여 개의 유전자가 들어있다. 수명은 대략 1.5~2.5년 사이이며 젖을 떼는 데에 3주 정도가 소요된다. 성체가 되기까지는 약 6주가 소요된다. 출생 시 몸무게는 1g 정도이며 성체는 30~40g 정도이다. 한 번에 낳는 새끼(litter)의 수는 평균 4~8마리이다.

생쥐는 Harvard 대학교내 실험생물학 연구소에서 William E. Castle이 본격적으로 사육하기 시작하였는데 원래 기원은 중국이라 믿어진다. 중국의 애완용이었던 쥐가 일본을 거쳐서 미국에 정착하였고 이후 체계적으로 교배되면서 계보가 유지된 것이다. 이들 생쥐에게는 waltzing mice라는 별명이 있는데 내이와 신경계에 열성돌연변이가 있어서 빙글빙글 회전하는 동작을 보이기에 붙여진 것이다. 현재 BALB/c를 비롯해 400여종의 생쥐 종류가 발견되었다. 생쥐의 계보는 미토콘드리아를 조사하여 그 기원을 결정한다.

〈장점〉

생쥐는 사람과 같은 포유류에 속하면서 게놈(genome) 체계 또한 비슷한 것이 실험동물로서 최고의 장점이다. 때문에 다양한 돌연변이나 최기형물질에 대한 반응, 소아암 등 연구에 매우 용이하다. 또한 유용한 가축 개발에도 도움이 되고, 그동안 오랜 연구를 통해 많은 데이터들이 수집되어 있기 때문에 유전자 지표(marker)나 생리활성 지표들이 많이 축적되어져 있다. 특히 돌연변이에 대해서는 다양한 연구가 되어있고, apoptosis의 모델, 비만 연구 등 다양하게 이용되고 있다. 최근에는 knockout mouse 등 유전자 변형에 관한 연구가 많이 진전되었다. 덩치가 작고 면역력이 강해 쉽사리 감염되지 않는 것도 사육하기 편리하다는 이점인데 반면에 nude mouse 경우에는 전혀 면역성이 없어서 실험에 필요한 조건이 부여되는 대로 질병에 걸리는 것이 실험동물로서의 또 다른 장점이다. 예를 들면 nude mouse에 암세포를 주입하면 즉각 해당하는 암이 발생하므로 새로운 항암제를 개발, 투약해서 효능 검사할 수 있는 장점이 있다. 세대가 짧고 번식이 빠른 점, 털의 색깔과 눈의 색깔 등 멘델의 법칙을 따르는 형질이 다양한 것도 장점이다. 한편 이러한 발생유전학적 연구 외에도 생쥐를 이용하면 행동학적 연구가 가능하다. 이미 미세주입법(microinjection)을 통한 transgenic mouse라든지 knockout mouse 등 다양한 응용 사례들이 보고되어 있다.

〈단점〉

생쥐는 포유동물이기 때문에 게놈 사이즈가 초파리나 예쁜꼬마선충, 개구리 등에 비해 크고 복잡한 것이 연구에 걸림돌이다. 또한 하등동물에 비해 세대가 길고 배자의 발생이 상대적으로 느린 것도 단점이다. 체내 수정이 일어나는 만큼 자궁 안에서 제한된 환경적 영향을 받는 것도 실험을 어렵게 만드는 요인이다. 그럼에도 불구하고 생쥐는 사람과 유사한 점이 많기 때문에 가장 각광받는 실험동물임에 틀림없다.

〈생쥐의 특징〉

염색체 수	40
2배체 염색체의 DNA 양	~6pg (3×10^9 bp)
유전자의 수	$0.5\sim1.0\times10^5$
반복서열 DNA의 함량	8~10%
임신기간	19~20일

수유기간	3주
성적으로 성숙하는 시기	~6주
체중	출생 시 1g, 성체 30~40g (male〉female)
수명	1.5~2.5년
평균 새끼수(한배에서 태어난 수)	6~8마리

Frog

개구리 중에서도 아프리카 발톱 개구리(African clawed frog)라 불리는 *Xenopus laevis*에 대한 연구 데이터가 광범위하게 축적되고 있어 점차 표준화 되고 있다. 따라서 *Xenopus laevis*가 지금은 실험동물로서 개구리를 대표하는 명사가 되어가고 있다.

Xenopus는 염색체가 36개이고, 총 유전자수가 약 20,000개 정도이다. 성체는 크기가 약 10~13㎝ 정도로서 수컷이 조금 더 크다. 출생 후 3년이면 성체가 되며 수명은 다소 긴 편으로서 5~15년에 달한다. Xenopus 중에서도 장수하는 종은 30년까지 살아남은 기록이 있다. 한 번에 낳는 알의 숫자는 1,000~3,000개 정도이지만 실제 부화율은 낮은 편이다. 대부분의 개구리는 피부로 호흡을 하지만 Xenopus는 폐로 공기호흡을 한다. 물속에서 죽은 동물을 먹고 살아왔기 때문에 혀가 퇴화되어 없다. 때문에 바닥의 흙을 뒷발로 파서 떠오르는 부유물을 주로 먹고 산다.

양서류의 실험은 초기에는 야생 개구리, 또는 도룡뇽의 배자를 가지고 주로 수행되었지만 1950년대 이후 점차 *Xenopus laevis*로 전환되었다. 기록을 보면 1880년대 말 독일의 Roux가 개구리의 제 1 난할 후 1개의 할구를 뜨거운 침으로 찔러서 그 결과를 토대로 발생의 모자이크(mosaic)설을 지지하였다는 보고가 있다. 1920년 Spemann이 신경관 유도에 대한 연구를, 1950년대 말 Briggs와

King이 핵치환실험을 한 사례는 지금까지도 잘 알려진 역사적 실험들이다.

이처럼 Xenopus는 유전자의 종류와 기능 및 발현 양상 연구 등 발생학 전 분야에 걸친 연구에 널리 이용되었다. 현재 Xenopus는 7종이 발견되어 있으며, 남아프리카가 주서식지이지만 남아메리카, 북아메리카, 유럽 등지로 빠르게 퍼져나가고 있다.

〈장점〉

한번에 많은 알을 얻을 수 있으며, 알이 크고 발생이 빠르기 때문에 실험발생학의 재료로 많이 선택된다. 조작이 쉬워서 핵이식실험에 아주 적합하다. 따라서 배아발생, 발현유도, 세포의 운명 결정 및 패턴 형성 등 각 기관의 구조를 유추하는 실험에 주로 이용된다. 양서류이지만 고등 척추동물과 분화과정이 유사하다는 것도 장점이다. *Xenopus laevis*는 HCG(human chorionic gonadotropin)를 투여하면 20~24℃가 유지되는 한 계절을 불문하고 산란을 유도하는 것이 가능하다. 사람의 질병과 관련된 유전자와 유사성을 가지는 유전자가 최소한 1,700개 정도 존재하기 때문에 질병연구모델로서 큰 의미가 있다. 변종으로서 albino 개구리(투명 개구리)가 종종 발견되기 때문에 내장을 관찰할 수 있어 발생 연구에 더욱 애용된다.

〈단점〉

사람과 염기배열 유사성이 겨우 60% 정도에 불과하다는 점과 개구리를 가지고 실험하기 위해서는 항온 항습 장치가 필요하다는 점이 단점이다. 크기가 10~13㎝ 정도 되기 때문에 공간적으로 자리를 많이 차지한다는 점, 그리고 유생시절에는 먹이가 양어용 사료로도 충분하지만 일단 변태를 거친 후에는 실지렁이 등을 사용해야 하는 번거로움이 있다.

Rabbit

실험용 토끼는 16세기 초에 체계적인 교배가 시작되면서 형성되었다. 현재 알려진 종만 해도 50여종이 있다. 토끼의 수명은 평균 5~12년이지만 최대 15년까지 산 기록도 있다. 임신기간은 약 29~35일 정도이며 14~16일 경부터 태아기에 들어간다. 체온은 보통 38.5~40℃ 정도이다. 호흡수는 30~60회/분이며 특징적으로 림프 조직이 장내에 두 개 존재한다. 체구가 크기 때문에 혈액양이 많아 항체 채취를 위해 널리 사용되는데 전체 혈액양은 160~480㎖ 정도이다. 이는 체중의 6~8%에 해당한다. 보통 혈액을 한 번에 5%~15% 정도 채취할 수 있는데 2~4주 간격으로 채취한다면 생명에 지장이 없다. 몸무게는 작은 토끼가 약 4.5㎏, 중간 토끼가 4.5~8㎏, 큰 토끼가 8~16㎏ 정도이다. 한 배에서 태어나는 새끼의 수는 약 4~10 개체 정도이다. 특성은 조용하고 깨끗하다는 것이다. 특히 건조하고 시원한 환경을 좋아하며 추위에 비교적 강한 내한동물이다. 원래 토끼는 유럽의 야생 발상지 유래이며 염색체는 2n=44개이다. 척추동물이며 포유류이다.

〈장점〉

무엇보다도 체구가 커서 한 번에 많은 혈액을 얻을 수 있다는 장점이 있다. 때문에 항체를 얻기 위해서 토끼를 종종 이용한다. 혈관도 쉽게 찾을 수 있기에 주사가 용이하며 보통 귀 쪽에 있는 혈관을 이용한다. 토끼는 당뇨병이나 심혈관계 질병 연구에 많이 이용된다. 자연적으로 발생하는 질병도 다양하고, 실험적으로도 다양한 질병을 유발시킨 모델이 많다.

〈단점〉

몸집이 크기 때문에 사육과 보관에 넓은 공간이 필요하며, 야행성이라서 스트레스로 인해 사망하는 경우가 많다는 점, 유지와 교배가 쉽지 않다는 점 등이 단점이다. 그럼에도 불구하고 쉽게 새끼를 가지치기 때문에 손은 가지만 발생유전 연구에 도움이 된다. 널리 이용되는 종류 3가지는 New Zealand White, American Dutch, Californian 등이다.

New Zealand White는 albino로서 성체가 약 5*kg* 정도이다. 미국에서 흔하게 실험동물로 이용되고 있는 American Dutch는 크기가 New Zealand Whit의 절반 정도로서 성체가 겨우 2*kg*에 불과하다. 털색깔이 다양한 여러 종류가 있는데 보통은 흑백의 종이 많다. Californian은 New Zealand White보다 약간 작아서 약 4.5*kg* 정도이다.

〈토끼의 특징〉

성적 성숙기간	5~8개월
성 주기	3~5일
임신기	30~33일
포유기	25~45일
체온	38.5~39.5℃
심장박동율	250~300회/분
전체 혈액양	56*ml*/*kg*
혈액채취	2주에 한번(생명의 위험 없이)

Chicken

닭은 원래 인도와 말레이시아 지방에서 생식하고 있던 야생종을 기원전 1,700년경에 가금화한 것이 시초이다. 돌연변이와 자연선택을 통해서 축산용으로 정착이 되었으며 광범위한 품종이 존재한다. 사람의 진행성 근위축증의 모델로도 이용되었으며, 동맥경화증, 고혈압, 당뇨병 등의 모델로 많이 이용된다. 유정란은 대부분 바이러스의 배양을 목적으로 하거나 백신 제조용으로 사용된다. 염색체는 78개, 총 39쌍으로서 대형 염색체가 6쌍, 소형 염색체가 32쌍, 성염색체가 1쌍 존재한다. 총 유전자의 수는 20,000~23,000개 정도이다. 몸무게는 0.5~6.5*kg* 정도이며 약 500여종이 지구상에 존재한다. 수명은 30년 정도이고, 산란 수는 연간 평균 100~220개이며 부화에는 약 21일이 소요된다. 체온은 40~41℃ 정도이며 치아가 없어서 음식물을 씹지 않고 넘긴다. 적혈구가 유핵(nucleated cell)이면서 타원형이라는 것이 특징이다. 백혈구의 수도 포유류의 2~3배에 달할 정도로 많다. 다소 공격적이라서 때로는 서로 싸우다가 피를 흘려 죽기 때문에 사육에 주의가 필요하며 비타민 결핍증이 쉽게 올 수 있다.

〈장점〉

다양한 발생유전학적 다양성에 의해 다양한 질환 모델이 개발되어 있다는 점이 무엇보다 장점이다. 개체의 크기가 커서 다루기 쉽다는 점, 번식이 까다롭지 않다는 점도 실험동물로서 장점이다. 유전자의 재조합비율이 상대적으로 높다는 점과 적혈구가 유핵세포라는 점도 비교 실험의 대상으로서 특징이다. 따라서 발생학점 실험에 아주 용이하다.

〈단점〉

병아리 때 폐사하는 비율이 높다는 점, 다양한 질병에 노출이 가능하므로 철저한 예방과 위생적인 환경 관리가 중요하다는 점 등이 단점으로 지적된다.

Monkey

원숭이는 포유동물에 속하며 정확하게는 비인간 영장류로서 분류를 한다. 크게는 두 가지 종으로 나뉘어지는데 구세계 원숭이에는 아시아와 아프리카에서 기원한 것으로 붉은털원숭이(*Macaca mulatta*), 필리핀원숭이(*Macaca fascicularis*), 개코원숭이(*Pavio sp.*)가, 신세계원숭이에는 남아메리카와 중앙아메리카에서 발견되는 것으로 다람쥐원숭이(*Saimiri sp.*), 올빼미원숭이(*Aotus sp.*), 명주원숭이(*Callithrix sp.*) 등이 있다.

원숭이는 보통 야생에서 포획되어 판매된다. 사육으로 계보를 유지하기 어렵기 때문이다. 그러나 미국에서는 매년 연구에 사용되는 원숭이가 증가하면서 자국 내에서 일부 생산도 하고 있다.

생리학적으로는 체온이 사람과 비슷한 37~39.5℃이며 심박수가 120~180회/분, 호흡수는 35~50회/분, 체중은 성체가 6~11㎏, 신생원숭이는 550g 정도이다. 수명은 20~30년에 달한다. 성적으로 성숙하기까지 4~5년이 소요되며, 발정주기는 28일이다. 새끼는 한 번에 보통 1마리를 출산하며 젖을 먹이는 기간이 12~24개월 정도이다. 임신기간은 150~175일이다. 수컷은 외부적으로 음낭에 싸인 정소와 함께 매달려 있는 음경이 관찰되고 암컷은 외음부를 가지고 있다. 명주원숭이라고도 불리는 마모셋원숭이는 쥐에 버금갈 정도로 크기가 작아서 손으로 잡을 수 있을 정도이며 의학 연구에 많이 사용된다. 명주원숭이는 크기가 작아서 실험실 공간을 많이 차지하지 않으면서도 다른 고등 영장류와 비교해 가격이 저렴해 실험동물로 많이 이용된다. 심장, 혈관계, 뇌졸중, 파킨슨 질환 연구에 좋은 모델로 사용된다.

〈장점〉

사람과의 유사성 때문에 연구용으로 폭넓게 이용된다는 점과 여러 인간 질병에 감수성을 가지고 있다는 점이다. 일년 내내 교배가 가능한 것도 장점이다.

〈단점〉

인간에게 전염될 수 있는 질병의 매개체라는 점, 인간에게 심하게 상처를 낼 수 있다는 점, 청결과 안전에 각별한 주의가 필요하다는 점 등이다. 따라서 원숭이 사육시설에서는 실험복, 가운, 마스크와 보호구, 장갑, 모자, 보호 장화 등을 항상 착용하여야 한다. 인수 공통 전염병에 대한 노출을 줄이기 위해 필요하다면 치아를 잘라주거나 뽑을 수도 있다. 때문에 원숭이를 대상으로 실험할 때에는 질병 전파를 방지할 수 있는 절차를 교육받아야 하며 확실한 보호 장구들이 절대 필요하다.

Fruit fly

초파리(*Drosophila melanogaster*)는 분류학상 2,000종 이상이 존재한다. 작은 두 개의 날개와 빨간 눈이 특색이며 몸길이가 약 2~3㎜, 몸무게는 겨우 1㎎에 준한다. 4쌍(8개)의 염색체를 가지고 있으며 게놈의 크기는 약 1.6×10^8bp이다. 대략 15,000~16,000개의 유전자를 가지고 있다고 추정된다. 침선(salivary gland)에 거대염색체(polytene)라 불리는 관찰이 용이한 큰 염색체가 있는 것이 특징이다. 배양하는데에 필요한 배지도 값이 비싸지 않고 공간을 차지하지 않아서 발생과 유전학 연구에 자주 이용되는 동물 모델이다.

초파리는 25℃에서 약 24시간에 걸쳐 배발생이 이루어진다. 갓 깨어난 초파리는 약 1시간 이내에 날개가 완전히 펴지며 2~3시간 내에 몸 색깔이 완전하게 변화한다. 새로 깨어난 암컷 초파리는 12~14시간이 지나면 성적으로 성숙해진다. 수컷에 비해서 몸집이 다소 큰 편이다. 초파리의 수명은 대체로 40~60일 정도이다. 난자는 수정되기 전 제1감수분열의 중기 상태로 멈추어져 있다가 수정이 되면 감수분열이 완결된다. 배발생 초기에는 세포질 분열없이 핵분열만 일어나는 합포성배반엽(syncytial blastoderm) 시기를 거치는 것이 특징이다.

〈장점〉

크기가 작아서 실험실에서 키우기가 쉽다는 점과 한세대가 약 2주에 불과할 정도로 매우 짧다는 점, 그리고 한 번에 많은 자손을 번식시킨다는 점, 암컷 한 마리가 열흘 동안 약 500개의 알을 낳는다는 점 등이 장점이다. 25℃ 조건이라면 알에서 성체까지 약 9~9.5일이 소요된다. 전체 게놈의 크기가 다른 실험동물에 비해 작고 침샘 거대염색체를 통해 쉽게 현미경적 관찰 및 분석이 가능하다는 점이 있다. 수컷에서는 감수분열 과정에서 염색체 재조합이 일어나지 않기 때문에 유전학적으로 염색체를 추적하기가 더욱 용이하다. 특히 신경전달회로에 관련된 유전자들이 많이 연구되어 있다. 게놈 프로젝트가 이미 2,000년에 완료되었으며 사람의 여러 질병 원인 유전자들이 초파리에서도 공통적으로 발견된다. 사육이 쉽기 때문에 특별히 군집을 연구하는 데에 용이하다.

〈단점〉

인간과 진화상, 발생학상, 유전학상 다른 포유동물 모델과는 다르게 많은 차이점을 보인다는 점, 무척추동물이므로 척추동물에서만 나타나는 생명현상 또는 조직의 기능에 대해서 연구하기에 한계가 있다는 단점이 있다. 개방혈관계를 가지기 때문에 폐쇄혈관계인 사람과 비교하기에는 한계가 있다는 점도 단점이다. 초파리는 전통적인 유전학적 방법을 통해 다양한 생명현상에서 중요한 역할을 하는 유전자들을 발굴하는데 큰 도움을 주었다. 그러나 단점은 발생 후기에 기능을 하는 유전자의 경우에는 분석이 어렵다는 점이다. 그러나 이미 게놈프로젝트를 통해 대부분의 유전자가 검색된 현재로서는 여전히 동물 모델로서 초파리가 매력적이라 하겠다.

Rat

쥐와 생쥐는 일단 크기를 통해 구별된다. 대표적인 것은 *Rattus norvegicus*(갈색 쥐)와 *Rattus rattus*(검은 쥐)이다. 쥐가 덩치가 큰 설치류인 반면 생쥐는 크기가 작다. 쥐와 생쥐를 나누는 것은 일반적인 관점에서일 뿐 분류학적인 기준은 없다. 쥐는 영양학, 번식학, 약리학, 생화학, 생리학, 면역학, 종양학, 내분비학, 행동심리학, 치의학 등 생쥐 다음으로 거의 전 의학 분야에 걸쳐 사용되는 광범위한 실험동물이다. 포유류로서 쥐목에 속하며 약 220속, 1,800여종이 현재 알려져 있다. 쥐는 심지어 인류와 함께 역사의 마지막까지 남을 것이라고 이야기될 정도로 번식력이 강하다. 그리고 생각보다는 지혜가 많고 예민한 동물이다. 야행성이고 잡식성이며 꼬리가 15~20㎝에 달할 정도인데 이를 포함해서 몸길이는 약 20~25㎝ 정도이다. 수명은 2~3년이고 염색체수는 총 42개로서 임신기간이 짧고 한 배에 낳는 새끼의 수가 많다. 성적 성숙기까지는 약 50~80일이 소요되며, 성주기는 4~5일, 임신기간은 12~14일 정도이다. 한 배에서 보통 8~14마리 정도가 출산되며 젖을 떼기까지 21일정도가 소요된다. 보통 수컷이 더 커서 300~700g 정도인데 이것은 암컷의 2배 정도에 달하는 몸집이다. 사는 곳은 땅속, 나무숲, 인가 등 다양한 분포를 보이며 남극과 뉴질랜드를 제외한 세계 거의 모든 지역에 서식을 한다.

야생 쥐들은 아시아에서 기원하여 1,700년대에 유럽까지 퍼졌다고 전해진다. 보통 인가와 근접한 지역에서 발견되는 시궁쥐(검은 색을 띠고 있는 쥐)에서 1828년 흰쥐가 우연하게 발견되었고 이를 교배하고 증식시켜 실험용 흰쥐가 실험실 계보로 발전하였다. 계통으로는 근교계, 폐쇄군계, 변이계로 분류하지만 생쥐만큼 체계적인 계통 정리가 되어있지는 않다. 폐쇄군계에 속하는 것은 미국의 Sprague-Dawley 회사에서 시판하는 것으로서 대표적인 흰쥐군이다. 생물검정용, 영양시험용으로 사용이 된다. Wista라는 종은 미국 필라델피아의 Wistar 연구소에서 유래된 것으로 역시 세계 각지에 공급되어 실험에 쓰인다. 흰쥐로서 온순하고, 성성숙이 빠르면서도 자손의 수가 많아 널리 쓰이고 있다. 근교계에 속하는 것으로는 SHR(spontaneous hypertensive rat)가 있다. 이 쥐는 생후 8~12주가 지나면 고혈압을 나타내기 때문에 사람의 고혈압 질환모델로 사용된다. 변이계에 속하는 것은 T-세포면역이 결핍되어 있고, 흉선이 없어서 면역성이 없는 쥐이다. 이외에도 신생아 황달의 모델로 쓰이거나 요붕증의 모델로 쓰이는 다양한 변이 계통이 알려져 있다.

〈장점〉

내재성 바이러스가 거의 알려져 있지 않고 기초 종양학 연구에 사용되어져 왔기 때문에 데이터가 많이 축적되어 있다는 점, 영양이나 대사 생리적 측면에서 다른 종류의 동물보다 사람과의 유사성이 높다는 점, 성주기의 판정이 생쥐보다 편리하고 성주기도 보다 규칙적이며 사람의 월경주기와의 관계 면에서 유사성이 높아 발생학적 비교 실험이 용이하다는 점이 장점이다. 임신과 포유기간이 짧고 산자수도 많아 실험실내에서 번식이 쉽다는 점도 장점이다. 성별 판별이 생쥐보다 쉽고 몸집도 생쥐보다 크기 때문에 혈액이나 그 외의 생체 재료를 많이 채취할 수 있다는 점 또한 장점이며 다양한 변이주가 존재한다는 점도 실험동물로서 적합한

측면이다

〈단점〉

동일 계통에 속하는 쥐일지라도 내적으로는 유전학적 성질이 많이 다르다는 점과 생후 1~2년 경 부터는 자연발생적인 종양이 많이 나타나기 때문에 장기적인 시험용으로 부적합하다는 점, 체중이 무거운 만큼 대소변의 양이 많아서 청소를 자주 해야 하는 등 관리가 어렵다는 점이 단점이다.

Hamster

가장 널리 사용되는 것은 *Mesocricetus auratus* (Syrian hamster)이다. 척추동물이면서 쥐과에 속하며 14개의 종과 52개의 아종이 있다. 같은 햄스터라 해도 종류에 따라 염색체의 수는 20~44개이며, Syrian hamster는 44개이다. 유럽과 아시아에 주로 본포하고 있는데 널리 이용되는 Syrian hamster는 golden hamster라고도 불린다. 특징적인 외관은 볼주머니(cheek pouch)라고 하는 상피조직 낭이 있다는 것이다. Syrian hamster는 시리아에서 1839년 처음 발견되었기 때문에 붙인 이름으로 현재는 이것이 박제로 영국박물관에 전시되어 있다. 털색깔은 다갈색, 알비노, 크림색 등이 있다. Golden hamster는 포유류 중에서 가장 방사선 저항성이 높다. 체온은 37~38℃이고 심박동수는 250~600회/분, 호흡수는 35~120회/분이다. 성체가 80~120g, 신생 햄스터가 약 8~12g 정도이다. 출생 시에는 평균 2g 정도이다. 수명은 1.5~2년 정도로 최장 3년까지 산 예도 있다. 동면을 하기 때문에 영하 2℃ 이하면 동면에 들어간다. 발정주기는 다발성으로 한번 발정하면 발정시간은 약 20시간 지속된다. 성적으로 성숙하는 데에는 42~70일이 소요된다. 임신기간은 15~16일 정도이며, 산자수는 5~10마리이다.

〈장점〉

볼주머니 때문에 암 연구, 조직 이식 연구에 적합하다는 점과 동면을 하는 특성으로 인해 동면생리학 연구에 좋은 재료가 된다는 점이다. 원래 볼주머니는 출산 후 새끼를 넣어두어서 보호하는 기능을 하는 기관이다. 광견병, 일본 뇌염 등 바이러스에 특이 감수성을 보이기에 이를 연구하기에 좋은 모델이며 생후 28일 후 번식이 가능함으로 세대 교체가 빠른 편이다. 한편 번식력도 높아서 발생학 연구에 적합하다. 실험실에서는 계통적으로 순수성이 잘 유지되고 있으며 비교적 추위에 잘 적응한다는 것도 장점이다.

〈단점〉

사육을 하기 위해서 수분과 속도를 유지해주고 청결을 유지해야 하며, 공격적인 성향 때문에 서로 떨어져 있도록 넓은 사육장이 필요하다는 점, 체격이 작아서 연속적인 시료 채취가 곤란하다는 점, 극도로 더운 환경에는 잘 적응하지 못한다는 점, 스트레스에 약하다는 점 등이 있다.

참고문헌

Adams JM. Cory S. Transgenic models of tumor development. Science. 254. 1161-1167. 1990.

Altman PL. Katz DD (eds.). Inbred and genetically defined strains of laboratory animals. Part I: Mouse and rat. Federation of American Societies for Experimental Biology, Bethesda, Maryland. 1979.

Archibald AL. McClenaghan M. Hornsey V. Simons JP. Clark AJ. High-level expression of biologically active human alpha 1-antitrypsin in the milk of transgenic mice. Proc Natl Acad Sci. 87. 5178-5182. 1990.

Aronow BJ. Silbiger RN. Dusing MR. Stock JL. Yager KL. Potter SS. Hutton JJ. Wiginton DA. Functional analysis of the human adenosine deaminase gene thymic regulatory region and its ability to generate position-independent transgene expression. Mol Cell Biol. 12. 4170-4185. 1992.

Burke AC. Nelson CE. Morgan BA. Tabin C. Hox genes and the evolution of vertebrate axial morphology. Development. 121. 333-346. 1995.

Carroll SB. Grenier JK. Weatherbee SD. From DNA to diversity. Blackwell Science, Malden, Mass. 2001.

Gerhart J. Kirschner M. Cells, embryos and evolution. Blackwell Science, Malden, Mass. 1997.

Hall BK. Wake MH. (eds.) The evolution of larval forms. Academic Press, San Diego. 1999.

Lowe CJ. Wray GA. Radical alterations in the roles of homeobox genes during echinoderm evolution. Nature. 389. 718-721. 1997.

Peterson KJ. Cameron RA. Davidson EH. Set aside cells in maximal indirect development: Evolutionary and developmental significance. BioEssays. 19. 623-631. 1997.

Raff RA. The shape of life. University of Chicago Press, Chicago. 1996.

Richardson MK. Hanken J. Gooneratne M. Pieau C. Raynaud A. Selwood L. Wright GM. There is no highly conserved embryonic stage in the vertebrates: Implications for current theories of evolution and development. Anat Embryol. 196. 91-106. 1997.

제 16 장

발생공학

발생생물학은 유전공학의 발달과 함께 21세기 바이오테크놀로지의 핵심 학문으로 부상하고 있다. 발생의 근본을 이해함으로써 불임치료, 생명복제, 이식용 장기의 대량생산, 조직공학 등 인류의 숙원들을 해결할 수 있는 열쇠를 제공하고 있기 때문이다. 그럼에도 불구하고 발생공학은 생명 그 자체를 대상으로 하고 있어 자칫하면 인류를 오히려 파멸의 길로 몰고 갈 수 있다는 양면성을 가지고 있다. 이번 장에서는 "형질전환"과 "생명복제"를 통해 발생공학의 몇 가지 사례들을 살펴보고 미래 응용에 대한 가능성을 엿보고자 한다.

형질전환

형질전환(transformation)이란 사람에게 유용한 유전자를 주입하여 본래 그 개체나 세포가 가지고 있었던 형질을 새롭게 만드는 기술이다. 형질전환은 말 그대로 인간이 필요로 하는 목적에 부합하는 또 다른 생명체를 만들어 내는 것이다. 형질전환동물은 그 동물이 원래 가지고 있지 않은 외부의 유전자를 재조합하여, 그 형질의 일부를 변화시킨 동물을 말한다. 최초의 형질전환동물은 당시 미국의 시애틀대학 교수였던 Palmiter 박사가 만들어낸 사람의 성장호르몬 유전자를 주입한 '수퍼마우스(supermouse)'이다.

형질전환동물은 이식용 장기의 생산, 고가의 의약품 생산, 가축의 생산성 증대 등을 위한 목적으로 연구되고 있다. 즉, 인체가 돼지의 장기를 자신의 장기로 인식시킬 수 있도록 면역 유전자를 조작한 형질전환돼지의 생산, 형질전환 동물을 이용하여 혈전증치료제, 조혈촉진제, 암치료제 등과 같은 고가의 치료용 의약품이나 호르몬을 생산하는 기술의 개발, 사람의 모유와 똑같은 성분의 젖을 생산하는 염소, 축산물의 품질향상을 위한 형질전환 가축 생산 등이 바로 그것이다.

초기의 형질 전환 동물은 기초실험을 위한 목적에 그쳤으나, 생명공학의 급속한 발달과 함께 형질전환동물의 이용범위는 매우 광범위하게 확대되었다. 우수한 가축을 생산할 수 있고, 유용단백질이나 생리활성물질 등을 생산할 수 있으며, 질병치료의 동물모델을 만들 수 있고, 심지어 인공장기를 만들어 내는 단계에 이르렀다.

몇몇 앞선 나라에서는 형질전환을 산업적으로 이용함으로써 고부가가치를 낼 수 있다는 측면에서, 국민의 삶의 질 향상과 국가 경쟁력 확보를 위해 형질전환동물 연구에 집중적인 지원을 하고 있다. 우리나라도 그동안 형질전환된 젖소 · 흑염소, 돼지 등을 생산하는 데 성공하였고 축적된 고도의 기술을 바탕으로 국가 경쟁력을 가진 바이오선진국으로서의 힘찬 발돋움을 내딛고 있다.

형질전환 방법

형질전환동물은 사람에게 유용한 물질을 만들어내는 동물을 만들어내는 기술이다. 형질전환동물로부터 얻은 물질은 다른 산업에서 쉽게 얻기 힘든 고부가가치의 상품이 된다. 뿐만 아니라 형질전환동물을 통해 자연에서는 구하기 힘든 의약품을 만들어냄으로써 의료비 절감 및 국민보건 증진을 꾀할 수 있다.

형질전환 동물을 만드는 방법에는 크게 다섯 가지가 있다. 수정란의 핵에 유전자를 직접 주입하는 미세주입법(microinjection), 배아줄기세포(embryonic stem cell)를 이용하는 방법, 바이러스 벡터(vector)를 이용하는 방법, 정자를 벡터로 사용하는 정자매개법, 체세포 핵이식 복제 방법 등이다. 이 중에서 미세주입법과 배아줄기세포를 이용하는 방법, 체세포 핵이식 복제 방법에 대해 간단히 살펴보도록 한다.

미세주입법은 유용 유전자의 암호부분을 잘라내어 강력한 프로모터(promoter)와 재조합한 뒤 이를 직접 수정란에 주입하는 것이다. 목적하는 동물의 암수에서 각각 난자와 정자를 얻은 후 시험관에서 수정시키는데, 핵이 아직 결합하기 이전인 전핵(pronucleus) 상태일 때 정자핵이나 난자핵에 유전자를 찔러 집어넣는 것이다. 이렇게 유전자를 이식받은 수정란을 대리모의 자궁에 착상시켜 새끼를 여러 마리 출산시키고 이 가운데 목적한 유전자를 가진 형질전환동물을 따로 골라내는 것이다. 이 방법은 다양한 동물에 응용될 수 있는 장점은 있으나 아직은 성공률이 낮아서 한 마리를 만드는 데에도 막대한 비용이 들 뿐 아니라 세심한 조작이 어렵

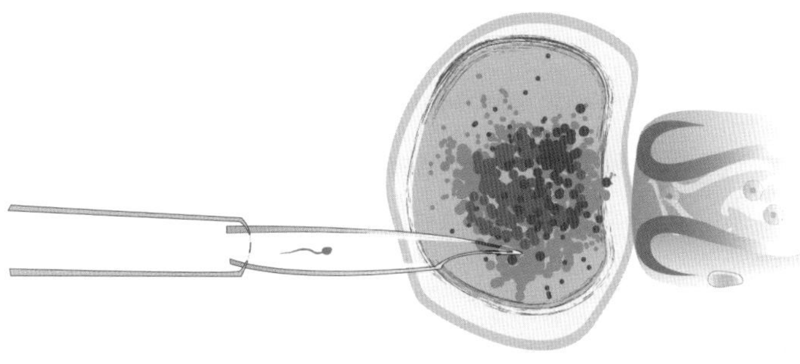

그림 16-1 microinjection하는 모습

다는 단점이 있다. 그러나 그동안 생명복제 기술이 발달함으로써 일단 한 마리만 만들게 되면 이로부터 여러 마리를 생산해낼 수 있게 되었다.

배아줄기세포(embryonic stem cell)를 이용하는 방법은 효율성이 높을 뿐만 아니라 목적하는 유전자에 조준을 맞추는 유전자 표적법이라는 방법으로 고도의 조작도 가능한 방법이다. 배아줄기세포란 수정란의 발생초기 세포인데 향후 다양한 조직으로 분화 발생이 가능한 세포를 말한다. 이러한 배아줄기세포에 유용한 유전자를 넣어 발생 초기의 배자에 융합시켜 주면 형질전환 개체를 만들어 낼 수 있다.

최근 들어 가장 주목받고 있는 체세포 핵이식 방법은 1997년 영국에서 태어난 복제양 Dolly에 처음으로 적용되었다. 체세포 핵이식 복제는 난자와 정자가 결합하는 수정과정 없이 생명체를 만드는 과정이다. 즉 생명체를 만들어내는데 생식세

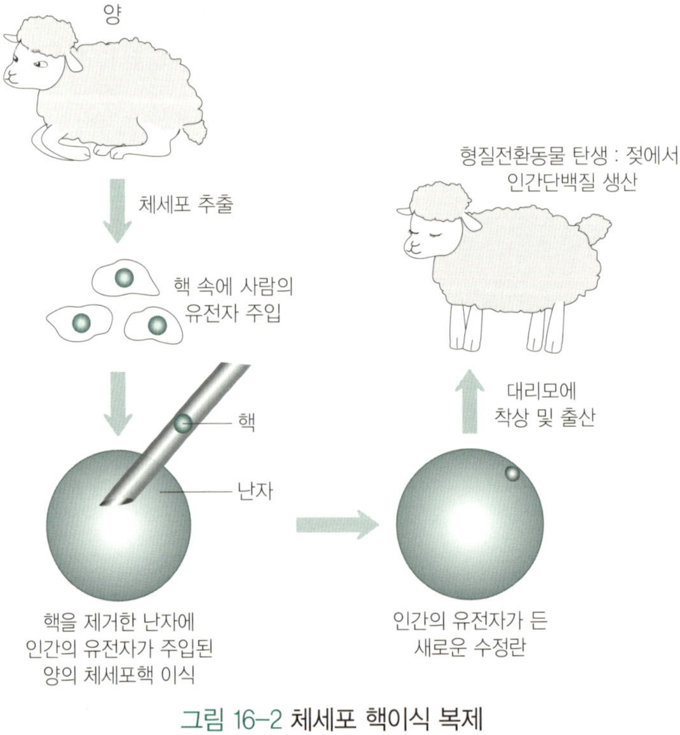

그림 16-2 체세포 핵이식 복제

포를 이용하지 않고 체세포의 일부를 떼어내서 복제하는 것을 말한다. 체세포 핵 이식 방법은 미세주입법의 단점을 보완하여 형질조절작업이 크게 향상된 방법이며, 태어난 형질전환 동물은 거의 100%의 형질전환율을 보일 정도로 높은 효율성을 자랑한다. 그러나 이러한 장점과 함께 문제점도 존재한다. 핵을 이식하는 과정 자체가 매우 어려우며, 복제된 수정란이 발달하는 과정 중에서 돌연변이가 생기기 쉬워 유산할 가능성도 높다. 또한 형질전환되어 태어났다 하더라도 생명을 유지할 확률이 매우 낮다는 문제점이 있다.

형질전환의 현주소

그동안 우리 나라에서도 조혈촉진유전자인 에리트로포에틴(erythropoietin)을 돼지의 수정란에 주입시켜 빈혈치료제 및 조혈촉진제를 생산하는 세계 유일의 형질전환돼지 "새롬이"가 개발되었고, 백혈구 증식인자를 만드는 형질전환 흑염소 "메디"와 사람의 초유에 많이 함유되어 있는 락토페린(lactoferrin) 유전자가 삽입된 젖소 "보람이"가 만들어졌다. 이밖에도 단백질 주사제인 알부민(albumin)을 생산해내는 형질전환 닭과 체세포 복제기술을 이용해 사람에게 이식할 수 있는 장기를 생산하는 돼지가 개발 중이거나 완성 단계에 있다.

해외의 경우에는 일본에서 사람의 O형 혈액형을 함유한 돼지가 개발되었고, 영국에서 혈전용해물질인 유로키나제(urokinase)가 함유된 형질전환 쥐를 개발한 사례 등이 있다.

형질전환과 복제

형질전환동물은 인간의 복지향상이나 질병치료에 이용할 수 있기에 대단히 매력적이다. 그러나 형질전환동물을 만드는 데에 많은 시간과 비용이 든다. 더욱이 현재까지의 기술로는 형질전환동물을 만들어내는 성공률이 매우 낮다는 문제점이 있다. 그러므로 이러한 낮은 효율을 해결할 수 있는 방법으로 생명복제 기술이 부각되고 있다. 유전자재조합이나 전이를 통해 탄생한, 성공률이 낮은 형질전환동물을 한 마리만 만들고 난 후 복제기술을 이용하여 이 형질전환동물을 다수 생산함으로써 그 결과를 몇 배로 증대시킬 수 있다는 것이다. 그 예로 영국에서 1997년 7월에 만든 복제양 Polly와 이에 대한 복제 여부를 들 수 있다. Polly는 혈액응고 성분이 들어 있는 혈우병 치료약의 유전자를 주입시킨 복제양이다.

또한 인공장기를 만드는 데에도 형질전환동물을 이용하려는 움직임이 활발해지고 있으며, 여기에도 복제의 기술을 이용하여 형질전환의 부가 가치를 한 단계 높일 수 있을 것으로 기대된다.

인공장기(Artificial Organs)

장기이식은 인류의 복지 차원에서 매우 중요한 일이라 할 수 있다. 그러한 점에서 장기이식은 의학이 인류에게 선사하는 또 하나의 선물인 셈이다. 제 기능을 발휘하지 못하는 심장이나 간, 신장, 췌장, 연골 등을 갈아 끼움으로써 한 사람의 생명을 살릴 수 있는 것이다. 그러나 이러한 장기이식에는 매우 큰 어려움이 있다. 바로 이식할 장기가 절대적으로 부족하다는 것이다. 이식을 기다리는 사람들은 많고 필요로 하는 장기의 수요도 많으나 이식할 장기가 태부족 상태이기 때문에 이식을 받으면 살 수 있는 사람들도 미처 맞는 장기를 구하지 못해서 죽는다든지, 혹은 암거래로 장기를 매매하는 부작용이 생기는 것이다. 이러한 문제점을 해결하기 위해 과학자들은 유전공학과 조직공학을 이용하여 인공장기를 만드는 일에 관심을 가지게 되었고 점차 그 결실을 보고 있다.

인공장기는 기계공학을 이용한 인공장기와 생체조직공학을 이용한 인공장기, 형질전환동물을 이용한 인공장기, 배아줄기세포를 이용한 인공장기 등으로 나눌 수 있다. 기계공학을 이용한 인공장기는 신소재와 기계공학이 결합하여 성공시킨 산물이다. 그러나 아직까지도 신체 적응 문제가 풀어야할 과제로 남아있다. 이러한 기계적 인공장기로써 인공심장, 인공판막이 대표적이다.

심장은 몸에서 가장 중요하며 잠시도 쉴 수 없는 장기이지만 그 중요성에 비해 구조가 비교적 간단하다. 인공심장은 크게 심실보조장치와 완전이식형 인공심장으로 구분되는데, 완전이식형 인공심장은 자연심장의 전체 기능이 회복되지 못한 상태일 때 사용하는 장치이다. 판막의 경우에는 늘어나는 것도 문제이지만, 줄어드는 것도 문제이다. 판막이 늘어나게 되면 나간 혈액이 도로 역류되는 상황이 벌어지지만, 그 반대로 줄어들게 되면 혈액이 정상적으로 나가지 못하는 부작용이 생긴다. 인공판막은 이런 기능을 상실한 판막을 대신할 수 있도록 개발된 것이다. 그 외에도 인공심장혈액펌프, 인공후두, 인공췌장, 인공신장, 인공심폐기, 인공관절 등의 인공장기가 개발 중이거나 개발되어 있다. 생체조직공학을 이용한 인공장기는 최근 들어 급속한 발전을 보이고 있다. 이론적으로는 모든 장기의 재생이 가능하기 때문에 조직공학을 이용한 인공장기의 개발은 희망적이라 할 수 있다.

조직공학을 이용한 인공장기란 인간의 신체 각 부위 조직을 배양해서 만든 이식용 장기나 근육, 뼈와 같은 구조물이다. 환자의 조직의 일부를 떼어내어서 분해성 고분자 재료에 뿌린 후, 필요한 장기의 모양으로 배양하는 것이다. 배양이 끝난 장기를 환자의 몸에 이식하게 되면 고분자 재료는 체내에 흡수되고 세포만 장기조직으로 커나가도록 하는 것이다. 조직 배양은 자궁의 원리를 이용한 것으로 배양기 내의 온도, 영양, 산소 등을 자궁과 같게 만들어 자궁 속에서 태아가 자라듯 배양한다.

초기에는 피부에 상처가 생기면 환자 자신의 피부조직을 떼어 이식을 하였다. 하지만 외상이나 화상과 같이 피부의 상당 부분이 손실되었을 때에는 피부조직을 떼어내어 이식하기에 한계가 있다. 이러한 경우 환자 본인의 피부조직을 떼어내어 바로 이식하지 않고 일정 시간 동안 배양하여 키운 뒤 이식한다면 훨씬 치료가 용이할 것이다. 인공피부는 아직 실험 단계에 머무르고 있지만 실용화된다면 환자들에게 많은 도움을 줄 수 있을 것으로 기대되고 있다.

이렇게 조직공학을 이용한 인공장기는 살아 있는 조직을 사용하는 것이기 때문에 이제까지의 플라스틱 등을 이용한 인조물과는 달리 사람의 몸에 이식이 되면 원래의 형태대로 자라난다는 장점을 가지고 있다. 또한 소량의 조직을 배양하여 대량으로 사용할 수 있다는 장점도 가지고 있다.

인공장기를 확보하는 또 다른 방법 중 하나는 동물의 장기를 이용하는 것이다. 동물 중에서도 사람의 장기와 비슷한 크기이며 유사한 유전자 배열을 가지고 있는 돼지가 주로 연구 대상이다. 그러나 돼지처럼 다른 종의 조직을 환자에게 이식하면 사람의 면역 시스템에 의해 그 조직은 수시간 내에 급속히 파괴되는 것이 어려움이다. 지금까지는 환자가 이식받은 조직이 면역적으로 파괴되지 않도록 하기 위해 무균실에서 오랜 기간 동안 면역억제제를 주사해왔으나 이는 근본적인 치료가 될 수 없나. 이처럼 일반적인 동물의 장기를 이식하게 되면 면역 거부 반응을 일으키기 때문에 이를 극복하기 위해 형질전환동물을 이용하려는 연구가 진행 중이다. 인체 내의 급속한 면역작용은 항체와 결합해 항원을 퇴치하는 물질인 보체(complement)라는 단백질 때문에 주로 발생한다. 따라서 인체 내에서 보체가 만들어지지 않도록 하는 효소의 유전자를 뽑아내 돼지의 수정란에 이식하여 형질을 전환시키는 연구가 진행 중이며, 이렇게 만든 동물을 체세포 복제를 통해 복제한다면 많은 수의 장기를 손쉽게 얻을 수 있을 것이다. 그러나 위와 같은 방식으로 면역반응을 일으키지 않는 돼지의 장기가 개발된다고 모든 것이 해결되는 것은 아니다. 돼지의 장기가 비록 인간의 것과 크기가 비슷해도 네 발로 다니는 짐승의 장기와 직립인간의 장기가 비슷한 기능을 발휘할 수 있는가 하는 문제점이 남아 있다. 더욱이 돼지가 인간과 오랜 시간 함께 생활해 왔기 때문에 다른 동물에 비해 인간에게 해를 끼치는 병균이나 바이러스가 거의 없다고는 하지만, 아직 밝혀지지 않은 치명적인 병균이나 바이러스가 인간에게 영향을 미칠 가능성도 배제할 수 없다.

또다른 해결책은 줄기세포(stem cell) 배양법을 이용하는 것이다. 줄기세포란 특정한 자극을 주면 혈액, 근육, 신경조직 등은 물론 심장이나 간 등 모든 형태의 조직으로 분화가 가능한 세포다. 따라서 장기 이식을 필요로 하는 환자의 건강한 세포를 채취해, 줄기세포를 만든 다음 일정한 배양조건에서 원하는 장기를 만들어 환자에게 이식하는 것이다. 그러나 사람의 배아세포에 대한 연구는 배아가 다시 자궁으로 들어가면 사람으로 성장할 수 있다는 윤리 · 도덕적인 문제가 뒤따르기 때문에 제한을 받을 수밖에 없으며, 세포 분화에 대한 연구 자체가 시작 단계에 불과하여 실용화는 아직도 많은 시간과 노력을 필요로 한다.

맞춤아기

산전 진단을 통해 혹시나 있을 지도 모르는 유전자 이상을 미리 없애버림으로써 유전적 결함이 적거나 아예 없도록 만들어진 아기를 맞춤아기(perfect baby)라고 한다. 가까운 미래에는 이렇게 질환과 같은 나쁜 유전자를 제거하는 정도에서 그치지 않고, 유전적으로 매우 이상적이라 할 수 있는 맞춤아기를 조합하여 만들어내게 될지도 모른다. 즉 여아의 경우 체형이 아름답게 유전자를 조작한다든지, 머리카락의 색을 바꾼다든지, 남아의 경우에는 체격과 체력을 완벽하게 조작함으로써 이상적으로 만든다든지 하는 경우를 말한다. 물론 아직까지의 기술과 능력으로는 불가능하지만 급속히 발전하는 유전공학의 속도와 법과 규제를 앞서 가는 유전공학의 산물 탄생을 생각해 보았을 때 이렇게 디자인된 아기가 멀지 않은 미래에 태어나지 않을 것이라고 어느 누구도 장담할 수 없을 것이다. 특히 인간 게놈 프로젝트가 완성된 지금 멀지 않은 미래에 맞춤아기를 볼 수 있을 것이라는 견해가 지배적이다.

물론 지금도 유전자 진단은 실시되고 있다. 아기가 태어나자마자 채혈하여 선천성 대사 이상에 걸렸는지 여부를 알아보는 것도 일종의 유전자 진단이다. 이러한 유전자진단을 실시할 수 있는 시기도 갈수록 빨라지고 있다. 즉 유전자 진단이 양수를 검사함으로써 행해지던 것에 비해 현재는 배아 단계까지로 거슬러 올라가 착상 전 진단도 가능한 것이 현실이다.

그러나 맞춤아기는 수명연장과 질병 없는 삶의 목표를 벗어나 우생학으로 발전되어 갈 위험성을 지니고 있다. 맞춤아기의 탄생과 확산으로 인하여 새로운 계급사회라든지 계층간 · 빈부간의 격차가 더욱 심화됨으로써 또 다른 사회 문제가 인류를 괴롭힐지도 모를 일이다.

생명복제

복제(cloning)는 유전적으로 동일한 다른 개체를 만들어내는 것이다. 복제에는 수정란분할을 이용한 "수정란 복제"와 체세포 핵이식을 이용한 "체세포 복제"의 두 가시 방법이 있다.

수정란분할법이라고도 불리는 수정란 복제는 수정란이 4~8개의 세포로 분열한 상태에서 각각의 할구들로 분리해 내는 기술이다. 이렇게 분리된 할구들 역시 다시 하나의 완전한 개체로 분화할 수 있는 능력이 있으므로 분리한 할구 각각을 자궁에 착상시켜서 인공적인 일란성 쌍둥이들이 나오게 하는 것이다.

반면에 체세포 복제는 복제양 돌리를 만드는 데 사용된 것과 마찬가지로 성체의 체세포를 이용하는 방법이다. 성체의 체세포에서 핵을 분리해 내어 핵이 제거된 난자와 융합시켜서 새로이 분화하게 만드는 방법이다. 이 수정란을 자궁에 착상시키면 핵을 제공한 성체와 유전적으로 동일한 새로운 개체가 탄생하는 것이다. 이 방법에서는 체세포의 핵이 이미 분화가 끝난 상태이므로 이 핵을 발생 초기 상태로 돌려놓는 것이 핵심이라 할 수 있다.

수정란 복제는 형제간의 복제를 의미하지만 체세포 복제는 세포를 제공한 성체와 복제된 생물이 부모 자식 관계를 이루게 된다는 차이점이 있다.

복제양 돌리

1996년 7월 5일 오후 5시, 영국 Edinburgh 근교에 있는 Roslin 연구소의 Ian Wilmut 박사에 의해 체중 6.6㎏의 복제 양 'Dolly'가 태어났다. Dolly는 체세포를 이용한 최초의 포유동물 복제인데, 이 때 사용된 체세포는 여섯 살짜리 암컷 양의 유선세포였다. Dolly는 이 유선세포를 이용해 수정란과 똑같은 세포를 만들어 대리모 양의 자궁에 이식하는 방법으로 탄생하였다. 즉 수컷을 배제한 채 암컷 세 마리만으로 복제된 것이다. 이는 암수의 구별 없이 무성 생식으로도 새 생명이 발생할 수 있다는 것을 시사하는 것이다.

Dolly의 탄생은 이미 분화가 끝난 세포는 더 이상 분화되거나 다른 목적의 세포로 전환될 수 없다는 이제까지의 발생학 기초를 흔들어 놓기에 충분하였다. Dolly 이전의 복제동물은 모두 체세포로부터가 아닌 수정란으로부터 발생한 것이었다. 그러나 돌리는 유선세포라는 분화가 끝난 체세포를 이용하여 복제하였기 때문에 분화된 세포라 하더라도 유전정보를 새로이 변환시키거나 발생초기 상태로 돌려놓을 수 있다는 것을 증명한 것이다. 이러한 점 때문에 돌리의 탄생은 사람도 성체세포를 이용하여 이론상 복제가 가능하다는 것을 시사함으로써 인간복제에 대한 우려를 현실화하는 계기가 되었다.

복제의 장 · 단점과 문제점

동물복제가 수정란 복제에서 점차 체세포 복제방법으로 바뀌어 감으로써 인간 복제에 대한 우려가 차츰 커져가고 있다. 그렇다면 이러한 우려와 비난에도 불구하고 과학자들이 굳이 복제를 하려고 하는 이유와 생명복제를 통해 우리가 얻는 것은 무엇일까?

먼저 동물복제는 사람에게 필요한 물질이나 생명체를 대량으로 생산할 수 있다는 장점을 가지고 있다. 대다수의 동물복제는 이러한 이유와 목적으로 계획되고 진행된다. 보다 우수한 품종의 가축을 대량으로 생산하기 위해서 우리는 오래전부터 생식단계에서 조절하는 방법을 사용하여 왔고, 궁극적으로 복제가 가장 적절한 방법이라는 것이다.

체세포 복제의 경우에는 우량 가축의 대량생산보다는 유용한 물질을 생산해 내는 형질전환동물을 대량으로 생산하는 데 그 일차적 목적이 있다. 사람에게 유용한 물질이나 의약품을 생산해내는 형질전환동물을 만드는 데에는 수많은 비용과 시행착오가 필요하다. 즉 생산해내는 것에 비해 수익성이 맞지 않는다는 것이다. 더욱이 만들어진 형질전환동물의 경우 대부분 생식 능력에 문제가 생겨서 2세를 낳을 수 없다는 문제점이 있다. 그러나 체세포 복제 기술을 이용하면 형질전환동물과 100% 동일한 유전자를 가지고 태어나기 때문에 유용한 물질을 그대로 만들어 낼 수 있는 것이다.

또 하나 복제를 찬성하는 입장에서는 복제기술이 불임부부에게 새로운 희망을 줄 수 있다고 주장한다. 즉 정자에 문제가 있어서 정상적인 방법으로는 수정이 불가능한 부부를 위해 체세포 복제를 이용하면 정자가 없이도 수정이 가능하므로 불임 문제를 해결하는 길이 된다는 것이다. 물론 여기서 윤리적인 문제는 배제한다는 전제가 필요하다. 어머니의 난자를 이용하고 아버지의 체세포를 이용하면 아버지와 꼭 같은 아들을 낳을 수 있는 것이다. 또 수정란의 할구 분리 기술을 이용하면 자궁에 이식하기 전에 수정란을 검사하여 결함이 있는 것을 걸러 내거나 혹은 그 유전자만을 교정하여 건강한 아기를 얻을 수 있다는 것이다.

그렇다면 복제에는 문제점이 전혀 없는 것일까? 그렇지 않다. Dolly의 예를 보면 정해진 수명보다 일찍 사망하면서도 짧은 시간에 전형적인 노인성질환들을 거의 다 거친 것으로 보고되었다. 즉 양의 수명이 보통 9년인데 Dolly는 6년생 암양의 세포를 사용하여 복제되었기에 어릴 때부터 내용적으로는 6년만큼 늙어있었다는 이야기이다. 물론 이 부분도 점차 기술이 향상되면서 정말 그러한지 의문은 생기지만 생명복제를 하려면 반드시 극복해야 할 문제인 것이 분명하다. 또한 복제된 동물 모두가 암컷이라는 문제가 있다. 이는 복제가 젖을 통해 치료용 단백질과 같은 물질을 생산해 내고 새끼를 출산시키기 위한 목적에서 시작되었기 때문이기도 하지만, 여러 가지 문제점과 기술의 부족으로 인하여 수컷의 복제는 실패율이 높다는 것이다. 복제의 성공 확률이 너무 낮다는 것도 문제이다. Dolly만 하더라도 277번의 시도 끝에 한 번 성공을 하였으며, 그 이후의 복제동물들도 마찬가지로 낮은 성공률을 보이고 있다. 따라서 개체를 복제하기 위해서는 체세포 핵을 이식 받은 난자를 착상시킬 대리모가 수십 명에서 수백 명까지 필요할 수 있다는 문제가 당연히 야기된다.

배아줄기세포를 이용한 복제

배아줄기세포(embryonic stem cell)는 수정된 후 배아상태에서 분열이 활발히 진행되지만 아직 채 분화되지 않은 세포를 말하는 것으로, 이론적으로는 인체를 구성하는 모든 세포로의 분화가 가능하다. 이러한 이유로 배아줄기세포는 미래 의학의 핵심연구과제로 기대되고 있으나 개체로 분화될 수 있다는 점에서 윤리적 논쟁의 핵심에 서있기도 하다.

배아줄기세포 복제는 기술적으로는 개체 복제와 유사하지만 개체를 얻으려는 것이 아니라 완전히 분화되기 이전의 배아줄기세포를 얻거나 분화되어 가는 과정을 연구하려는 것이다. 인간의 수정란은 수정 후 약 14일 정도에 배아 또는 배자라고 불리는 단계로 들어간다. 이때부터 모든 기관이 형성되는 8주 까지를 배자기(embryonic period)라고 부르며 이후부터를 이미 형성된 기관과 신체부위가 자라는 태아기(fetal period)라고 한다. 그러나 배아 복제에서 말하는 "배아"는 엄밀하게 따져서 착상 이전의 수정란을 말한다. 즉 임신의 시작에서부터 원시선이 출현하는 수정 후 약 14일(2주)까지의 배아를 "전배아"라고 부르고, 배아복제는 착상 이전까지의 전배아 복제를 의미한다.

배아줄기세포는 알츠하이머나 파킨스씨병 등의 난치성 질환과 당뇨병 등의 질환을 치료하는 데 매우 획기적인 재료가 될 것으로 기대되고 있다. 백혈병, 파킨슨병, 당뇨병 등에 걸린 환자에게 장애가 생긴 세포를 대신하는 정상 세포를 외부에서 배양하여 주입하는 유전자 치료가 면역학적으로 거부반응을 일으킬 수 있다는 문세점에 대한 답을 배아줄기세포에서 찾을 수 있다는 것이다.

즉 배아 복제는 환자 자신의 세포를 역분화시켜 사용하는 것이기에 면역학적 거부반응의 문제나 윤리적인 문제를 줄일 수 있다는 것이다. 아울러 배아복제에 대한 기술과 이론이 발전하면 손상된 장기나 신체 부분을 배아줄기세포 하나로부터도 충분히 재생시킬 수 있는 장점이 있다는 것이다. 즉 이식용 장기들을 원하는 양만큼 대량으로 생산하여 현재의 장기 수급 불균형 문제를 완화시킬 수 있다는 기대를 가지게 한다.

배아줄기세포 복제의 문제

개체복제만큼이나 전 세계적으로 뜨거운 윤리 논쟁을 불러일으키는 것이 줄기세포를 얻기 위한 배아 복제이다. 배아(배아와 배자는 이후 동일한 의미로 사용된다) 복제를 통한 배아줄기세포의 확보는 각종 난치병을 치료하는데 있어서 획기적인 계기가 될 수 있으며 이식용 장기의 심각한 부족현상을 해소할 수 있다는 여러 가지 장점이 있다. 그러므로 배아 복제는 경쟁적으로 진행되고 있으며, 배아 복제 연구를 적극적으로 육성하여야 한다는 측은 이와 같은 의학적 이득을 근거로 하고 있다. 그러나 이러한 의학적 · 산업적 · 과학적 이득을 현실화하기 위해서는 해결되어야 할 윤리적 · 법적 · 사회적 문제가 매우 많은 것도 사실이다.

배아 복제 연구의 허용 근거는 수정 후 14일까지는 원시생명선이 나타나지 않는다는 데 있다. 그러나 그 주장은 수정 후 14일 이내의 배자는 온전한 생명체로 간주하지 않는다는 것이기에 논란의 여지가 생긴다. 특히 기독교적 관점에서 보았을 때 사람의 생명은 수정되는 순간부터 시작되는 것이므로 수정 후 14일 이내의 배자라 하더라도 생명체로 간주하기 때문이다. 결국 배아 복제는 사람을 실험 대상으로 삼는 것이 된다. 더욱이 배아 복제는 하나의 개체를 대상과 수단으로 삼는 것이기 때문에 허용할 수 없는 것이다.

배아 복제 연구가 인간복제로 이어질 수 있다는 점에서 배아 복제를 금지시켜야 한다는 주장도 만만치 않게 제기되고 있다. 인간복제를 허용하지 않은 채 배아 복제만을 허용하였을 때 배아 복제를 표면으로 하여 인간복제에 대한 연구를 행할 수 있는 가능성도 배제할 수 없다는 것이다.

물론 '인간 생명의 시작을 언제부터로 보는 것인가' 하는 것은 오랜 동안 논쟁의 핵심에 서있던 문제로서 수많은 과학자와 이론가들이 여러 학문적 입장에서 풀어왔지만 아직도 해답을 얻어내지는 못했다.

따라서 난치병이나 불치병을 치료할 수 있는 배아 복제 연구를 포기할 수 없다는 연구지지자들과 생명의 존엄성을 지키려는 반대 그룹 사이의 윤리적 논쟁과 규제의 움직임이 매우 복잡한 실정이다.

그렇다면 이러한 찬성과 반대의 논쟁으로 인하여 모든 연구를 중단하여야만 할 것인가? 인류의 복지증진과 과학의 발달을 위해서도 그렇게 해서는 안 될 것이다. 대안을 찾고 허용과 규제의 범위를 명확하게 하여 이러한 과학이 우리에게 희망으로 다가올 수 있도록 하여야 할 것이다.

그 좋은 예가 배아를 이용하지 않은 줄기세포 연구이다. 줄기세포는 태아의 조직뿐 아니라 성인의 골수 등에서도 발견되기 때문에 성체줄기세포가 사회적 · 윤리적 논쟁에서 피할 수 있는 대안이 될 것이라는 것이다. 로마 교황청에서도 배아의 의학적 연구의 대안으로 탯줄과 태반을 통한 연구를 지지하고 있다. 탯줄과 태반에도 줄기세포의 일종인 조혈모세포가 포함되어 있어서 윤리적인 문제없이 연구가 가능하다는 이야기이다.

인간복제

체세포 복제 양 "돌리"가 태어난 이후 전 세계는 복제연구에 경쟁적으로 뛰어들게 되었고, 그 이후 몇몇 복제동물이 세상에 모습을 보이기 시작하였다. 이렇게 복제에 대한 관심이 높아시면서 그와 함께 복제를 둘러싼 윤리논쟁도 뜨거워지기 시작하였다.

복제를 찬성하는 측에서는 현실적으로 보았을 때 복제 기술이 산업이나 의학 등의 분야에서 긍정적인 이점이 너무 크기 때문에 윤리적인 잣대만으로 연구를 중단해서는 안된다고 이야기를 하고 있다. 복제를 반대하는 측에서는 자연의 법칙을 깨뜨린 복제동물들은 그것들이 내포하고 있을 문제점만으로도 위험성을 가지고 있으며, 종교적으로는 신의 영역을 침범하는 행위라고 하여 반대하고 있다. 또한 대다수의 일반인들은 복제 기술이 결국에는 인간복제로까지 이어지지 않을까 우려하고 있는 것이 사실이다. 그런데 2003년 1월, 복제전문회사인 클로나이드사(社)의 한국지사가 세계 최초의 복제인간을 탄생시켰다고 깜짝 발표함으로써 벌써 인간복제의 시대가 온 것이 아닌가 하는 놀라움을 낳게 하였다. 비록 회사의 발표가 신빙성 문제로 인해 더 이상 확대되지는 않았지만 이 사건으로 인하여 인간복제에 대한 경각심을 가져오기에는 충분하였다.

이처럼 인간복제는 이제 윤리적 기준만으로 금지하기에는 너무 가까이 다가왔음을 느낄 수 있다. 대리모만 구할 수 있다면 그리 어렵지 않게 인간을 복제할 수 있는 기술이 이미 있고 설령 규제가 있다 하더라도 나라마다 그 범위와 정도가 틀려서 그 나라의 법만 피해 다닌다면 얼마든지 법적 제재 없이도 복제가 가능하기 때문이다. 그럼에도 불구하고 엄청난 수의 대리모를 이용하여야 한다는 점, 이 과정에서 돈이나 협박처럼 인간 존엄을 훼손하는 사회적 문제가 불가피하게 따른다는 점, 복제 과정에서 발생할 수 있는 기형아의 문제, 우생학적인 문제 등 여러 가지 부작용으로 인해 아직 인간복제는 요원하다 하겠다.

참고문헌

Beier FK. Significance of the patent system for technical, economic and social progress. Int Rev Ind Prop. Copyright Law. 11. 583. 1980.

Bent SA. Schwaab RL. Conlin DG. Jeffery DD. Intellectual Property Rights in Biotechnology Worldwide. Stockton Press, New York. 1987.

Brody B. Evaluation of the ethical arguments commonly raised against the patenting of transgenic animals. In Animal Patents: The Legal, Economic and Social Issues, W. Lesser, Ed. Stockton Press, New York. 1989.

Fujiki N. Macer DRJ. (eds.) Human Genome Research and Society. Eubios Ethics Institute, Christchurch, New Zealand. 1992.

Hoban TJ. Kendall PA. Consumer attitudes about the use of biotechnology in agriculture and food production. North Carolina State University. July. 1992.

Kalter RJ. Impact of animal growth promotants on the dairy industry. In Biotechnology and Sustainable Agriculture: Policy Alternatives. J. Fessenden MacDonald, Ed. NABC Report 1, National Agricultural Biotechnology Council, Ithaca, New York. 1989.

Lesser W. (ed). Animal Patents: The Legal, Economic and Social Issues. Stockton Press, New York. 1989.

Milligan R. Lesser W. Implications for agriculture. In Animal Patents: The Legal, Economic and Social Issues, W. Lesser, Ed. Stockton Press, New York. 1989.

제 17 장

생명윤리학

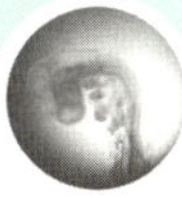

생명윤리학(bioethics)은 생명을 의미하는 "bio"와 윤리를 뜻하는 "ethics"의 합성어로서 생명을 다루는 모든 활동에 입각한 윤리적 문제를 통틀어 연구하는 학문 분야이다. 생명윤리학은 생명에 관한 윤리와 생물학의 기본원칙에 입각한 윤리의 두 가지로 생각할 수 있다. 발생유전학과 생식의학의 급속한 발전이 이루어지기 전까지의 생명 윤리는 주로 '의료 윤리'나 '의사의 개인적 윤리'에 국한되었다. 예를 들어 어떤 사람이 행동 이상을 보인다는 이유만으로 강제적으로 입원을 실시하고 약을 투약하며, 뇌수술과 같은 큰 수술을 실시해도 되는가의 여부도 그 중 하나이다. 또한 안락사를 인정해야 하는가 인정하지 않아야 하는가에 대한 문제와 뇌사나 식물상태에 있는 환자에 대한 치료를 계속해야 하는지에 대한 문제, 장기이식 · 체외수정 · 산전 진단 · 직업적 대리모에 의한 임신 등 문제도 여기에 깊게 연관된다.

그러나 근래에는 유전자의 재조합이나 분자생물학의 급속한 발달에 의해 그동안 생각조차 해보지 못했던 생명복제의 문제, 그리고 전혀 새로운 생명체의 탄생

같은 문제점들이 생겨났고, 단순한 의료 · 의학의 문제를 넘어선 사회적 문제들이 연일 터지고 있을 정도로 심각하기 때문에 생명윤리학의 필요성이 그 어느 때 보다도 크게 대두되고 있다.

더욱이 게놈프로젝트의 완성으로 인하여 포스트 게놈 시대에 접어든 지금, 개인의 유전적 정보가 노출되어 취업이나 결혼 등 생활 전반에 있어서 이전과는 다른 차별을 받게 되거나, 자신도 알지 못하는 사이에 자신과 똑같은 복제인간이 태어나 거리를 활보하며 생체실험에 사용될지도 모르며, 자신의 2세가 유전적으로 불이익을 당하거나 아예 출산 자체를 거부당하게 될 지도 모른다는 우려가 나오면서 생명윤리학의 중요성이 더욱 커지고 있는 것이다.

생명과학과 법

생명과학으로 인하여 생길 수 있는 부작용에 대비하기 위한 다양한 법적 장치의 설립은 각 나라별로 조금씩 차이는 있으나 생명을 존중하고 생명을 훼손시키는 실험을 금지하는 것은 어느 나라나 공통적이다. 그리고 그 대상을 사람으로 한정짓느냐 동물까지 확대시키느냐 하는 것도 정도의 차이가 있을 뿐이다. 대부분의 국가에서는 복제 등 유전자 조작에 관해 부정적인 입장과 더불어 법적으로 금하려는 모습을 보이고 있다. 그러나 법률은 어디까지나 사람이 만드는 것이므로 생명공학의 발전 양상에 따라 언제든 국가의 이익을 쫓아 변할 여지가 많다는 것도 문제점이라 할 수 있다.

생명과학과 종교

생명과학에 대한 종교적 입장은 그 종교가 추구하는 바에 따라 조금 차이가 있다.

가톨릭에서는 인간복제가 생명을 옹호하는 가르침에 위배됨으로 반대가 아닌 거부의 입장을 분명히 하고 있다. 생명복제를 부모의 사랑의 결실로 나타나야 하는 생명체의 고귀함과 인간 본성을 정면으로 부정하려는 행위로 보기 때문이다. 더욱이 배아 복제의 경우에는 배아 역시 인간으로 분화할 수 있는 세포이므로 하나의 생명체로 간주하여 금지하여야 한다고 주장하고 있다. 유전공학의 문제에 있어서도 본래의 모습으로 회복하게 하는 치료 목적의 유전자 치료는 허용하지만, 변형의 목적을 가지고 있는 유전자 조작은 자연적인 것에 역행되므로 정당화시킬 수 없다는 입장이다. 개신교의 경우에도 인간복제에 대해 반대하고 있다. 인간복제는 창조주이신 하나님에 대해 부정하는 행위이므로 반드시 금지하여야 한다는 것이다.

한 가지 눈여겨 보아야 할 것은 그렇다하더라도 만약 복제 행위로 어느 날 사람이 태어나고야 만다면 그를 온전한 개체로서 인정하고 사회가 받아들일 것인가 하는 점이다. 복제는 엄밀하게 발생생물학 또는 발생유전학(dcvelopmental genetics)의 문제이지만 더 이상 몇몇 과학자들만 준비하면 되는 문제가 아니라 이제 이 시대를 사는 우리 모두가 함께 직면하고 생각해야 할 문제인 것이다.

생명과학과 윤리

생명과학은 사람이 보다 편리하고 행복한 삶을 살 수 있도록 하는데 그 목적이 있다. 인류의 최대 숙원은 “질병없이 오래사는 것”이다. 이러한 점에서 생명과학은 그 어느 학문이나 분야보다도 삶의 질을 향상시켜 주고 질병으로부터 인류를 구할 수 있는 분야라 할 수 있다. 그런데 발전에만 급급하다 보면 사람의 존엄성을 무시한 채 생명 그 자체를 도구나 수단으로 삼는 치명적인 실수를 범할 수 있다는 것을 명심하여야 할 것이다. 또한 과학자들의 학문적 호기심이 자칫 잘못된 방향으로 나아가려고 할 때 이를 제지하거나 돌려놓을 수 있는 제도적, 법적 장치와 함께 사회구성원 모두의 참여 의식이 반드시 필요하다.

생물학, 생명과학, 생명공학

생물학의 주체는 인간이다. 발생생물학도 그 중의 하나인 방법과 논리이다. 실험을 수행하는 것도 인간이고, 실험의 목적도 인류의 미래 복지를 위한 것이다. 그러나 인간 자신이 복제되고, 또 실험의 대상이 되야 한다면 이것은 대단히 불행한 일일 것이다. 이렇게 상반된 견해 속에서 가장 중요한 것은 바로 우리들, 젊은 과학자들의 올바른 양심과 도덕성이다.

최근에 암(cancer) 치료 목적의 유전자 이식(gene transfer)이 점차 가능해지고 있다. 낙태아(aborted fetus)의 뇌세포를 이용하여 파킨슨병(Parkinson's disease) 같은 난치병을 치료하고자 하는 시도도 이루어지고 있다. 물론 이러한 시도들은 아픈 사람을 위한 치료가 목적이다. 그러나 언젠가 유전자 이식 기술이 일반화된다면 누군가가 치료 목적이 아니고 단순히 미용효과를 위해 잘생긴 사람의 유전자를 이식 받고 싶어하거나, 기억력을 조금 더 향상시킬 목적으로 태아의 뇌세포를 이식 받으려 할 수도 있을 것이다. 만약에 누가 태아의 조직을 얻기 위해서 일부러 임신과 낙태를 되풀이하거나 태아의 조직을 암거래하려 한다면 과연 이를 쉽게 막을 수 있을까? 발생생물학의 빠른 발전과 관련된 윤리의 문제들을 한 번씩 진지하게 생각해보고 그 견해를 정리해보자.

첫째, 태아의 성별을 부모 마음대로 결정해도 좋은가?
둘째, 유전자를 한 사람에게서 다른 사람에게로 마음대로 옮겨도 되는가?
셋째, 낙태아의 조직을 환자 치료에 사용해도 되는가?
넷째, 사람의 배자(embryo)를 시험관 속에서 키워도 되는가?
다섯째, 복제인간을 마음대로 만들어도 되는가?

우리는 지금 20세기를 지나 21세기의 문턱에 서 있다. 흔히들 21세기는 생명공학의 시대라고 한다. 생명공학은 생물학에 기반을 두고 있고, 또 그중에서도 발생유전학이 중심에 서있다.

그렇다면 생물학이란 무엇일까? 생물학이 우리 생활에 얼마나 큰 영향을 주길래 이 시대의 중요한 키워드로 자리잡고 있는 것일까? 생물학이란 사전적인 의미로 '생명 현상의 원리와 기능을 밝히고 그 성과를 인류복지에 응용하는 종합과학'을 말한다. 즉 생명체, 그 중에서도 인간의 본질을 이해하여 인간과 자연과의 관계를 해명하는 과학이라고 할 수 있다.

1865년 멘델(Mendel)이 유전물질의 개념을 처음 밝혀낸 뒤, 1953년 왓슨(Wat-sfon)과 크릭(Crick)이 유전물질인 DNA의 구조를 밝혀냈고, 생물학은 눈부신 발전을 거듭하였다. 생물학에 기초를 둔 생명과학 역시 1930년대 선진국에서 대두되기 시작하여 1960년대에 이르러 비약적인 발전을 하기 시작하였다. 생물학은 지구상의 모든 생명체에 대한 존엄성을 그 바탕에 두고 있다. 궁극적인 목표는 물론 인간의 생명을 연장시키고 삶의 질을 향상시키는 것이다. 또한 단순히 자연과학 영역에 머무르지 않고 다른 학문과의 연계를 통해 새로운 이론을 창출하고, 윤리와 도덕까지도 포함한 사상을 존중하는 과학이다.

즉, 생물학은 생명 현상을 이해하고, 자연환경을 보호하며, 의료기술의 향상을 통해 건강을 증진시키고, 식량문제와 인구문제 등 인류가 직면한 여러 문제점들을 종합적으로 해결하려는 첨단 학문이다.

앞에서 보았듯이 생물학은 인류가 더 나은 삶을 영위하기 위해 그 연구결과를 실질적으로 응용하는 학문이다. 따라서 생물학이 여타 다른 학문과 연계되거나, 영향을 미치게 되는 범위는 매우 광범위하다고 할 수 있다. 분자생물학, 유전학, 생화학, 생리학, 미생물학, 발생학 등 기초 학문들에 뿌리를 둔 생물학은 의학, 보건, 농업, 제약, 식품, 환경 등에 영향을 미칠 뿐만 아니라 그 응용에 있어서도 인공장기와 바이오센서의 개발, 유전자 치료 등 이루 헤아릴 수 없을 만큼의 다양성을 보이고 있다.

발생생물학과 식품

21세기에는 이제까지의 식품생산 방식에서 벗어나 식품의 원료가 되는 미생물이나 농축수산물의 분자 구조, 동식물의 조직배양 원리 등을 밝혀내어 기능성 식품의 개발이 이어질 전망이다.

발생생물학과 환경

얼핏 과학의 발전은 필연적으로 환경 오염이나 생태계 파괴를 수반하는 것으로 생각하기 쉽다. 물론 무분별한 발전과 잘못된 가치관으로 인간의 삶의 터전인 지구환경을 오염시킨 예도 많다. 그러나 오염물질을 제거하는 미생물의 개발, 동물보호 장치 개발 등 생명과학은 단순히 환경을 보호하는 데에서 그치지 않고 오염물질을 직접 제거하거나 환경을 정화하는, 보다 적극적인 방법을 제공할 것이다.

발생생물학과 의료

인류의 역사는 바로 질병과의 전쟁의 역사라고 해도 과언이 아닐 것이다. 그만큼 인류는 수많은 질병들의 도전을 받았으며, 그것을 이겨내어 왔다. 결핵이라든지 페스트 등이 바로 그것이다. 그러나 아직까지도 인류가 해결하지 못한 질병들이 남아있으며, 오히려 새로운 질병들이 속속들이 등장하고 있다. 유전자 차원의 치료와 진일보된 신약개발, 동물모델의 개발 등을 통해 생물학은 아직 해결하지 못한 이러한 질병으로부터 인류를 구해낼 수 있을 것으로 기대되고 있다.

발생생물학과 제약

20세기의 생물학은 제약부문에 있어서 유전자재조합을 이용한 경우가 많았다. 구하기 힘들거나 가격이 비쌌던 약품들을 보다 쉽고 싸게 만들 수 있었던 것도 바로 생명과학의 발전 덕분이었다. 인슐린 같은 당뇨병치료제나 인터루킨 같은 항암제들도 바로 생물학의 도움을 받아 손쉽게 구할 수 있는 것이 되었다.

그러나 21세기의 발생생물학은 이러한 방법에서 진일보하여 제약부문에 비약적인 발전을 가져 올 전망이다. 바로 인간 게놈 프로젝트(HGP)를 통해 개인의 유전정보를 이용하여 각 개인에게 맞는 맞춤의약품이 나타날 것으로 기대되며, 형질전환동물과 동물복제를 통해서 구하기 힘들었던 의약품을 보다 손쉽게 구할 수 있게 될 전망이다.

발생생물학과 범죄수사

발생은 유전자 프로그램에 의해 순서대로 또 체계적으로 진행된다. 유전자의 본체는 바로 DNA이며 사람의 DNA는 각기 조금씩 차이가 있다. 이러한 점을 이용하여 범죄현장에서 발견한 머리카락이나 혈흔 등의 세포에서 DNA를 추출하여 용의자들로부터 범인을 가려내기도 한다. 이 외에도 육안으로는 신원을 확인하기 힘든 사체로부터 DNA를 추출하여 신원파악을 하는 등 발생생물학과 유전학은 함께 범죄수사에 많은 도움을 주고 있다.

발생생물학과 농업

발생생물학을 통해 농업의 향상도 꾀할 수 있다. 일례로 세균으로부터 질소를 고정할 수 있는 유전자를 분리하여 식물체에 넣으면 형질전환된 식물을 얻을 수 있다. 이 기술은 발생의 개념을 식물에까지 적용한 사례이다. 질소비료를 사용하지 않아도 되는 형질전환된 식물로서 소득의 확대와 동시에 친환경적 이점을 가지게 되는 것이다. 이렇게 형질전환된 식물뿐만 아니라 각종 병해충이나 환경호르몬이나 농약으로부터 안전한 농산물의 생산, 우량종 가축의 개발에도 발생학적 개념이 큰 도움을 줄 것으로 생각되고 있다.

발생생물학과 산업

발생생물학은 이제 단순한 학문에서 벗어나 산업에도 막대한 영향을 미치고 있다. 생물학으로 탄생한 산물들과 기술들은 바이오벤처라는 이름으로 산업화되고 있다. Dolly를 만들어 낸 로잘린 연구소나 인간 게놈 프로젝트를 통해 유명해진 셀레라 제노믹스는 이제 바이오벤처의 대명사로 자리잡고 있다. 우리나라에서도 바이오벤처가 생명과학의 영향을 받아 많이 탄생하게 되었고, 바이오벤처의 끊임없는 연구로 생명과학이 발전하는 상호관계를 맺고 있다.

발생생물학과 경제

발생생물학은 산업에 영향을 미치면서 막대한 경제적 효과도 불러 일으키고 있다. 형질전환동물을 통한 값비싼 의약품의 생산이라든지 인공장기의 수급 등은 경제적으로도 가치를 인정받고 있다. 이러한 이유로 선진국에서는 21세기 고부가가치산업으로 생명과학을 육성하고 있으며, 국민복지와 건강증진뿐만 아니라 국가 경쟁력 증대라는 목표로 생물학 부문에 막대한 투자와 함께 소리 없는 전쟁을 치르고 있는 중이다.

발생생물학과 유전공학

생물학(biology)이란, 모든 생명체를 대상으로 하여, 생명현상을 밝혀내는 모든 학문을 넓게 이른다. 조금 더 광범위한 의미로 생명과학(life science)이라 부르기도 한다. 이렇게 생물학과 생명과학으로 밝혀낸 생명현상을 바탕으로 생명체를 보다 효율적으로 활용하고자 하는 응용학문을 생명공학(biotechnology)이라고 하며, 이 때 이용되는 학문이 바로 유전공학(genetic engineering)이다. 즉 유전공학이란, 특정유전자의 분리, 유전자 재조합기술, 핵치환 및 외래 유전자의 도입 등에 의해 새로운 형질을 획득한 개체 생산기법 등을 통칭하는 학문이다. 이 기술을 도입해 인류의 미래를 약속하려는 학문이 바로 발생생물학이다.

참고문헌

Dunn AL. Abshire TC. Recent advances in the management of the child who has hemophilia. Hematol Oncol Clin North Am. 18. 1249-1276. 2004.

High KA. Clinical gene transfer studies for hemophilia B. Semin Thromb Hemost. 30. 257-267. 2004.

Pietrangelo A. Hereditary hemochromatosis - a new look at an old disease. New Engl J Med. 350. 2383-2397. 2004.

Verma IM. Weitzman MD. Gene therapy: twenty-first century medicine. Ann Rev Biochem. 74. 711-738. 2005.

ㅈ

ㅋ

ㅍ

ㅎ

O

P

R

S

T

W